化学与人类生活

柳一鸣　主编

易健民　侯朝辉　副主编

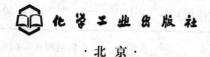

·北京·

本书以化学知识为主线，以与人类生活密切相关的环境、能源、材料、生命、营养、药物、健康以及人类生活社会中的热点问题为载体，将化学与生物、物理、地理、营养、药学、医学等学科的知识有机地融为一体，深入浅出地介绍了化学与人类生活、社会发展的关系，说明学科的相互渗透、交叉和融合以及科学发展的内在规律，具有很好的趣味性、启发性、知识性和实用性。力求能进一步激发学生兴趣和求知欲，开阔视野，丰富思维和想象力，培养其创新精神和能力，提高了科学素养和人文素养、引导他们关心环境、关心自然、关心生命、关心社会。

本书既可作为高等学校的人文素质课程教材，也可作为中学教师的教学参考书或社会各界人士了解化学与人类生活、社会发展关系的参考书。

图书在版编目（CIP）数据

化学与人类生活/柳一鸣主编 . —北京：化学工业出版社，2011.7（2020.10 重印）
ISBN 978-7-122-11619-2

Ⅰ. 化… Ⅱ. 柳… Ⅲ. 化学-普及读物 Ⅳ.06-49

中国版本图书馆 CIP 数据核字（2011）第 122886 号

责任编辑：旷英姿　　　　　　　　装帧设计：王晓宇
责任校对：宋　玮

出版发行：化学工业出版社（北京市东城区青年湖南街 13 号　邮政编码 100011）
印　　装：北京虎彩文化传播有限公司
710mm×1000mm　1/16　印张 16¾　字数 333 千字　2020 年 10 月北京第 1 版第 4 次印刷

购书咨询：010-64518888　　　　　　售后服务：010-64518899
网　　址：http://www.cip.com.cn
凡购买本书，如有缺损质量问题，本社销售中心负责调换。

定　　价：50.00 元

序

笔者作为一个高校的文科教师，面对化学学科可谓完全是外行，但我在阅读柳一鸣主编的《化学与人类生活》一稿时，被深深地吸引了，感到这部书给我打开了一片知识的新天地、新境界，获益良多，其中给我留下了三点特别深刻的印象。

其一，化学与我们普通人的日常生活密切相关。一般人也许会认为（常识似乎就是如此）化学是专门学问，只是专门从事化学研究、化学教学和化工生产的人们需要了解和掌握的东西，与我们普通人没有太大关系。读了《化学与人类生活》，你就会知道，上述一般人的看法（即常识）是并不正确的，实际上化学与我们普通人的日常生活密切相关，我们应该自觉地去关注它、了解它、学习它乃至在一定程度上研究它，并努力使化学知识的基本成为我们整体知识结构中重要组成部分，成为人文和科学素养中的有机组成要素。

其二，化学不但是一门古老而实用的学科，而且它与我们当下及未来的生活、生存、发展紧密相联系，甚至比以往任何时候都更为紧密。例如，当今社会人们关注的食品和药物安全问题，是近年来全球性的热点问题，它是关涉到人类的生活、生存、发展的大问题。《化学与人类生活》中就"食品安全"、"食品添加剂"、"转基因食品"、"绿色食品"和"抗生素"、"激素"、"毒品"等问题，分别从化学的角度在第六章"化学与食品安全"和第七章"化学与药物"中进行了解析。这不但充分体现了化学与现代生活密切相关，也显示出编著者具有自觉关注社会、贴近现实生活、积极追踪学术前沿的眼光和境界。

其三，行文深入浅出，全书图文配合。这样使得非专业的普通读者也容易读懂，读起来很轻松。全书以通俗的文字叙述为主，配以适当数量的图片，图片采用的数量把握较好，避免了某些书因图片过多而致喧宾夺主的偏颇。总之，这部书除了知识性、学术性外，还有很强的趣味性、可读性。

柳一鸣教授是我多年的同事和朋友，他为人一贯真诚、实在、低调；他治学、从教亦如他的为人，可以用认真、勤恳、扎实三个词语来进行概括。这部书就是他治学、从教认真、勤恳、扎实的结晶与见证。我为他这部书即将出版而感到由衷高兴，很乐意写下了上述的读后文字。

余三定
2011 年 6 月 12 日于岳阳市南湖畔

前 言

　　著名物理学家普朗克（M. Planck）先生曾经指出："科学是内在的整体，它被分解为单独的学科不是取决于事物的本质，而是取决于人类认识能力的局限性。实际存在着从物理到化学，通过生物学和人类学到社会科学的链条，这是一个任何一处都不能被打断的链条。"自然界是人类社会本源，社会现象是一种高级的自然现象，它们之间有着本质的联系，必然可以寻找到某种共同规律的这种共性的统一描述方式。但在人类发展的早期阶段，限于人类的认知水平，用"自然科学"和"社会科学"分别来进行规律描述和研究。随着社会发展和科技进步，自然科学和社会科学的相互渗透、交叉和融合也日益增多，这不但充分证实了普朗克先生早期的科学论断，也说明自然界与人类社会有着本质的内在联系，更体现了人类认识水平的不断提高、科技进步、社会发展。

　　人的思维是个整体。逻辑思维是这个整体思想的基础，而形象思维则是这个整体思维的主要创新源泉。有人认为："科学家用概念来思考，而艺术家用形象来思考。"其实，这是一种误解。一个伟大的科学家，不但有高度严密的逻辑思维，同时也一定有高度开放的形象思维。同样，一个伟大的艺术家，不但有高度开放的形象思维，也一定要有高度严密的逻辑思维。逻辑思维与左半脑密切相关，形象思维与右半脑密切相关，左右半脑的差异，正好相互补充，相互渗透，相互支持，不可分割，浑然一体，相得益彰。若人为地将科技教育与人文教育割裂，文理分家；重理工轻人文，学理工的不知人文，学人文的不知理工。就是所学的专业，内容也很狭窄，这势必严重地妨碍、制约、损害、扼杀人的本性、思维、创造，影响人的全面发展。

　　构成人的素质的基本要素是知识和能力。人的素质提高，既要表现于知识的增长，又要表现出能力的提高。知识是主体从精神上对客体的把握，是人脑通过感觉、知觉、表象特别是概念等形式对客体的现象、本质规律的反映，它包括感性和理性知识。而能力是指作为主体的人所具有的把握客体的力量，它包括认识能力和实践能力。能力的形成和发展不仅仅只取决于知识，还依赖于其他多种因素，是主体多方面的综合。因为，科学认识不是孤立的个人活动，它需要具有社会活动和组织协调能力等各方面，单靠知识的积累是远远不够的。科学知识理论体系中蕴藏着丰富的辩证法思想和逻辑思维的规则和方法，科学知识形成的历史过程即科学发现和发明的过程都是知识创新的过程，其中既包含着丰富的探讨问题、解决问题的创新精神和方法，又充分体现了知识和能力的高度统一。

综上所述，无论是科学的发展，还是人的思维能力的培养和人类素质的提高，都要求我们必须对学科进行交叉研究和交叉教育，不但实现其概念、理论和方法的交叉，思想的融合，功能的互补和层次的交错，并从知识、精神和行为三个方面进行科学教育和人文教育的融合。正是基于这种想法，作者从 2001 年开始，在大量收集、整理、研究有关素材的基础上，以化学为题，结合当今人类社会生活中的环境、能源、材料、营养、药品和食品安全等热点问题，向全校学生开设了"化学与人类生活"讲座，通过对讲稿的内容进行了不断的积累和修改，逐渐形成的此书。

本书既可作为高等学校非化学专业的人文素质课教材，也可作为中学教师的教学参考书或广大青年的科普读物。

本书由湖南理工学院柳一鸣主编，易健民、侯朝辉副主编，何节玉、周宁波、钟明参编。在书稿的文字修订和图片整理过程中，得到了李龙、王伟、黄义华、寻中华和李红亮的大力支持。由于内容涉及面太广、作者水平有限，在编写过程中一定还存在许多不当之处，敬请各位专家学者批评指正。

编者
2011 年 5 月

目录

第一章 化学的任务与作用

化学在现代社会中是一门中心的、实用性和创造性的科学。在人类多姿多彩的生活中，化学可以说无处不在。著名的有机化学家、诺贝尔奖获得者伍德沃德（R. B. Woodward）说过：化学家在老的自然界旁边又建立起了一个新的自然界。这充分表明化学在人类社会发展和进步中起着举足轻重的作用。

第一节 概 述

化学的历史很长，人类的化学活动在有历史记载以前就开始了。我国著名化学家唐敖庆先生曾经说过：化学是总管物质在原子、分子层次变化的学科。也就是说，化学是一门试图从原子、分子层次上了解物质的性质和物质发生反应的学科。这里所说的物质既包括无机物，如地球上的矿物、空气中的气体及海洋中的盐和水，也包括有机物，如糖、蛋白质、纤维素等；既包括自然界中存在的物质，也包括人类创造和研究的新物质。因此，从这个意义上讲化学所研究的对象包罗万象。化学工作者的任务，从宏观上来说就是研究、改造、建设自然界；从微观上来讲就是在分子、原子水平上研究物质变化。

自从化学科学诞生以来，渐渐形成了无机化学、有机化学、物理化学、分析化学等少数几个分支学科。随着研究的不断深入、细化，又产生了一些新的分支。但随着问题研究的深入，许多其他学科的问题的解决也需要化学的帮助，许多化学问题的解决也需要其他学科的帮助，这导致各学科间不断交叉、融合，从而产生了一些新的学科。化学与其他学科的关系见图 1-1。

随着化学科学的不断发展，它与工业、农业、电子、信息、计算机、生物、药学、环境、工程、地质、冶金、物理等各个学科间的关系越来越紧密。特别是 20 世纪 60 年代以来，化学学科的结构及其与相邻学科之间的关系已发生了根本的变化。物理学提供了先进的测试手段，使化学的实验手段和方法大为扩展。在计算机科学的帮助下，使计算化学在化学研究中的比重越来越大。

化学科学不但使人类由古代穴居人的野蛮生活进化到现代高度文明和谐的环境中，更使人类社会的文明进步和人类生存环境及质量有了翻天覆地的变化，向着一个人类向往的方向发展。同时社会的进步和发展以及其他学科的不断进步又反过来

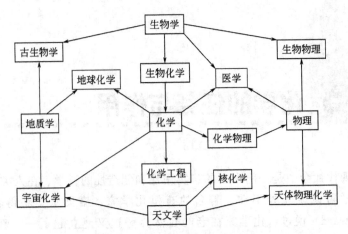

图 1-1　化学与其他学科的关系

促进了化学学科的进步和发展，也对化学提出了更多的问题和更高的要求。或者说赋予了化学学科更新和更深的内涵，使化学成为了现代社会的一门中心学科。

在我们周围的物质世界到处都充满着化学制品和化学材料，人类进步的物质基础是天然和人造的化学物质。但是，随着社会的发展进步，人们的环境意识不断加强。我们常常听到：环境破坏的原因是"有毒物质"或者说"化学污染"。使人们对化学有"谈虎色变"之感，很难听到关于化学在人类生活中起到核心作用的声音，甚至失去了对它的信心，使许多年轻人不愿去从事有关化学的学习和研究，这势必会阻碍化学学科的发展和社会的进步。

事实上，化学的历史贡献是巨大的。我们可以试想：如果没有哈伯的合成氨化学固氮法，世界总人口由 20 世纪初的十几亿发展到现在的七十亿以上是非常困难的；同样，如果没有磺胺药、青霉素、链霉素等许多药物的化学制备方法，人类预期寿命的空前提高也是不可能的。就知识本身而言，化学只不过告诉人们，物质的性质与用途，如何操作和使用全在于人类自己。任何事物都有它的两重性，例如：火给人类带来了文明，而使用不当也会给人类带来灾难，但我们不能因此而不使用火了，而只能采用多种手段和技术来解决火的负面影响。化学也不例外，它给人类带来了巨大的物质财富，但如果使用不当也会造成一些负面影响。现在，人们在利用化学吃饱、医好、穿好等等之时，却只记住了化学的负面影响，并将人类自身操作和使用不当之错归罪于化学，这是非常不公平的。

第二节　化学在现代社会中的作用

化学是一门古老而实用的学科，但在现代社会，它又是一门富有创造性的中心学科。它不但使人类由古代穴居人的野蛮生活进化到现代高度文明和谐的环境中，使人类社会的文明进步和人类生存环境及质量都有了翻天覆地的变化。同时，也使它和人类社会的关系越来越密切，使人类生活的各个方面以及社会发展的种种需要都与化学息息相关。

一、化学与人类的衣食住行

人们的衣着原料有毛、丝、棉、麻和皮革，但也有大量的人造纤维和合成纤维（图 1-2）等，并且在其制造和纺织过程中都用了大量的化学品，如棉、麻、丝绸和皮毛的处理、着色、加工都有化学的功劳。在其处理过程中大量地使用了染料、软化剂、整理剂、洗涤剂、干洗剂、鞣剂、加脂剂、光亮剂、漂白剂等各种助剂。特别是从 20 世纪初以酚醛橡胶、尼龙和氯丁橡胶为开端的三大合成材料发展的塑料、纤维、橡胶三大高分子材料迅速地进入了人们的日常生活。合成纤维（如涤纶、棉纶、腈纶）以超过羊毛和棉花成为纺织业的主要生产原料；合成橡胶（如氯丁橡胶、丁腈橡胶、顺丁橡胶、丁苯橡胶、异戊橡胶）的性能和产量已超过天然橡胶。世界年产合成橡胶 1200 万吨、合成纤维 1500 万吨、塑料 6000 吨，这三大合成材料其体积总产量已超过全部金属的产量。故 20 世纪被称为聚合物时代。

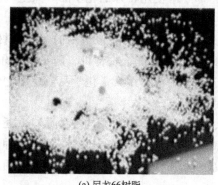 

(a) 尼龙66树脂　　　　　　　　　　　　(b) 涤纶短纤维

图 1-2　合成纤维

在粮食、瓜果、蔬菜、酒、饮料、肉类等的种植、过工过程中都使用了大量的化学品，如肥料、农药、发酵剂、碳酸气、保鲜剂、饲料添加剂等。事实上，在我们的食物中不可能除去"化学品"，可以说世界的每一种物质都是由化学品构成的。无论是动植物的发育和生长，还是食物保护（防腐剂、包装、储藏）或者是水和空气的净化和处理，以及符合人类生存的卫生和营养标准的建立和监督都离不开化学知识。

在住房、装修和家庭陈设品等材料中，除了天然的木材、沙石外，钢铁、水泥、玻璃、陶瓷产品、地毯、空调机、灯具、电源、卫生用品和各种装饰材料等也都用了大量的化学品，如冶炼钢铁用的助剂，水泥的不同化学组分，烧结陶瓷的二氧化硅、氧化铝，制造玻璃的不同配料，地毯的原料，塑料和橡胶制品等。现代化的高层建筑中，水泥、钢材、陶瓷、玻璃乃至各种建筑装饰材料都可以说是化学制品；从卧室到客厅，从厨房到浴室，从家具到餐具，从照明到彩电、冰箱、洗衣机、空调及计算机无一例外都离不开化学制品。

汽车、飞机、火车、摩托车、自行车等交通工具需要钢铁、合金、塑料、橡胶、合成纤维、皮革制品……以及在整个制造过程中所使用的各种助剂均为化工产品。无论是汽车、火车、还是飞机，它们身上的每一件东西几乎都是化学加工的产品，金属和涂料是显然易见的。在一辆现代的汽车中，塑料的用量（一辆小车占230kg之多）是非常大的，尤其是特种塑料的选用（质强和量轻、耗油少）。又如轮胎的橡胶是经过硫化才变得坚韧和实用。蓄电池、钢化玻璃、燃油和润滑剂都有化学添加剂，使其具有防爆等性能，尤其是现代汽车的排气系统中还装有催化转化器，它们是用铂、铑和其他物质将一氧化氮、一氧化碳和未燃尽的烃类化合物转化为较低毒性的化学物质。事实上，在机动车工业中就有大量化学家参与研究和开发。如美国的三大汽车制造商的研究室中化学家的数量最多，他们主要研究如何使燃料燃烧完全而减少污染；设法用现代塑料来代替金属；试图改变车辆的上漆方法和免用溶剂，获得漂亮而耐用的外观；设法改进蓄电池，使电动汽车得到较好的发展等。至于飞机则无论是材料还是燃料，它都要求使用特殊的化学品。太空飞行的各种材料就更是如此。

另外，在人们生活中所观察到的各种文化用品及电视摄像所用的器具和材料，如纸、印刷品、电视机、照相机、胶卷、眼镜、望远镜、收音机、随身听、乐器、唱片、录音/录像带、VCD、CVD等在制造过程中均需用大量化学品或是用化学品为原料制造出来的，或使用了大量的化学助剂。

总而言之，无论是在衣、食、住、行、看、听过程中所用的各种原料，还是器具的制造过程中用到的各种助剂，都是用高新技术组合和制造出来，而每一种助剂均为一种精细化工产品。化学给人类生活水平和质量的提高，给现代物质文明的进步所做的贡献是我们大家有目共睹的。

二、化学与工、农业生产

化学在工业生产中占有着举足轻重的地位，无论是石油化工、机械、电子、冶金、钢铁、地质勘探、轻工业、纺织、医药卫生、国防工业无一例外的都与化学有关。同时各种行业又都需要能源和资源，而各种能源和资源的开发利用更需要化学家的积极参与。无论是煤的高效利用和清洁化，天然气和石油的开采、利用，还是核能和新能源的研制以及各种材料的生产，都离不开化学工作者。

化学工业在世界经济发展中占有相当重要的地位，它是国民经济的重要支柱产业，是很多国家的基础产业和支柱产业。化学工业的发展速度和规模对社会经济的各个部门有着直接影响。目前，世界化学品年总产值已超过15000亿美元。石油化工的产品有3000多种涉及国计民生的各个部门，如轻工、纺织、医药、农药、机械、电子等领域。20世纪世界乙烯生产能力达5000万吨/a，30万吨/a乙烯生产装置已超过100套。大规模集成以成为发展趋势，它是石油化工发展的100年。

农业要大幅度增产，农、林、牧、副、渔各业要全面发展，很大程度上要依赖于化学学科的成就。据有关方面统计：1999 年世界人口已达 60 亿，2010 年将突破 70 亿大关，预计 2025 年世界人口将达 80 亿。到 2050 年，全球人口将再增加 22 亿。我国人口 1995 年已达 12 亿，预计 2020 年将达 14.5 亿。地球人口将以每秒 2.6 人的速度增加，其中发展中国家的人口增长尤其迅速。目前，世界上 82% 的人口即 57 亿人生活在发展中国家和地区。非洲大陆地区的国家人口增长速度高居全球之首。到 21 世纪中叶（2050 年），非洲地区总人口将接近 20 亿，为目前的两倍。靠什么来养活这么多人？除增加食物产量，靠改良品种和扩大耕地面积外，要提高单位面积内产量及粮食质量。而解决这一问题的唯一途径是依靠科学。首先是优良品种的培养，如把高产量的植物基因转入到粮食作物中来，这是解决人类食物的最有成效的途径之一。其次是化肥、农药、植物生长激素和除草剂等化学产品，它们不仅可以提高产量，而且也改进了耕作方法。另外，农、副产品的综合利用，合理储运也需要化学知识。

三、化学与国防建设

世界需要发展、人类渴望和平。但是一旦战争爆发，人民都希望拿起武器，进行防御、反击，直到战争胜利。化学在武器进攻和防御两方面都发挥着重要的作用。从中国古代发明的黑火药到丁·威尔勃兰德的 TNT 炸药，都是通过化学反应产生大量的热和气体而导致爆炸的，但核反应的爆炸虽然也伴随着大量的热和气体产生，但其能源来源是核反应，同时大量的辐射作用对人和动物具有杀伤力。

现代武器和弹药的生产，均包含着相当多的化学研究成果。如美国的 F16 战斗机和 B2 轰炸机以及俄罗斯的潜艇均有防雷达作用。美国攻打伊拉克的电站所使用的石墨炸弹使其城市的电力完全瘫痪。从二次世界大战中使用的毒气到越南战场上使用的细菌以及本·拉登使用的炭疽（病毒），这些事例都充分说明化学在近代军事上起到的巨大作用，故美国的西点军校都开有化学专业课，美国的军队所有部门都有计划的支持相关领域的化学研究工作，这些都说明化学在国防军事上的重要性。

综上所述，化学与人民生活的各个方面、国民经济的各个部门以及尖端科学、技术的各个领域都有着千丝万缕的联系。它既是一门重要的基础学科，也是一门实用性、创造性的中心学科。它既是化学工作者所必须具备的专业知识，也是现代人在社会生活所必须具备的知识。因此对于它的普及既是科学发展的要求，也是社会发展和人类生活的需要。

第三节 化学在未来社会中的作用

20 世纪的化学科学无论是在保证人们衣食住行需求，提高人民生活水平和健康状态，还是国民经济的各个部门以及尖端科学、技术的各个领域等方面都起了重大作用。那么，在未来社会发展中，化学又将起到哪些作用呢？如要解决好人口、环境、粮食、资源、能源等人类生存的难题，必须要依赖各个学科的协同。但是无论如何，总是要依靠物质基础。那就要优化资源利用，更有效地控制自然的和人为的过程，提供更有效、更安全的化学品。在这些方面未来化学将仍然发挥着重要的作用。

一、环境资源开发和利用

随着社会的进步和发展，许多新的世界性问题也不断涌现，如发达国家还在使用矿物燃料，发展中国家的森林还在不断被沙漠侵蚀。21世纪，许多大型经济实体仍需将煤作为燃料。人类活动引起的问题，如 CO_2、煤烟、甲烷等对大气影响逐渐加剧，使地球温度不断提高。这都需要人类在生活过程中进行不断调整，一系列技术性保障措施基本上都与化学有关，这些措施将可以改变地球环境，使其适合人类的居住。首先，有很多有效的措施都可以减少 CO_2 的排放量，如用高效柴油代替汽油、开发高效燃料电池、利用太阳能和风能、加大核能发电等。另外，增加开发绿色工艺的投资，可以减少工业污染。不过，投资强度是在管理和政策层面上，实施是局部的，但环境问题是全球性的。

在21世纪，化学在能源和环境产业中也大有可为。目前环境治理问题已经刻不容缓。对于防治大气和水污染以及处理污水，化学不但有用武之地，而且还有解铃还须系铃人的关系，化学界已对绿色工艺十分重视。环境问题在很大程度上也与能源结构密切相关。

当前的能源结构是不可能持续很久的。利用太阳能发电和制氢以及回收 CO_2，都是化学与有关学科需要一起解决的重要问题。在能源和环境产业中，电化学在解决化学能源问题和催化化学在发展绿色工艺方面都将起到极为重要的作用。

化学在能源和资源的合理开发和高效安全利用中起关键作用，经过20世纪竭泽而渔的开采以后，人们开始醒悟到能源的开采和利用必须基于国情，贯彻可持续性发展的原则。虽然在21世纪初期，我国重点能源仍然为煤炭（包括煤层气转化）、天然气和石油等能源。但上述这些不可再生的能源将在100年后变得稀缺，必须提早节约和保存，并为后代作好利用新能源的准备。况且它们已经成为20世纪人类影响环境的主要因素。因此，必须制订适合我国国情的、有步骤地开发利用能源的计划。

第一，要研究高效洁净的转化技术和控制低品位燃料的化学反应，使之既能保护环境又能降低能源的成本。这不仅涉及化工问题，也涉及基础化学问题。例如，要解决煤、天然气、石油的高效和洁净转化，就要研究它们的组成、结构、转化过程中的反应，研究高效催化剂，以及如何优化反应条件以控制过程等。

第二，要开发新能源。新能源必须满足高效、洁净、经济、安全的要求。太阳能以及新型的高效、洁净化学电源与燃料电池都将成为21世纪的重要能源。除已经有研究基础和生产经历的上述能源以外，寻找更新型的能源（例如天然气水合物）的工作不可忽视。这些研究大多数要从化学基本问题着手，研究有关的理论与技术。矿产资源也是不可再生的，如何合理使用同样事关重大。例如，稀土是战略物资，我国稀土矿物储量丰富，为世界瞩目，但是我们面临稀土资源的浪费。一方面出口原料和粗制品，进口产品和精制品；另一方面在国内仍然停留在"粗用"水平，把粗加工的混合稀土加入肥料，大量撒在耕地、林区中，造成资源浪费。保护稀土矿藏和精细加工利用势在必行，这要靠深入研究稀土的分离和深加工，研究稀土的精细利用，研究开拓各种稀土化合物的特种功能和应用等。在其他矿产资源中，盐湖资源和土资源等都应该做更深的基础研究，寻找发挥更高层次的作用。例如，法国用天然膨润土制作成药物（国内商品名思密达），顿时身价百倍。

二、推动材料科学发展

材料与粮食一样，永远是人类赖以生存和发展的物质基础。在满足人类衣食住行基本需求之后，为提高生存质量和安全，为可持续性发展，不断提出新材料的要求。新功能材料研究已经是物质科学研究重点，未来会更加发展扩大。而化学则起着推动材料科学发展的重要作用，它是新材料的"源泉"，如任何功能材料都是以功能分子为基础的，发现具有某种功能的新型结构会引起重要突破。通过扩展研究，总结结构—性质—功能关系，设计和寻找新材料。

最初化学家研究材料主要是用合成和筛选模式寻找功能分子，后来利用药物构效关系在寻找新药方面有了较大的进展，通过量子化学和分子力学又借高功能计算机使分子设计更加合理。但是药物主要以活性分子的结构为基础，设计的仅仅是分子的结构。而对于大多数功能材料来说，即使分子具有某种性质和功能，还不一定是材料。作为材料必须有三个层次的结构因素：一是分子结构决定它有潜在的功能；二是分子以上的有序结构决定它具有可表现的功能；三是构筑成的材料外形决定它具有某种特定的有效功能。例如，贝壳的基本性质由构成它的文石（碳酸钙）和多糖基质的结构决定，但是二者通过有序组装构成的复合材料决定了它的基本材料性质。而且只有当这种材料构成一定形状的壳状结构时，它才能起贝壳的作用。同样是碳酸钙和多糖基质构成的蛋壳就因为有不同组装方式和不同外形而有不同功能。与之相似，有催化活性的化合物还不是催化剂；有非线性光学性质的物质还不是非线性光学材料。因此，作为材料必须有分子结构和性能的基础，而且还必须由功能分子组装成具有特定功能的材料。过去的功能材料研究，物理学和生物学只重视研究功能，而化学只做到合成有功能的分子（这是过去化学发展中存在的一个问题），两方面都很少考虑材料的结构。从超导体、半导体到催化剂载体、药物控释载体，都需要从根本上研究材料的结构。化学可以从分子结构和高级结构两个层次上研究结构与功能的关系，提出分子设计和材料设计的指导思想。除多层次结构决定材料功能以外，还将注意到材料的超微尺度问题。超微尺度的化学包括超微尺寸的凝聚态和分散系的特殊行为，以及宏观物体中的超微结构与功能的关系。过去化学界已注意到分散系中的纳米级分散相和细微分散颗粒的化学性质不同于宏观物体。近年来，物理学提出的纳米尺度介观效应，并从理论上加以诠释。超微尺度的化学会有更宽的内涵。

探求特定结构的形成规律和方法，包括合成、组装和构筑是今天一个广阔的研究领域。以往合成的材料也有高级结构，不过那是自发形成的。如何按照要求设计高级结构，这是要求化学家们深入探索的问题。生物材料具有独特的分子组成和高级结构，因此有独特的性能。模仿天然材料的高级结构是一条目前可以探索的途径。例如，人们已经在模拟沸石结构合成分子筛方面取得很大成就，开发了许多催化剂载体。未来化学在研究仿生功能材料中将越来越重要，如以模拟骨的生物矿物材料为例，首先是模仿组成，然后是模拟其结构。现在，人们已开始意识到更重要的是模拟生物材料形成过程。

酶的生物催化剂也会成为未来发展的重点。例如，模拟超氧化物歧化酶的活性中心，合成和筛选了许多铜的配合物。但是赋予酶的特异性和高效性还存在着许多困难。人们意识到决定酶的全面功能的不仅仅是活性中心，还在于活性中心以外的其他结构部分。可用于生产、生活、医疗的模拟酶在 21 世纪将会有所突破，而突破是基于构筑既有活性中心又有保证活性功能的高级结构的化合物。

另外，电子信息技术的研究和发展，也需要化学家的努力。回顾 20 世纪电子信息技术的发展历程，经历了由电子管到半导体，到集成电路，再到大规模集成电路几个阶段。在每个阶段中，化学家创造了必需的材料，诸如早期的单晶硅、半导体材料、光刻胶等以及后期的液晶及其他显示材料、信号储存材料、电致发光材料、光导材料、光电磁记录材料、光导纤维通信材料（见图 1-3）和技术等。这些推动了电子信号技术的发展。21 世纪电子信息技术将向更快、更小、功能更强的方向发展。目前大家正在致力于量子计算机、生物计算机、分子电路、生物芯片等新技术，标志着进入"分子信息技术"阶段。这需要物理学家提供器件设计思路，化学家则设计、合成所需的物质和材料。

  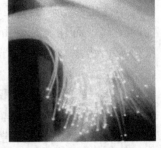

图 1-3　高效的光导纤维通信材料

可以想象未来各国之间信息科学的领先地位之争会异常剧烈。依靠外国的技术和材料不可能领先于别人。领先一靠创新思路，二靠实现新思路的物质基础。有时并不一定先有思路，后造材料；也可能先发现独特性能的材料，后成思路。所以化学家应该更加主动地研究各种与电子信息有关材料的性质和功能以及与各个层次结构的关系，特别是物质与能量的相互作用的化学特征。进一步吸收其他学科提出的新思路和概念，把化学理论和概念融合进去，创造具有特殊功能的新物质和新材料。

三、化学解决人机融合

人类将物种分成有生命和无生命的，或者动物和机器，它们是完全不同的。动物是生物实体，由肌肉组织和骨骼组成，经历出生、成长和死亡过程，其特征是通过进化或基因遗传获得的。过去，人类不能设计制造动物，只能以经验方式饲养或选择适当的饲料来改变动物的某些特性以满足人类的需求。但由于动物是有生命的，因此受到一定的道德和伦理方面的约束。但机器不同，它是由人类设计，用各种材料制造的。

人类已经具有了设计生产动物的能力，并使动物具有人类需要的特性，就好像设计制造机器一样，人类对基因工程的运用就如同使用机械。人类已经获得了一些虚构的嵌合体（Chimeras），将具有不同基因结构的物种嫁接到其他物种上，创造出它们的下一代。其结果是改变了某些物种的表面抗体，使某些器官组织可以植入异体。人类已经知道如何从干细胞再生器官组织，去除差异组织，植入再生体重新成长。人类已开发出工具包，像设计制造机器一样，用核苷酸序列设计生产动物。这类工作大部分属于生物学和生物医学的范畴，但具有可扩展性。植物和微生物已被认为是化学反应器，可以发生许多化学反应。应用生物学物种工程（species engineering）技巧，即用不同方法培育动物和植物，可以得到不同特性的产品。未来，当物种工程被用于人类时，人类可能会具有更好的承重、耐辐射以及抵御环境因素影响的能力。

人类与机器的融合才刚刚开始。现代技术可以通过植入传感器控制心脏律动和葡萄糖水平，植入耳蜗使聋者复聪。视网膜芯片（retinal chips）可以使盲者重见光明。将电极植入昆虫和鼠类可使其按环境信息活动，而且可以将人类的思维传输给机器使其动作。随着生物技术和信息技术的迅速发展，人类和机器将在更大层面上相互融合，让人类大脑与计算机连接，使器官神经中的信息流转换为计算机中由电子和质子组成的信息流，将动物和机器更好地融合起来。人机融合的主要技术问题是了解大脑和神经系统的信息传输、加工和转移的编码过程，建立神经元和微电极间接口，使神经系统中的信息进入计算机系统，并实现三维向二维的转化。

另外，要实现人机融合，不仅需要包括生物分子组织，还需要生物和计算机网络的有关部件，才能成为有感觉的实体，达到模拟人类的程度。虽然分子只是传输和转译信息器官系统的组成部分，但其可在生物体和非生物体间建立界面，成为离子和电子间的转移器。专用于神经组织的基因工程手段需要化学对基因物质的操作技术，而生物兼容性也是分子和材料问题。

四、人类生存质量和生存安全

化学是提高人类生存质量和生存安全的有效保障，首先，化学仍是解决食物短缺问题的主要学科之一，食物问题是涉及人类生存和生存质量的最大问题。以我国人口来说，预期在 21 世纪上半叶将达到 16 亿。今后任务的严重性在于既要增加食物产量保证人类生存，又要保证质量以保证人类安全，还要保护耕地草原，改善农牧业生态环境，以保持农牧业可持续发展。生物学将在提供优良物种、提供转基因生物等方面做出贡献，但是这一切必须得到化学的支撑。化学将在设计、合成功能分子和结构材料以及从分子层次阐明和控制生物过程（如光合作用、动植物生长）的机理等方面，为研究开发高效安全和环境友好的肥料、饲料、饲料添加剂、农药、农用材料（如生物可降解的农用薄膜）等打下基础。

再进一步看，未来的食品将不只满足人类生存的需要，还要在提高人类生存质量、提高健康水平和身体素质方面起作用。因此，人类对食品的要求将从仅仅维持生命到加强营养，并将进一步要求能发挥预防疾病和防止衰老延长寿命的作用。这是食品发展的必然趋势，我们不能因目前保健食品的泛滥无度和虚夸不实而忽视这一趋势。除确定可食性动植物的营养价值外，用化学方法研究有预防性药理作用的成分，包括无营养价值但有活性的成分，显然是重要的。利用化学和生物的方法增加动植物食品的防病有效成分，提供安全有疾病预防作用的食物和食物添加剂（特别是抗氧剂），改进食品储存加工方法，以减少不安全因素，保持有益成分等，都是化学研究的重要内容。

另外，生存质量高低和安全程度要看生活和健康水平，由饮食、环境和精神等关键因素的合理程度决定。这些都取决于人与自然环境相互作用中外来物质和能量是否满足人体需要，同时维持最佳状态。外来物质和能量（包括饮水、食物、空气、电磁波、放射性、热等）有的是有利于生存质量的提高，有的对健康形成威胁，具有两面性。优化物质利用，避害趋利是保证生存质量和安全的基础。生存质量不仅仅以个人满足感为依据，更应该考虑人以外的整个环境的因素。化学研究可从以下三方面对保证生存质量的提高做出贡献：一，通过研究各种物质和能量的生物效应（正面和负面的）的化学基础，特别是弄清楚两面性的本质，找出最佳利用条件。二，研究开发对环境无害的化学品和生活用品，研究对环境无害的生产方式，这两方面是绿色化学的两个主要内容。三，研究大环境和小环境（如室内环境）中不利因素的产生、转化和与人体的相互作用，提出优化环境，建立洁净生活空间的途径。

健康是重要的生存质量的标志，而维持健康应以预防为主。预防疾病将是 21 世纪医学发展的中心任务。首先是肿瘤、心血管病和脑神经退行性病变等一系列疾病，将要在相当程度上可以预防。化学可以从分子水平了解病理过程，提出预警生物标志物的检测方法，建议预防途径。目前癌症的预防性治疗，其基因学的研究就有可能成为突破口，因为它是直接打开了解人类行为和能力的窗口。虽然，人类基因分析刚刚开始，基因图还在修订，人类特征的基因和基因组校正和确定工作也处于初始阶段。但绘制基因图谱，了解生物体的能力、弱点和行为具有很大的潜在利益，是医学科学的基础，有助于了解人类容易受到疾病和污染侵袭的部位，并寻求改善和强化的方法。根据基因特性进行的人类划分，甚至可以改变社会。但基因学的中心仍旧是化学，化学分析系统的开发可以迅速、准确、廉价地进行个人基因分析；化学手段可以将基因学和蛋白质科学结合起来，将基因与蛋白质、蛋白质与生物功能连接起来，进行新陈代谢的研究；同时，化学还可以修正食物组分、改善环境影响，减少化学品影响和疾病的功能障碍。

因此，化学不但是生物医学变革的核心，而且它与分子化学、分子生物学和医学具有基本相同的课题，这就是了解生命分子，提高人类健康水平。生命过程在本质上是化学过程，虽然，我们目前所熟悉的化学过程还远远不如生命过程那样平易而高效。但化学学科中化学反应和创造新物质的研究无疑是具有核心地位的。

总而言之，化学是基础技术，它在新世纪中分子研究及其应用基础上的全面突破，能揭示生物学中的很多奥秘，延长生命和提高生活质量，并创造出具有神奇性能的物质，开发新的生活方式，从而影响和推动着到整个社会的进步和发展。

第四节　化学科学发展的总趋势

随着科学技术和生产水平的提高以及新的实验手段和电子计算机广泛应用。一方面化学学科有了突飞猛进的发展，学科面不断拓宽，使化学内部走向一种新的模式，既融合有关化学学科以解决有关实际问题，又反过来推动各个学科突破自身原有框架进入新的领域。如有机高分子合成要求催化剂，而催化剂的研究又推动了金属有机和配位化学的发展等。另一方面由于化学与其他学科的相互渗透、相互交叉也大大促进其他基础学科和应用学科的发展和交叉学科的形成。如化学以整个学科进入生命、材料、环境、能源等领域和其他学科一道解决实际问题也是必然趋势，并且只要在这种学科中随时抽出化学的基本问题来研究，也就会发现化学的新领域和新问题。这种研究不是使化学融入其他学科（领域）而被肢解，而是将会引发化学的重大突破。目前，国际上最关心的环境保护、能源开发利用、功能材料研制、生命过程奥秘的探索等重大问题都与化学有关。从 21 世纪初期化学科学发展的总趋势看，应有如下几个方面的特点。

一、微观与宏观相结合

从 20 世纪开始，化学家在迅速发展的原子物理学和量子力学的推动下，致力于从电子层次解释和预测分子的结构和性质。由此使量子化学以及关领域得到迅速发展。人们以为物质世界的一切结构和性质都能在量子力学基础上解释和预测。电子计算机的发展，数据库容量的爆炸性增加和计算能力的大幅度提高，使人们可处理的分子越来越大，可比较的分子数目越来越多。这增强了人们在这方面的希望。以微观结构研究为基础的药物和材料的计算机辅助设计已经成为研究热点。但是，现在看来，由于物质世界里的现象既有微观的基础，也有宏观的基础，所以绝对不应该忽视宏观化学研究，如化学热力学和动力学研究。微观研究应该与宏观研究相结合，这在研究生命、材料、环境科学等宏观系统的问题时尤其重要。不应只看到化学热力学和动力学的经典内容，还应该看到它们的发展趋势。例如，非平衡态热力学（Prigogine，1977年Nobel奖获得者）的贡献是教给化学家一把开启从分子层次洞察生命过程的钥匙。迄今还需要更好的理论和方法描述实际开放系统（生物体、河流、大气等）的时空动态变化。尽管在沟通微观与宏观研究中已经取得一些成绩，也建立了一些方法，但是大多数工作还是微观与宏观分离。由于解决实际问题的需要，也因为在理论上和方法上已经有了一定的基础，预期未来微观与宏观将会更深入更广泛的结合。

二、静态与动态相结合

采用合成、结构表征和测定的研究模式由来已久，曾经吸引了相当多的化学家从事这类工作，为人们留下一大批新的化学物质的资料，这也是化学界的重要财富。多少年来，这类研究引导人们集中于静态结构研究。X射线晶体结构分析的进步与普及，促使这类研究更为方便快捷，成为化学一些学科研究的主流。当然，作为研究物质化学变化的科学，化学一直重视化学反应过程的研究。不过由于方法和思路的限制，化学反应历程的早期研究仅限于小分子参与的宏观动力学研究，而且只能研究速率较慢的简单反应。后来停流技术（Stopped Flow Technique）加上各种快速检测和收集数据的手段才使人们有可能研究快速反应过程。近年来，把微观概念引进反应过程研究的微观反应动力学有了重大突破，形成现代化学的一个热点。另外，近年来单分子操作能够用来观察分子的动态过程，计算机能够模拟分子间相互作用的过程。这些都预示着在不远的将来，化学过程的微观动态跟踪的可能性。不过目前还是只能研究简单系统，缺少跟踪研究复杂过程的实验方法和理论解析方法。而生物、材料和环境科学所要求化学解决的大多数是复杂系统。将来的化学既要能从分子层次解释静态结构和行为的关系，更需要的是解释有关过程中发生的事件。例如，极快速生成和转化的氧自由基会引起合成高分子材料（塑料、橡胶等）的老化，人类的活性氧疾病群（白内障、肿瘤、心血管病以及各种退行性病变）和衰老的发生，以及金属的腐蚀、食品和粮食的氧化性变质等缓慢过程。这些过程包含从微秒到几十年、几百年的极快和极慢的反应。

三、简单与复杂的结合

人们现在所遇到的许多实际问题，都涉及周围的物质世界。物质世界的一切表现都是复杂的、多样的，而且是多变的。经典物质科学研究物质世界的最终目的在于寻求简单的、普适的、永恒的基本解，用简化的方法、抽象的方法去研究复杂系统。如建立各种模型和概念去解释实际生命现象；把生物系统拆成个别生物分子，研究它们的结构和性质的关系；用微观来解释宏观。经典物质科学在认识生物系统结构和功能关系方面的确取得了重要的成果，而且今后这种研究还将更细致深入地认识生物现象。但是，真正研究现实事物必须回到真实条件中去，即必须研究复杂系统中的复杂过程，必须把一个个分子、一个个反应放回到实际环境条件中，在原来制约它的条件和关联反应存在下去认识。其实，早在经典物理科学发展初期，有人就已经提出不能把真实的复杂系统（如细胞）简单处理，但是限于当时的技术条件，无法进行观察或实验。现在不但技术水平已经使人们可以在一定范围内研究复杂系统，而且系统、控制等现代理论也为探索复杂系统创造了理论基础。对于化学，首先需要建立对复杂过程进行实验研究的方法，特别是对过程中事件的动态跟踪；其次，需要分析和模拟多反应组合的理论方法。从简单到复杂不是一蹴而就的，目前仍然需要简化处理。即便未来技术条件再进步，理论基础再深入，简化处理方法仍然不可缺少。从复杂系统的简化，到回归复杂性，再抽出个别问题进一步做简化研究，这将是今后一段时期内对复杂系统进行化学研究的主要方法。

总而言之，化学可能最基本的问题，是如何在未来化学以及与相关学科的融合之中创新的问题。化学研究的创新可以是跟踪的创新——沿用别人思路和方法，做填平补齐、拾遗补缺的工作，在传统课题长年积累的大山上再添砖添瓦。但是，我们更需要高屋建瓴的考虑，提出发展的新思路和方法。要想攀登科学高峰，必须有理论思维。而不同时代的理论思维在内容和形式上是不同的。回顾19～20世纪化学发展中化学家的理论思维的涨落，探讨今后如何在理论思维上突破现有框框，是我们能否想人家想不到的，做人家还没有做的关键。

综上所述，正如《化学的今天和明天》作者，美国著名化学家 Breslow（布里斯罗）所说的那样：化学是最古老的学科之一，经过化学家们的辛勤劳动，它必将成为最新的中心学科之一，并在未来人类进步、科技发展、社会文明中起到科学的作用。

参考文献

[1] R. 布里斯罗（R. Breslow）. 化学的今天和明天［M］. 北京：科学出版社 .2003.

[2] 唐有祺. 展望化学之未来挑战和机遇［J］. 大学化学 .2000, 16（5）：3-5.

[3] 唐有祺，王夔. 化学与社会［M］. 北京：高等教育出版社，1997.5.

[4] 唐有祺. 展望化学之未来：挑战和机遇［J］. 大学化学 .2000, 15（6）：3-6.

［5］路甬祥．学科交叉与交叉科学的意义［J］．中国科学院院刊．2005，20（1）：58-60．

［6］朱增惠编译．对化学发展新方向的设想［J］．国际化工信息．2004，12：1-7．

［7］梁文平，唐晋，王夔．21世纪化学学科的发展趋势［J］．创新科技．2006，11：44-45．

［8］张浩力．化学前沿学科的交叉性日渐突显［J］．国际学术动态．2007，1：4-5．

［9］汪明礼．伸开双手迎接大化学时代的来临——展望化学未来的地位及作用［J］．黄山高等专科学校学报．1999，1（5）：113-115．

［10］江玉安．化学史上的重大事件与化学科学发展的主要线索［J］．化学教育．2009，7：74-76．

［11］周吕林．深入理解化学科学发展观的丰富内涵［J］．科学大众．科学教育．2020，7：4．

［12］叶驯寅，卢伟．重新编写化学的未来［J］．浙江化工．2002，33（2）：45-47．

［13］董安钢，唐颐．浅谈组合化学［J］．大学化学．2000，15（5）：8-13．

第二章 化学与环境

第一节　环境问题概述

环境问题是当今世界所面临的重大问题之一，环境污染和生态破坏不仅给社会经济发展与人民正常生活带来损失，更严重危害人类健康、贻害子孙后代。无论是保护环境，还是发展经济，其最终目的都是为了使人们过上健康快乐的生活，维护人与社会、人与自然的和谐。因此，联合国把人口、资源、粮食、环境与发展并列为当今国际社会的五大问题。

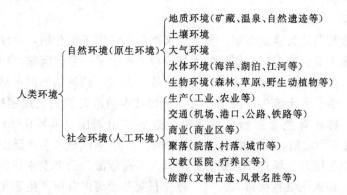

环境由自然环境和社会环境两部分组成。自然环境亦称原生环境、地理环境，是指环绕于人类周围的自然界，是人类和其他生命体赖以生存和发展的物质基础。社会环境是指人类在自然环境的基础上，为不断提高物质和精神生活水平，通过长期有计划、有目的的发展，逐步创造和建立起来的人工环境，其质量是人类物质文明建设和精神文明建设的标志之一。

那么什么是环境问题呢？环境问题本质上是人与自然界的关系问题。由于人类的活动或自然原因，环境条件发生了变化，引起了环境的破坏和污染，以致影响人类的生产和生活，给人类带来了灾害，这就是环境问题。根据引起环境问题的原因，可以把环境问题分为广义的和狭义的两类。广义的环境问题包括人为因素和自然因素引起的两类；而狭义的环境问题仅指由人为因素引起的。从环境保护的角度来看待环境问题，主要着眼于人为的原因引起的这一大类，有的国家也把这类称为"公害"。

环境污染，就是指由于人类或自然的因素，向自然界排入了一些有害的物质，使自然界的组成和性质发生了变化，给人类的生存和发展带来不利因素和危害。环境污染按不同的分类标准有不同的划分，按照环境要素分，有大气、水体和土壤污染等；按污染物的性质分，有生物、物理和化学污染等；按污染物的形态分，有废气、废水、固体废弃物、光和辐射污染等；按污染产生的原因分，有生活、工业、农业和交通污染源等；按影响的范围分则有全球性、区域性和局部性污染等。

一、环境问题的产生

人类经过了漫长的与自然斗争的历程，在改造自然和发展经济上取得了辉煌的成就，但同时也造成了全球性的环境污染和生态破坏，特别是从 20 世纪 50 年代以来，世界很多地区的环境遭到了日趋严重的污染和破坏。全球性的环境恶化目前仍然有增无减，如水源污染、垃圾成灾、全球变暖、臭氧层破坏、酸雨肆虐、沙漠蔓延、森林锐减、物种灭绝、自然灾害不断发生等，对人类的生存和发展构成了极大的威胁。环境污染作为社会公害而引起人们的注意，是从 18 世纪末到 20 世纪初的产业革命开始的，大概经历了以下公害发生期、公害发展期和公害泛滥期三个阶段。

1. 公害发生期

产业革命时期是公害发生期。资本主义革命从纺织工业开始，以建立煤炭、钢铁、化工等重工业而告完成。煤炭的大规模应用产生了一系列问题，如冶炼厂的污水排入河流，使鱼、虾绝迹；炼钢厂的废气排入大气，使周围的树木枯萎死亡，进而荒山秃岭，造成水土流失、洪水成灾。例如日本明治时期的足尾铜矿矿毒事件，其二氧化硫、砷和有色金属粉尘的污染，造成矿山周围 $2.4 \times 10^3 \, hm^2$（$1hm^2 = 10000m^2$）成不毛之地，受害面积达 4 万公顷；1890 年该地区洪水泛滥，铜矿污水污染造成四个县数万公顷良田被毁、数十万人流离颠沛。公害发生期化学工业也开始污染环境，如氯化氢直接排入大气、硫化石灰弃置河岸分解产生硫化氢、水泥工业的粉尘、造纸工业的废液、石油酸碱精制过程中的废酸和废碱，都开始造成比较严重的环境污染。

2. 公害发展期

20 世纪 20 年代至 40 年代是公害发展期。20 世纪 20 年代以来石油和天然气的生产急剧增长，石油在燃料构成中的比重大幅度上升。30 年代前后，内燃机在世界各国普遍发展，在产业革命时期风行一时的蒸汽机衰落了。与此同时，小轿车用汽油、拖拉机用煤油和轻柴油、各种动力机器和机车用柴油等油品的消耗量激增，锅炉燃料重油也逐渐被广泛使用，使石油制品及其燃烧产物造成的污染日趋严重。石油污染的典型是美国的洛杉矶光化学烟雾事件（见图 2-1）。

在这个时期，煤的消耗量也在逐步上升，煤烟尘和二氧化硫的污染日趋严重。到 1938 年，全世界煤的绝对消耗量仍为石油的五倍以上，全世界二氧化硫的年排放量达数千万吨。该时期 2/3 的环境问题由燃烧煤引起，如 1930 年比利时的马斯

图 2-1 洛杉矶烟雾事件

图 2-2 马斯河谷事件

图 2-3 多诺拉事件

河谷事件（见图 2-2）和 1948 年美国的多诺拉事件（见图 2-3）就是典型的例证。在这个时期，有机化学工业也开始快速发展，因此有机毒物对环境的污染问题逐渐突出，主要表现在含有机毒物的废水对水域和鱼类的破坏上。

3. 公害泛滥期

20 世纪 50 年代后是公害泛滥期。第二次世界大战后 20 多年，石油等化石燃料的消费量急剧增长。仅在 60 年代的 10 年里，世界石油年产量从 10 亿吨增至 21 亿吨，煤炭年产量从 20 亿吨增加到 25 亿吨。这个时期城市汽车大增，洛杉矶型烟雾在世界大城市时有发生，危及面逐年扩大；海洋的石油污染愈来愈严重；地区性环境污染造成的地方病日益猖獗。如日本的四日市哮喘病和相关的水俣市汞毒病事件都与日本的石油化工飞速发展密切相关；严重的空气污染，曾使日本街头出现清洁空气出售站；随后在富山又发生了痛痛病。这些事件标志着快速发展的石化工业导致的环境公害已进入了一个新阶段。表 2-1 列有 20 世纪的八大公害事件。

表 2-1 20 世纪的八大公害事件

时间和地点	名称	发生原因	主要后果
1943～1952 年 美国洛杉矶	光化学烟雾事件	250 多万辆汽车排放上千吨废气在阳光照射下生成蓝色的光化学烟雾	导致眼、鼻、喉等疾病，其中 1952 年 12 月的一次烟雾就使 65 岁以上的老人有 400 人死亡
1952 年 12 月 英国伦敦	烟雾弥漫事件	烟雾弥漫主要是臭氧、氧化氮、乙醛 等，尘埃粒浓度 4.46mg/m³，SO_2 为 1.34g/t，Fe_2O_3 粉尘等	4000 人死亡，2 个月后又有 8000 人死亡
1930 年 12 月 比利时马斯 河谷工业区	马斯河谷事件	工厂排出的二氧化硫、三氧化硫等有害气体和粉尘	一周内 60 多人死亡，几千人患呼吸道疾病，许多家畜死亡
1948 年 10 月 美国多诺拉镇	多诺拉事件	空气中二氧化硫浓度达到 0.5～2μL/L 并有明显的粉尘粒	4 天内死亡 17 人，发病者 5911，占全镇人数的 43%，为平时的 8.5 倍
1961～1972 年 日本四日市	哮喘病事件	燃油产生的粉尘及二氧化硫达 13 万吨，500 米厚的烟雾弥漫中含有多种有毒气体和铅、锰、钴等粉尘	1961 年哮喘病大发作，1964 年连续 3 天烟雾弥漫开始死人，1967 年一些患者不堪忍受而自杀，1970 年达 2000 多人，1972 年达 6376 人

时间和地点	名称	发生原因	主要后果
1955~1972 年 日本水俣市	水俣病	无机汞污染水,使鱼中毒,人食后受害	2 万人受害,表现为神经衰弱、痴呆、视力下降、小孩发音困难、行动困难、理解力差
1955~1972 年 日本富山县	痛痛病	锌、铅冶炼污染水,使土地含镉 1~2g/t,居民食用稻米含镉 1~2g/t	损害肾导致胃软化,引起全身骨痛、呼吸困难,骨骼软化、萎缩并自然骨折变形,在疼痛中死亡
1968 年 3 月 日本爱知县	米糠油事件	管理不善,多氯联苯混进米糠油中	大量人和家畜食物中毒,5000 人中毒,16 人死亡,几十万只鸡死亡

世界八大公害事件和近年发生的其他影响范围大、危害严重的诸多环境污染事件都与化学的关系比较密切。这些事件在物质方面涉及氧、臭氧、汞、重金属、硫氧化物、氮氧化物、碳氧化物、氟化物、铁氧化物、硫酸盐以及烃、甲基汞、多氯联苯、氨基甲酸基等有机化合物和石油、柴油等;在化学反应方面涉及氧化反应、化学吸附、水解反应和光化学反应等。对环境污染危害较大的是三大类工业部门和六大类企业。三大类部门是化工、冶金、轻工;六大类企业是发电厂、钢铁厂、炼油厂、石油化工厂、矿山有色金属冶炼厂和造币厂。

因此,环境保护是一个严重的社会问题,化学工作者有义不容辞的责任,积极努力,让上述描写成为过去,使"山清水秀的大地"重返地球!

二、环境面临的挑战

随着科学技术水平的发展和人民生活水平的提高,环境污染也在增加,发展中国家尤为严重。环境污染问题已成为世界各国的共同问题。到目前为止,已严重威胁人类生存并已被人类认识到的环境问题主要有如下几个方面。

1. 酸雨

酸雨是由于空气中二氧化硫(SO_2)和氮氧化物(NO_x)等酸性污染物引起的 pH 值小于 5.6 的酸性降水。受酸雨危害的地区,出现了土壤和湖泊酸化,植被和生态系统遭受破坏(见图 2-4),建筑材料、金属结构和文物被腐蚀等一系列严重的环境问题。酸雨在 20 世纪 50~60 年代最早出现于北欧及中欧,当时北欧的酸雨是欧洲中部工业酸性废气迁移所至。70 年代以来,许多工业化国家采取各种措施防治城市和工业的大气污染,其中一个重要的措施是增加烟囱的高度,这一措施虽然有效地改变了排放地区的大气环境质量,但大气污染物远距离迁移的问题却更加严重,污染物越过国界进入邻国,甚至飘浮很远的距离,形成了更广泛的跨国酸雨。此外,全世界使用矿物燃料的量有增无减,也使得受酸雨危害的地区进一步扩大。全球受酸雨危害严重的有欧洲、北美及东亚地区。我国在 80 年代,酸雨主要发生在西南地区,到 90 年代中期,已发展到长江以南、青藏高原以东及四川盆地的广大地区。

图 2-4　酸雨导致森林的破坏

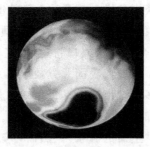
图 2-5　南极臭氧层空洞

图 2-6　气候变暖冰川消融

2. 臭氧层破坏

在地球大气层近地面约 $20\sim30km$ 的平流层里存在着一个臭氧层，其中臭氧含量占这一高度气体总量的十万分之一。臭氧含量虽然极微，却具有强烈的吸收紫外线的功能。因此，它能挡住太阳紫外辐射对地球生物的伤害，保护地球上的生命。然而人类生产和生活所排放出的一些污染物，如冰箱、空调等设备制冷剂的氟氯烃类化合物以及其他用途的氟溴烃类化合物，受到紫外线的照射后可被激化，形成活性很强的原子与臭氧层的臭氧（O_3）作用，使其变成氧分子（O_2）。这种作用连锁般地发生，臭氧迅速耗减，使臭氧层遭到破坏。南极的臭氧层空洞，就是臭氧层破坏的一个最显著的标志。到 1994 年，南极上空的臭氧层破坏面积已达 2400 万平方公里（见图 2-5）。南极上空的臭氧层是在 20 亿年时间里形成的，可是在一个世纪里就被破坏了 60%。北半球上空的臭氧层也比以往任何时候都薄，欧洲和北美上空的臭氧层平均减少了 10%～15%，西伯利亚上空甚至减少了 35%。因此科学家警告说，地球上空臭氧层破坏的程度远比一般人想象的要严重得多。

3. 全球变暖

全球变暖是指全球气温升高。近 100 多年来，全球平均气温经历了冷-暖-冷-暖两次波动，总的为上升趋势。进入 20 世纪 80 年代后，全球气温明显上升。1981～1990 年全球平均气温比 100 年前上升了 $0.48℃$。导致全球变暖的主要原因是人类在近一个世纪以来大量使用矿物燃料（如煤、石油等），排放出大量的 CO_2 等多种温室气体。由于这些温室气体对来自太阳辐射的短波具有高透过性，而对地球反射出来的长波辐射具有高吸收性，也就是常说的"温室效应"，导致全球气候变暖。全球变暖的后果，会使全球降水量重新分配、冰川和冻土消融（见图 2-6）、海平面上升等，既危害自然生态系统的平衡，更威胁人类的食物供应和居住环境。

4. 淡水资源危机

地球表面虽然 2/3 被水覆盖，但是 97% 为无法饮用的海水，只有不到 3% 是淡水，其中又有 2% 封存于极地冰川之中。在仅有的 1% 淡水中，25% 为工业用水，70% 为农业用水，只有很少的一部分可供饮用和其他生活用途。然而，在这样一个缺水的世界里，水却被大量滥用、浪费和污染。加之，区域分布不均匀，致使世界上缺水现象十分普遍，全球淡水危机日趋严重。目前世界上 100 多个国家和地区缺水，其中 28 个国家被列为严重缺水的国家和地区。预测：再过 20~30 年，严重缺水的国家和地区将达 46~52 个，缺水人口将达 28 亿~33 亿人。我国广大的北方和沿海地区水资源严重不足，据统计我国北方缺水区总面积达 58 万平方公里。全国 500 多座城市中，有 300 多座城市缺水，每年缺水量达 58 亿立方米，这些缺水城市主要集中在华北、沿海和省会城市、工业型城市。世界上任何一种生物都离不开水，人们贴切地把水比喻"生命的源泉"。然而，随着地球上人口的激增，生产迅速发展，水已经变得比以往任何时候都要珍贵。一些河流和湖泊的枯竭，地下水的耗尽和湿地的消失，不仅给人类生存带来严重威胁，而且许多生物也正随着人类生产和生活造成的河流改道、湿地干化和生态环境恶化而灭绝。不少大河如美国的科罗拉多河、中国的黄河都已雄风不再，昔日"奔流到海不复回"的壮丽景象已成为历史的记忆。

5. 资源、能源短缺

当前，由于人类无计划、不合理的大规模开采，资源和能源短缺问题已经在世界大多数国家甚至全球范围内出现。从目前石油、煤、水利和核能发展的情况来看，要满足世界能源的需求是十分困难的。因此，在新能源（如太阳能、快中子反应堆电站、核聚变电站等）开发利用尚未取得较大突破之前，世界能源供应将日趋紧张。此外，其他不可再生性矿产资源的储量也在日益减少，这些资源终究会被消耗殆尽。

6. 森林锐减

森林是人类赖以生存的生态系统中的一个重要的组成部分。地球上曾经有 76 亿公顷的森林，1990 年下降到 39.6 亿公顷，2000 年下降到 38 亿公顷。由于世界人口的增长，对耕地、牧场、木材的需求量日益增加，导致森林的过度砍伐和开垦（见图 2-7），使森林受到前所未有的破坏。据统计，全世界每年约有 1200 万公顷的森林消失，其中绝大多数是对全球生态平衡至关重要的热带雨林。对热带雨林的破坏主要发生在热带地区的发展中国家，尤以巴西的亚马逊情况最为严重。亚马逊森林居世界热带雨林之首，但是，到 20 世纪 90 年代初，这一地区的森林覆盖率比原来减少了 11%，相当于 70 万平方公里；该地区平均每 5 秒钟就有差不多有一个足球场大小的森林消失。此外，亚太地区、非洲的热带雨林也在遭到破坏。

7. 土地荒漠化

土地荒漠化就是指土地退化，它是由于气候变化和人类不合理的经济活动等因素，使干旱、半干旱和具有干旱灾害的半湿润地区的土地发生的退化。联合国防治荒漠化公约秘书处发表公报指出：当前世界荒漠化现象仍在加剧（见图 2-8）。全球现有 12 亿多人受到荒漠化的直接威胁，其中有 1.35 亿人在短期内有失去土地的危险。荒漠化已经不再是一个单纯的生态环境问题，而是已经演变为经济问题和社会问题，它给人类带来贫困和社会不稳定。到 1996 年为止，全球荒漠化的土地已

图 2-7 森林过度砍伐　　　图 2-8 土地荒漠化严重　　　图 2-9 垃圾成灾

达到 3600 万平方公里，占整个地球陆地面积的 1/4，相当于俄罗斯、加拿大、中国和美国国土面积的总和。全世界受荒漠化影响的国家有 100 多个，尽管各国人民都在进行着与荒漠化的抗争，但荒漠化却以每年 5～7 万平方公里的速度扩大，相当于爱尔兰的面积。在人类当今诸多的环境问题中，荒漠化是最为严重的灾难之一。而对于受荒漠化威胁的人们来说，荒漠化则意味着他们将失去最基本的生存基础，即有生产能力的土地的消失。

8. 物种加速灭绝

物种就是指生物种类。现今地球上生存着 500 万～1000 万种生物。一般来说物种灭绝速度与物种生成的速度应是平衡的。但是，由于人类活动破坏了这种平衡，使物种灭绝速度加快，据《世界自然资源保护大纲》估计，每年有数千种动植物灭绝。截至 2000 年，地球上 10％～20％的动植物即 50 万～100 万种动植物已消失。而且，灭绝速度越来越快。世界野生生物基金会发出警告：本世纪鸟类每年灭绝一种，在热带雨林，每天至少灭绝一个物种。物种灭绝将对整个地球的食物供给带来威胁，对人类社会发展带来的损失和影响将难以预料和挽回。

9. 垃圾成灾

全球每年产生垃圾近 100 亿吨（见图 2-9），而且处理垃圾的能力远远赶不上垃圾增加的速度，一些发达国家已陷入垃圾危机之中。美国素有垃圾大国之称，其生活垃圾主要靠表土掩埋。过去几十年内，美国已经使用了一半以上可填埋垃圾的土地，30 年后，剩余的这种土地也将全部用完。我国的垃圾排放量也相当可观，在许多城市周围，排满了一座座垃圾山。这些填埋或堆放的垃圾，除了占用大量土地外，还污染环境。危险垃圾，特别是有毒、有害垃圾的处理问题（包括运送、存放），因其造成的危害更为严重、产生的危害更为深远，已成为当今世界各国面临的一个十分棘手的环境问题。

10. 有毒化学品污染

市场上约有 7 万～8 万种化学品。对人体健康和生态环境有危害的约有 3.5 万种，其中有致癌、致畸、致突变作用的约 500 余种。随着工农业生产的发展，现在每年又有 1000～2000 种新的化学品投入市场。由于化学品的广泛使用，全球的大气、水体、土壤乃至生物都受到了不同程度的污染、毒害，连南极的企鹅也未能幸免。自 20 世纪 50 年代以来，涉及有毒有害化学品的污染事件日益增多。如果不采取有效防治措施，有毒、有害化学品将对人类和动植物造成严重的危害。

三、环境科学的形成

环境科学主要是运用自然科学和社会科学有关学科的理论、技术和方法来研究环境问题。它是一门新学科，至今只有 40 来年历史，而其发展速度是其他任何一门学科都无法比拟的。

环境科学是研究人和环境间的关系的科学。人类给予环境的有正面的影响，也有负面的影响，环境又往往将这些影响反过来作用于人。如果对此负面影响不加制止，它们会通过环境又损及人体健康，给我们的子孙后代遗留下不可低估的苦果，所以我们必须控制这些造成负面影响的环境问题的发生。环境科学的目的就在于弄清人类和环境之间的各种各样的演化规律，使我们能够控制人类活动给环境造成的负面影响。

环境科学的研究可以分成两个层次。宏观上，研究人和环境相互作用的规律，由此揭示社会、经济和环境协调发展的基本规律，以保证社会可持续性的和谐发展。微观上，研究环境中的物质，尤其是人类活动产生的污染物，在环境中的产生、迁移、转变、积累、归宿等过程及其运动规律，研究环境污染综合防治技术和管理措施，寻求环境污染的预防、控制、消除的途径和方法，为我们保护环境的实践提供科学基础。

环境科学的产生是环境污染问题的出现所引发的，大致经历了以下阶段。

1. 环境科学孕育阶段

20 世纪 20～50 年代，是环境科学孕育阶段。当时工业发展迅猛，尤其是第二次世界大战后，工业高速发展，带来很多环境问题，如上提到的著名"八大公害"事件。在大气方面就有马斯河谷、多诺拉和伦敦烟雾事件，这都跟二氧化硫和烟尘有关。伦敦烟雾事件尤其著名，其致死人数最多，5 天内 4000 多人死亡。原因就是燃煤产生的二氧化硫酸雾，导致人们胸闷、咳嗽、呕吐，年老体弱者因此死亡。洛杉矶光化学烟雾事件，发生在 40～50 年代。当时不明原因，小学生有刺眼、落泪、喉咙不适等症状；植物受害，番茄、菠萝反应明显。直到 50 年代才找到原因，是汽车及石油工业的废气所致。废气在紫外线作用下形成了光化学烟雾，造成 65 岁以上老人死亡率增加，至今洛杉矶仍未彻底解决这个问题。光化学烟雾问题出现后，引起世界范围内的广泛重视。各大城市相继发现此类污染，北京也不例外。水污染问题中最著名的是日本的水俣病。此外，森林过度采伐、沙漠化、不可再生资源的耗竭等很多环境问题也都提上了日程。但当时大家都把它当做局部问题对待，其解决办法也是头痛医头、脚痛医脚。这期间，环境科学正在孕育之中，但都是运用原有的学科理论来对待这些问题，没有上升到环境科学的高度。

2. 环境科学成形阶段

20 世纪 60～70 年代，环境科学提出并形成。当时环境问题已经由局部问题发展到区域性问题，最典型的是酸雨问题。60 年代酸雨在北欧挪威首次发现，但该国工业污染并不严重，东欧、英、德才是污染源，由于大气输送将二氧化硫带到北欧形成酸雨。欧洲的国际间环境争端，通过联盟组织各国合作研究，制订统一计划得到了解决。北美也发生了类似问题，经过 10 年研究，发现美国与加拿大相互影响。可见环境问题已发展为区域性问题。水污染方面的研究不再局限于河流，湖、海的污染问题也提了出来，特别是富营养化问题是各国的常发性污染。

许多不同学科的科学工作者投入防治环境污染的研究领域。在解决复杂而综合的环境问题中，往往需要多学科协作对它进行系统深入研究，使环境科学自然形成了多学科综合交叉的特点。在自然科学方面的主要有环境地理学、环境生物学、环境化学、环境物理学、环境工程学、环境医学等。由于环境问题必然跟经济、社会、人口相联系，社会科学也介入其中。社会科学方面的主要有环境管理学、环境经济学、环境法学等。此外，还有自然科学与社会科学交叉结合的，如环境评价学、环境规划学等。

在近现代工农业发展和科技进步过程中，"化学"为人类提供了品种繁多、琳琅满目的生产和生活用品，化学科学和化学工业为现代化社会做出了重要贡献。然而与此同时，大量有害化学物质进入地球的各个圈层后，极大破坏了环境质量，直接或间接地损害人类的健康，影响生物的繁衍和生态的平衡。这些大量的环境问题与化学物质直接相关，导致环境科学中的环境化学的诞生。因此，环境化学在掌握污染来源，消除和控制污染，确定环境保护决策，以及提供科学依据诸方面都起着重要的作用。环境化学是在化学科学的传统理论和方法基础上发展起来的，以化学物质在环境中出现而引起的环境问题为研究对象，以解决环境问题为目标的一门新兴学科。环境化学研究有害化学物质在环境介质中的存在、化学特性、行为和效应及其控制的化学原理和方法，既是环境科学的核心组成部分，也是化学科学的一个新的重要分支。

中国环境科学的发展在早期落后于世界 20 年。20 世纪 70 年代以前虽然在环境医学、污染治理技术等方面已经有了零星的研究工作，但大家基本上不知环境科学为何物。1972 年，联合国人类与环境会议召开后，1973 年我国召开了第一次环保大会，环境保护的概念才进入我国，取代了"三废"的概念。当时两项主要工作是北京做的：其一是组织了北京市的大专院校、中科院等专家合作，研究官厅水库的水污染和水源保护问题，为全国的水源保护工作起到了带头作用；其二是西郊环境质量评价，这是全国第一个环境质量评价研究，后来由此发展为环境影响评价，打破了环境保护中的专业界限，将水、气、土、噪声等糅合在一起，开展综合性研究工作，这在全国是领先的，推进了全国环境科学的发展。我国大气环境方面的研究工作略落后于对水的研究，这方面的第一项研究是兰州西固石油化工区的光化学烟雾，由甘肃省和北京大学共同合作进行。在此基础上中国的环境科学迅速发了起来。总的来讲，我国 70 年代注重局部污染；80 年代赶上国际步伐，开展区域性研究，如酸雨、光化学烟雾等；90 年代开始保持国际同步水平。

第二节　水　污　染

现代科学研究表明：元素是由恒星演变逐步合成后抛向宇宙空间的，当原始的氧生成后，便与自然界的氢结合生成了水。但由于那时温度极高且有地心引力的作用，故水只能以气体的形式升腾为云环绕存在于地球之外。但随着核聚变的发生，生成的水愈来愈多，积集的云愈来愈厚，它遮住了日光对地面的照射，使地面温度渐渐降低，岩浆冷却固化成地壳。当温度降到一定程度就开始下雨使地表面进一步冷却，连续几千年的雨水填满了所有地表面的裂隙、鸿沟及洼地，几乎覆盖了整个南半球，使地壳产生了海洋、江河、湖泊和冰川。从太空观察，地球表面的四分之三被海洋、江河、湖泊的水覆盖，十分之一被冰川覆盖，使地球好似一个美丽的蔚蓝色水球。

一、水污染的来源

自然界存在着大量的天然水，天然水不是存在于真空中，它总是要和外界环境密切接触。由于水是一种良好的溶剂，在水循环和运动过程中，会溶解大气、土壤、岩石中的某些组分，因此，在自然条件下是不可能存在纯净水的，其中必然存在着不少的化学元素和化合物。

对于人类的饮用来说，自然条件下的不纯净水是一件好事，因为人类健康需要这些物质。但是，当一些对人体有害的物质排入水中，则此时水体的物理、化学性质或生物群落组成发生变化，超过了水的本体值或水的自净能力，从而使得该水体部分或全部失去它的功能或用途，降低了水的使用价值，就叫水污染。它通常分为两类：一类是自然污染，它主要是自然因素所造成的；一类是人为污染，它是由人类生活和生产所产生的。我们通常讨论的是人为污染，产生水污染的来源大致有如下几种情况。

1. 病原体污染

人类的生活污水、畜禽饲养污水以及制革、洗毛、屠宰业和医院等排出的废水中常含有病毒、病菌和寄生虫等各种病原体，它们会导致水体传播疾病。病菌可引起痢疾、伤寒、霍乱等疾病；病毒可引起小儿麻痹、传染性肝炎等疾病；其他病原体引起的姜片虫病、血吸虫病、阿米巴痢疾、钩端螺旋体病等都是由于水污染引起的传染性疾病。历史上流行的瘟疫，有多次就是水媒型传染病，如 1848 年和 1854 年英国两次霍乱流行，各死亡约万余人。现在全世界有 18 亿人因为饮用了受生物性污染的水而患病。

2. 需氧物质污染

需氧有机物包括淀粉、糖类、蛋白质、脂肪、纤维素、氨基酸、脂肪酸、脂类

化学与人类生活

等，主要来自生活污水和肉类加工、食品以及造纸、制革、制糖、印染、焦化、石油化工等工业废水。如我国造纸行业排放的需氧有机物占全国需氧有机物排放总量的30％以上。

需氧有机物本没有毒性，它们悬浮或溶解于污水中，在生化作用下易分解，通过微生物的分解消耗水中溶解氧，降低水中的溶解氧含量，从而影响鱼类和其他水生生物的生长，所以叫做需氧有机物。水中的溶解氧耗尽后，有机物将进行厌氧分解，产生硫化氢、氨和硫醇等难闻气味，恶化水质。水体中需氧有机物越多，耗氧越多，水体污染也就越严重，严重时可使水体发生恶臭，从而破坏水生生态系统，对渔业生产影响甚大。有机物被微生物降解过程中所需氧的量常用生物化学需氧量（BOD）和化学需氧量（COD）表示，这两种指标愈高，说明污染愈严重。

3. 植物营养物质污染

植物营养物质主要来自城市生活污水和工业污水（食品、化肥工业），包括氮、磷（硝酸盐、硝酸盐、铵盐和磷盐）及其硅、钾、维生素、微量金属元素和其他物质，它们是植物生长、发育所需的养料。过多的植物营养物质进入水体，造成水库、内海等水域富营养化，促进了藻类等浮游生物和水生植物的繁殖，大量繁殖的藻类会引起水色异常，使水面呈现蓝色、红色、棕色或乳白色，这种现象在江河湖称为"水花"，在海中称为"赤潮"。水体中植物营养物质过多，积聚到一定程度后，水体过分肥沃，藻类繁殖特别迅速，使水生生态系统遭到破坏，这种现象叫做水体的富营养化。富营养化是水体衰老的一种表现，易发生于湖泊、水库、内海、河口以及水网等水流缓慢的地区。

昆明滇湖、安徽巢湖已成为因污染导致藻类疯长而窒息的湖泊。历时十年，投资五十亿元，滇池污染才被遏制。被称为"江南明珠"的太湖，总氮超标80.4％，总磷超标65.9％，污染也相当严重（见图2-10）。

4. 石油污染

石油中各种烷烃、环烷烃、芳烃等都是重要污染物。石油污染主要发生在海洋。在石油的开采、炼制、储运及使用过程中，船舶排放和事故溢油等造成原油和石油制品进入环境而造成污染，特别是海洋污染已成为世界性问题。海洋污染的特点是污染源多而复杂、持续性长、危害性大而广。石油入海后在不同的条件下，会发生复杂的

图 2-10　太湖中藻类的疯长

物理与化学变化。如石油入海后因比水轻又不溶于水，迅速扩展，形成油膜，随风飘移，1L石油的扩展面积可达 $10000m^2$；含碳原子数少的烃类化合物会缓慢蒸发；风浪的搅动，会使石油乳化；海面上的油膜会在光和微量元素的作用下发生复杂的光化学氧化反应，不断发生降解；长碳链烃类化合物会在海面上逐渐形成沥青等。

石油污染会带来较严重的海洋生态后果，这不仅是因为石油的各种成分具有一

第二章　化学与环境

定毒性，还因为它具有破坏生物的正常生活环境、造成生物机能障碍的物理作用。油膜会污染动物的皮肤、羽毛；隔绝大气与海水的气液交换，阻碍水体自空气摄取氧气；其生物分解和自身氧化作用可消耗水中大量溶解氧，使海水缺氧，产生恶臭，降低水质。图 2-11 为石油污染的海蟹。

图 2-11　石油污染的海蟹

图 2-12　放射性污染变异的鱼

5. 热污染

热污染是指人为加入的热量对水环境的干扰。它使水体温度升高，溶解氧下降，破坏原有生物群落，有利于第二次污染形成和微生物繁殖。热污染主要来自于电力和其他工业冷却水，如工矿企业的工业用水 80% 是用于冷却。人为排放的高温废水，使河流、湖泊、海洋水温升高，使水生物不适应而死亡，加速水中化学反应速度，可能造成一系列环境问题。如美国佛罗里达半岛比斯坎有 10～12 公顷的水域几乎水生生物绝迹，使旅游者在其海滨拾不到贝壳，其原因就是因为附近一火电厂排放的大量热废水。

6. 放射性污染

放射性污染来源于原子能电站和其他原子能工业。如核动力工厂排出的冷却水、向海洋投弃的放射性废物、核爆炸降落到水体的散落物、核动力船舶事故泄漏的放射性物质（铀、钚、锶和铯）等都会引起水体放射性污染。放射性污染物主要指各种放射性核素，其放射性与化学状态无关，每一放射性核素都能发射出一定能量的射线。放射性核素排入环境中后，造成对大气、水、土壤的污染，可被生物富集，使某些动、植物特别是一些水生生物体内的放射性核素增高，有的可比环境中高许多倍。放射性污染可引起生物疾病，甚至会导致产生一些生物变异现象（见图 2-12）。

7. 酸、碱、盐污染

酸性或碱性物质进入水体使其 pH 值发生变化，酸、碱物质在水体中可以彼此中和，也可以分别跟地表物发生反应生成无机盐类，由此引起的水体中酸、碱、盐浓度超过常量而使水质变坏的现象，称为水体的酸、碱、盐污染。

水体中的酸主要来源于冶金、金属加工、人造纤维、硫酸、农药等工业的废酸水和矿山排水及进入水体的酸雨等。污染水体中的碱主要来源于碱法造纸、化学纤维、印染、制革、炼油等工业废水。天然水体中的无机悬浮物，如黏土和各种矿物，可以跟废水中的酸碱成分起化学反应而生成盐类。

各种酸、碱、盐使淡水资源的矿化度增高，影响水质。无机污染物，特别是重金属和准金属元素形成的污染物，进入水环境后均不能被生物降解，主要是通过沉淀-溶解、氧化-还原、配合作用、胶体形成、吸附-解吸等一系列物理化学作用进行迁移转化，参与和干扰各种环境化学过程和物质循环过程，最终以一种或多种形态长期存在于环境中，造成永久性的潜在危害。如列入 1986 年十大世界新闻的莱茵河（欧洲的下水道）污染就是由于硫化物、磷化物、含汞的工业品等造成的，有关国家花费了大量财力，经过 10 年治理才使水质好转。

8. 重金属污染

污染水体的重金属是由各种生产化工、冶金和轻工业产品排出的，主要有汞、镉、铅、铬、铜等。其中以汞的毒性为大，镉次之，铬、铅等也有相当大的毒性。砷不属重金属，但毒性与重金属相似，常归在重金属类讨论。

目前我国地表水和地下水污染比较普遍的重金属有汞、铬、砷和镉。重金属对人体危害甚大，如砷、铬、镍、铍和镉的某些化合物是致癌的。饮用水中含有微量重金属，即可对人体产生毒害。重金属可以通过饮水、空气、食物进入人体，而农产品、畜产品、水产品都有富集重金属的特性，特别是鱼贝类，富集程度更高，往往对人体健康造成严重威胁。重金属进入人体后不容易排泄，容易在一些脏器中累积，造成慢性中毒。发病的潜伏期都很长，一旦发病，治疗十分困难。如在日本曾出现了广为人知的因食用含镉的粮食而引起的痛痛病和因食用在含汞污水中生长的鱼、贝类而引起的水俣病。

在地表水体中重金属化合物溶解度很小，经过絮凝、沉淀等作用，容易沉积于水底，其浓度比水体高几个数量级。重金属离子由于带正电，在水中很容易被带负电的胶体颗粒吸附，吸附重金属离子的胶体，可以随水流向下游迁移，但大多会很快沉降。以上两个原因限制了重金属在水体中的扩散，使它们主要富集在排水口下游一定范围的底泥中，很难治理。

9. 有毒有机污染物

有毒有机物主要包括酸类化合物、有机农药、多氯联苯、芳香族氨基化合物、稠环芳烃、酚类、高分子合成聚合物、染料等有机物。它们一旦污染环境，难以被生物降解，危害时间较长。有机氯农药由于化学性质稳定，在水中残留时间长、有蓄积性，可导致慢性中毒、致癌、致畸、致突变等生理毒害，对人体危害甚巨。

2008 年对全国 10 个水资源一级区的主要河流或河段水质状况监测评价结果显示，在 147727.5km 河长的全年总评价中，Ⅰ～Ⅲ类水河长占总评价河长的 61.2%（其中Ⅰ类水占 3.5%，Ⅱ类水占 31.8%，Ⅲ类水占 25.9%），Ⅳ～Ⅴ类水河长占 18.2%，劣Ⅴ类水河长占 20.6%（见图 2-13）。该次评价中，全国主要水系的珠江、长江总体水质良好，松花江为轻度污染，辽河、淮河为中度污染，黄河、海河为重度污染（见图 2-14）。

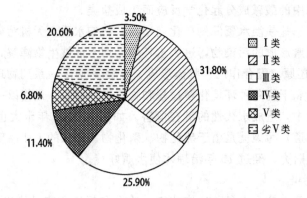

图 2-13　2008 年全国河流水质类别

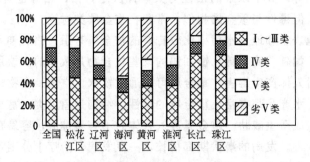

图 2-14　全国主要水系水质

　　调查表明：污染的水质不宜作灌溉的达 24.0%，符合饮用水、渔业用水标准的只有 14.1%，全国大江大河的干流约有 13% 受到污染。地面水易被污染，其主要污染源是工业废水，其中以重金属工业废水危害最大。地下水被污染后更难消除，硝酸盐污染是城市地下水污染的原因之一。我国城市地表水污染较为普遍，城市地下水也受到了不同程度的污染，其中特别严重的有乌鲁木齐、天津、大连等城市。大江河干流水质基本良好，其污染主要分布于沿海、岸的大中城市的排污口附近，一级支流污染较普遍，二级支流污染更为严重。

二、水污染的危害

　　1. 水污染对人体健康的危害

　　世界卫生组织曾调查指出，人类疾病 80% 与水污染有关，约有 10 亿人因饮用被污染的水而患上多种疾病。每年全世界因饮用被污染的水而死亡的儿童超过 2500 万，因水污染患上霍乱、痢疾和疟疾等传染病的人数超过 500 万，水污染直接威胁民众的健康和生命安全。世界卫生组织按照工业源和农业源对全世界造成重大水污染和威胁人类健康的污染物进行了统计汇总，汞、氰化物、砷、铅等以及采矿和核工业污染物对人体有极大伤害，农业中化肥（尤其是氮肥，会造成硝酸盐污染）和大量农药的使用会造成人体的内分泌和神经系统紊乱。我国城镇附近水体受污染率已高达 90%，对数亿人口饮用水的安全性构成重大威胁，导致疾病、劳动力丧失、残疾甚至早亡。

据有关报道，国内外由水中检出的有机污染物已有 2000 余种，其中 114 种是具有或怀疑具有致癌、致畸、致突变的"三致物质"。我国各地的水源中一般都能检出百余种有机污染物，其中常含有"三致物质"，多种污染物经自来水厂的传统工艺处理后不能去除，相反会因为加氯消毒而形成危害更大的氯代有机物。我国农村缺少饮用水处理设施，有近 3.2 亿农村人口饮水不安全，饮用水中毒性物质和致病微生物超标，水性地方病发病率呈上升趋势。据统计，我国有 80% 以上的河流受到不同程度的污染，我国人群患病的 88%、死亡的 33% 都与生活用水不洁直接相关。因水质污染导致的肠道传染病发病率居各种传染病之首；包括腹水、钩虫病、血吸虫、沙眼、肝炎，甚至皮肤病、肝癌、胃癌、先天残疾、自然流产等一些疾病均被认为可能与水污染有关。

2. 对工农业生产的危害

水环境质量对工业生产具有直接的影响。水质污染后，工业用水必须投入更多的处理费用，造成资源、能源的浪费；食品工业用水要求更为严格，水质不合格，会使生产停顿。降低企业产品质量，影响企业效益。

水环境质量对农业生产也具有直接的影响。需氧有机物降低了水中溶解氧的含量。溶解氧不仅是水生生物得以生存的条件，而且氧参加水中的各种氧化还原反应，促进污染物转化降解，是天然水体具有自净能力的重要原因。过多的植物营养物质进入水体，造成富营养化的水臭味大、颜色深、细菌多、水质差，不能直接利用。含有毒、有害物质的污水直接灌溉农田，污染农田土壤，土壤原有的良好结构被破坏，使土壤肥力下降，以致农作物品质降低、减产、甚至绝收。在干旱、半干旱地区，引用污水灌溉，在短期内可能有使农作物产量提高的现象，但在粮食作物、蔬菜中容易积累超过允许含量的重金属等有害物质，通过食物链危害人的健康，甚至使人畜受害。天然水体中的鱼类与其他水生生物由于水污染而数量减少，甚至灭绝；淡水渔场和海水养殖业也因水污染而使鱼的产量减少、品质降低。

三、水污染的防治

(一) 主要技术途径和措施

1. 主要技术途径

(1) 发展工业和区域的循环用水系统。主要措施有：改革生产工艺，尽量采用不用水或少用水的新工艺；尽量采用不产生或少产生污染物的原料、设备和生产技术，如无氰电镀、无水印染等；重复利用废水，实现一水多用；回收有用物质，提高经济效益。

(2) 发展区域性水污染防治系统。包括制定区域性水质管理规划，合理利用自然净化能力，实行排放污染物的总量控制等。

（3）综合考虑水资源规划、水体用途、经济效益和自然净化能力。运用系统工程的方法，按级别做好大江大河的流域、一级支流、二级支流等的水资源管理及使用规划，控制用水和排放总量，发展效率高、能耗小的污水处理新技术，充分发挥水资源的自身净化能力。

2. 废水处理技术

废水处理的目的，就是用各种方法将废水中所含的污染物质分离回收，或将其转化为无害的物质，从而使废水得到净化。现常用的方法有化学与生物处理法。

化学处理法，是通过化学反应改变废水中污染物的化学性质或物理性质，使它们从溶解、胶体或悬浮状态转变为沉淀或漂浮状态，或从固态转变为气态，进而从水中除去的废水处理方法。废水中污染物的组织相当复杂，往往需要而采用几种技术组成的方法，才能达到数处理的要求。常用废水处理方法见表 2-2。

表 2-2　废水处理方法

种类	基本原理	常用试剂或装置
混凝法	水中胶体物质通常带负电荷，加入带相反电荷的电解质后，废水中胶状物凝聚成大颗粒而下沉	硫酸铝、明矾、聚合氧化铝、硫酸亚铁、氯化铁等
中和法	往酸性废水中加入碱性物质使废水达到中性，对碱性废水可用酸中和	常用的碱性物质有石灰、石灰石、白云石等
氧化还原法	废水中的溶解性有机物或无机物，在加入氧化剂或还原剂后，发生氧化或还原作用，转变成无害的物质。常用的氧化剂有空气、臭氧、氯系氧化剂等	常用的氧化剂有空气、臭氧、氯系氧化剂等
电解法	利用电解槽的化学反应，处理废水中的各种污染物	主要装置为电解槽及硅整流器
汽提法	将废水加热至沸腾时吹入蒸气，使废水中的挥发性溶质随蒸气逸出，再用某种溶液洗涤蒸气，回收其中的挥发性物质	蒸气一般为易挥发的气态有机物
萃取法	利用溶质溶解度的不同，使废水中的溶质转溶入另一与水不互溶的溶剂中，然后使溶剂与废水分层分离	萃取剂一般为氯仿、四氯化碳等有机溶剂
吹脱法	往废水中吹进空气，使废水中溶解性气体吹入大气中	空气
吸附法	将废水通过固体吸附剂，使废水中的溶解性有机物或无机物吸附到吸附剂上	常用吸附剂为活性炭、沸石、硅藻土、焦炭、木炭及木屑等
电渗析法	通过离子交换膜，在直流电作用下，废水中的离子朝相反电荷的极板方向迁移。废水通过时阴阳离子就可得到分离	电渗析装置

（二）新技术的突破

国家重点攻关项目——无机膜处理含油废水技术，被认为是含油废水处理的最佳环保实用技术。据了解，该项目由湖南恒辉环保实业有限公司承担，并首先在岳阳巴陵油脂公司成功应用。经专家现场测试，膜装置运行稳定，各项指标达到设计要求，不但可以保证达标排放，而且可以回收其中高附加值的油。经过处理的炼碱洗涤废水也可回收利用，该技术填补了国家在该领域的空白，具有广阔的应用前景。

美国宾夕法尼亚州立大学的阿尤斯曼·森领导的化学家们提出了一个简单方法，即在含毒性很强的有机化合物的水中溶解少量的氧、二氧化碳和金属催化剂，然后在85℃的温度下加热几小时，最后过滤掉金属催化剂。利用这种工艺，可以将被污染的水净化到几乎测不出任何有机污染物痕迹的程度。

自然界存在着丰富的微生物种群，这些微生物虽然个体微小，但在环境污染净化中却起着不容忽视的作用。微生物是通过水和风的散播得以存在各处的，无论在水表、海底或在土壤中都有微生物的身影。微生物由于自身的生理特性，可以通过自发的或人为的遗传、变异等生物过程适应环境的变化，使之能以各种污染物尤其是有机污染物为营养源，通过吸收、代谢等一系列反应，将环境中的污染物转化为稳定无害的无机物，正是这种微生物对环境污染的降解作用保证了自然界正常的物质循环。

第三节　大　气　污　染

大气是指包围地球的全部气体。大气在垂直于地平线方向上的温度、组成与物理性质是不均匀的。根据大气温度垂直分布的特点，从结构上可将大气圈分为五个气层，它们分别是对流层、平流层、中间层、暖层和逃逸层，而通常把弥漫于地球周围的混合气体称为空气。地表大气中的气体成分见表2-3。

表 2-3　地表大气中的气体成分

成分	含量(体积分数)/%	成分	含量(体积分数)/%
氮	78.09	氧化氮	2.51×10^{-5}
氧	20.94	氢	5×10^{-5}
氩	0.93	甲烷	1.5×10^{-5}
二氧化碳	0.0318	臭氧	0.062
氖	0.0018	二氧化硫	0.082
氦	0.00052	一氧化碳	0.041
氪	0.00011	氨	0.051
氙	8×10^{-8}	氧	6×10^{-10}

地球上生命的存在，依赖于覆盖在地球表面的薄层空气。大气圈是保护地球上的人类和万物生灵的天然屏障。大气圈吸收太阳辐射，使地表生命免遭紫外线的伤害，而且还提供了适合生命存在的温度环境。虽然大气总质量约为 $5.136 \times 10^{18} kg$，只占地球总质量的 0.0001%，但它却是一座天然宝库。它既有我们吸入新陈代谢所需要的氧气，也有植物光合作用所需要的二氧化碳，地球上的绿色植物每年从大气中索取约 623 亿吨二氧化碳，更有构成生命基本物质（蛋白质、核酸）不可缺少

的元素。另外，从低表面进入大气、又从大气返回地面的水蒸气的运动，起着影响全球气候的作用。因此，它是人类目前赖以生存的唯一空间环境，在人类社会生存发展中起到至关重要的作用。但是人类为满足自身需求而进行的各种生产活动正在加速对它的污染和破坏，大气污染已经成为影响人类身体健康，威胁人类生存的严重问题。

一、大气污染的来源

国际标准化组织（ISO）对大气（空气）污染的定义为："大气污染通常是指由于人类活动和自然过程引起某种物质进入大气中，呈现出足够的浓度，达到了足够的时间并因此而危害了人体的舒适、健康和福利或危害了环境的现象。"如向大气中排放的物质（如烟尘、CO、CO_2、SO_2、NO、硫氢化物以及各类无机物和有机物）、能量（如光、声、磁、热等）和生物（如病毒、病菌等各种微生物）等超过了大气环境容许量，直接或间接地对人类的生活、生产和身体健康等方面发生不良影响的现象。大气污染主要发生在离地面约12km的范围内，随大气环流和风向的移动而漂移，所以大气污染是一种流动性污染。具有扩散速度快、传播范围广、持续时间长、造成损失大等特点。

按照污染物的来源、形态、性质以及污染范围，大气污染可以分为不同的类型。例如：按照污染物的来源，可以分为人为污染和自然污染；按照污染物的形态，可以分为废气、废液和固体废弃物污染；按照污染的方式，可分为固定和移动污染；按照污染物的性质，可以分为化学、物理、生物和放射性污染；按照污染物的污染范围，可以分为局部性、区域性和全球性污染。为了评价空气污染程度，通常用空气污染指数或者叫做环境空气质量综合指数表示；各种污染物都有自己的污染指数，叫做分指数。目前我国重点城市空气质量日报的监测项目，统一规定为二氧化硫、二氧化氮、一氧化碳和可吸入颗粒物，用0～500之间的数字来表示空气污染指数的数值。

空气污染指数的取值范围定为0～500，其中50、100、200、分别对应我国空气质量标准中日均值的一级、二级和三级标准的污染物浓度限定数值。空气污染指数中的500，相当于对人体健康产生明显危害的污染程度。空气质量等级及其对人体健康的影响见表2-4。

表 2-4　空气污染指数与空气质量级别对人体健康的影响程度

空气污染指数	空气质量级别	空气质量评估	对人体健康的影响	建议适用地区
0～50	I	优	无影响	科教区、风景区、居民区
51～100	II	良	无显著影响	商业、厂矿、行政办公区
101～200	III	轻度污染	健康人群出现刺激症状	特殊工业、厂矿
201～300	IV	中度污染	健康人群普遍出现刺激症状	无
>300	V	重度污染	健康人群普遍出现严重刺激症状	无

大气污染物主要分为有害气体（二氧化硫、氮氧化物、一氧化碳、碳氢化物、光化学烟雾和卤族元素等）及颗粒物（粉尘和酸雾、气溶胶等）。它们的主要来源是燃料的燃烧和工业生产过程，具体包括以下三个方面。

（1）工业　工业排放到大气中的污染物种类繁多，性质复杂，有烟尘、硫的氧化物、氮的氧化物、有机化合物、卤化物、碳化合物等。其中有的是烟尘，有的是气体，是大气污染的一个重要来源。

（2）生活炉灶与采暖锅炉　城市中大量民用生活炉灶和采暖锅炉需要消耗大量煤炭，煤炭在燃烧过程中要释放大量的灰尘、二氧化硫、一氧化碳等有害物质污染大气，使污染地区烟雾弥漫，这是一种不容忽视的污染源。

（3）交通运输　汽车、火车、飞机、轮船是当代的主要运输工具，它们烧煤或石油产生的废气也是重要的污染源。城市中的汽车，量大而集中，排放的污染物能直接侵袭人的呼吸器官，对城市的空气污染很严重，已成为大城市空气的主要污染源之一。汽车排放的废气主要有一氧化碳、二氧化硫、氮氧化物和烃类化合物等，其中前三种物质危害性最大。

表 2-5 列有锅炉、汽车与工业设备排放大气污染物的比重。

表 2-5　锅炉、汽车与工业设备排放大气污染物的比重

染源	污染物	产生的污染物/(kg/t)
锅炉	粉尘、二氧化硫、一氧化碳、酸类和有机物	5～15
汽车	二氧化氮、一氧化碳、酸类、有机物	40～70
炼油	二氧化硫、硫化氢、碳化氢、硫醇	25～150
化工	二氧化硫、氨、酸、溶媒、有机物、硫化物	50～200
冶金	二氧化硫、一氧化碳、氟化物、有机物	50～200
采矿	二氧化硫、一氧化碳、氟化物、有机物	100～300

二、大气污染的危害

1. 大气污染物对人体的危害

空气中对人类危害最大的污染物有五种：颗粒物、二氧化硫（SO_2）、一氧化碳（CO）、烃类化合物、氮氧化合物。其他各种污染，例如光污染、热污染、电磁污染、放射性污染等也同样可能危害人体健康。大气中有害物质是通过下述三个途径侵入人体而造成危害的：（1）通过人的直接呼吸而进入人体；（2）附着在食物或溶解于水，随饮水、饮食而侵入人体；（3）通过接触或刺激皮肤而进入到人体，如脂溶性物质很易从完整的皮肤渗入人体。其中，通过呼吸而侵入人体是主要的途径，危害也最大。因此，大气污染对人体的影响，首先是感觉上受到影响，随后在生理上显示出可逆性的反应，再进一步就出现急性危害的症状。大气污染对人的危害大致可分为慢性中毒、急性中毒、致癌作用三种。大气污染对人体健康慢性毒害作用的主要表现是污染物质在低浓度、长期连续地作用于人体后所出现的一般患病率升高。目前，虽然直接说明大气污染与疾病之间的因果关系还很困难，但通过大量的流行病调查研究证明，慢性呼吸道疾病与大气污染有密切关系。若在某些特殊条件下，工厂在生产过程中出现特殊事故，大量有害气体跑出，外界气象条件突变等，便会引起居民人群的急性中毒。随着工业、交通运输业的发展，大气中致癌物质的含量和种类日益增多，受污染大气中已确定有致癌作用的物质有数十种，例如，某些多环芳烃（如 3,4-苯并芘）、脂肪烃类、金属类（如砷、铍、镍等），由大气污染所引起的癌症主要是肺癌。某些大气污染物对人体的影响列于表 2-6。

表 2-6 某些大气污染物对人体的影响

物质	污染物对人体的影响
硫酸烟雾	对皮肤、眼结膜、鼻黏膜、咽喉等均有强烈刺激和损害。严重患者可并发胃穿孔、声带水肿并变窄、心力衰竭或胃脏刺激症状等，可有生命危险
煤烟	引起支气管炎等。如果煤烟中附有各种工业粉尘（如金属颗粒），则可引起相应的尘肺等疾病
铅	略超大气污染允许含量时，可引起红血球碍害等慢性中毒症状，高浓度时可引起强烈的急性中毒症状
二氧化硫	浓度为 $1\sim5\mu L/L$ 时可闻到臭味，$5\mu L/L$ 长吸入可引起心悸、呼吸困难等心肺疾病。重者可引起反射性声带痉挛，喉头水肿以至窒息
氧化氮	主要指一氧化氮和二氧化氮，中毒的特征是对深部呼吸道的作用，重者可致肺坏疽；对黏膜、神经系统以及造血系统均有损害
一氧化碳	对血液中的血色素亲和能力比氧大 210 倍，能引起严重缺氧症状即煤气中毒。约 $100\mu L/L$ 时就可使人感到头痛和疲劳
臭氧	其影响较复杂，轻病表现肺活量少，重病为支气管炎等
硫化氢	浓度为 $100\mu L/L$ 时，吸入 $2\sim15min$ 使人嗅觉疲劳，高浓度时可引起全身碍害而死亡
氰化物	轻度中毒有黏膜刺激症状，重者可使意识逐渐昏迷，痉挛，血压下降，迅速发生呼吸障碍而死亡。氰化物中毒后遗症为头痛、失语症、癫痫发作等
氟化物	可由呼吸道、胃肠道或皮肤侵入人体，主要使骨骼、造血、神经系统、牙齿以及皮肤黏膜等受到侵害。重者或因呼吸麻痹、虚脱等而死亡
氯化物	呼吸道和皮肤黏膜发生中毒作用。空气中氯化物达 $0.04\sim0.06mg/L$ 时，45min 左右即可致严重中毒，达 $3mg/L$ 时，引起肺内化学性烧伤而迅速死亡

目前，各种污染物对人体影响的评估，主要是借助流行病学统计资料以及临床医学研究分析得出的数据。这些数据和资料通常只能表明呼吸道疾病与空气污染之间存在着统计上的相关性，但两者的因果关系尚难以确定。由于空气中的污染物浓度随时变化，并且不同人的机体对于污染物侵入后的反应程度不同，实际中很难找到两者之间的准确因果关系。但是，从流行病统计学和临床医学研究分析得到的数据和资料对于预防医学研究和环境治理有十分重要的参考价值。

2. 大气污染物对其他方面的危害

大气污染在直接危害人类的同时，也给人类的其他环境造成了一些不良的影响，例如：空气中二氧化硫对金属制品有强烈的腐蚀作用，可以使纺织品、皮革制品变质、破碎。由于二氧化硫和硫酸烟雾的侵蚀，古迹文物易遭到腐蚀和破坏。建筑物和桥梁遭到酸雨的淋洗，使用寿命减短。空气中的粉尘使空气的能见度降低，影响驾驶员视线距离，交通事故发生率上升，危及人们的生命和财产安全。动物和人类共同生存在一个大气环境里，除空气中的污染物直接侵入动物机体造成伤害之外，还通过污染食品进入体内，导致发病和死亡。因为动物没有能力去选择鉴别某些剧毒性的食品，它们比人类更容易遭受污染物的伤害和影响。当大气中的污染物的浓度，超过植物能够承受的限度，也会对植物构成伤害。同人类和动物相比，植物更容易遭受大气污染物的伤害。这是因为一方面每一棵植物在生长季节里，长出大量的叶片，植物通过叶片表面的气孔，同空气接触并进行活跃的气体交换，大量的污染物进入植物体内，构成伤害；另一方面，植物不像高等动物那样具有循环系统，对外界的影响没有缓冲能力；此外，由于植物一般固定生长在一个地方，不能主动避开污染的伤害。

3. 大气污染造成的几大问题

（1）酸雨的形成　酸雨是由于大气中的二氧化硫、氮的氧化物、气溶胶等酸性物质在悬浮于大气中的某些金金属元素和 O_3、H_2O_2 等物质催化下形成的。世界上有三大酸雨区：欧洲、北美和中国。我国的酸雨主要分布在长江以南、青藏高原以东和长江以北的西部盆地等地区，我国的酸雨面积已超过国土的 30%。酸雨将严重危害人体的健康、植物的生长发育，引起农作物减产，造成对生活用品、建筑物的破坏，被人们称为"空中死神"和"看不见的杀手"。

（2）臭氧层的破坏　家用电器、泡沫塑料、日用化学品、汽车、消防器材产生的氟氯烃和微生物代谢、飞机、火箭、导弹、汽车尾气以及工业污染所产生的氮的氧化物，可破坏平流层（距离地表 25～40km）的臭氧层。如果没有臭氧层，地球上的树木可在几分钟内全被烧焦，所有生物全都被杀死。

（3）气候的变暖　以二氧化碳为主，包括甲烷、氟利昂、氧化亚氮等在内的30 多种气体，可使太阳的短波辐射通过大气层，但却可大量吸收地球的长波辐射，导致吸收多散发少，使大气层及地球表面的温度升高。气候的变暖，会引起海平面上升、自然生态平衡破坏、加剧洪涝和干旱等灾害、破坏农业生产和影响人类健康。

4. 我国大气污染危机及气候变化

目前我国城市大气污染状况严重，虽然局部地区有所改善，但多数城市大气污染仍然呈日益恶化趋势。冬季污染高于夏季，北方高于南方，大城市高于小城市。1999 年，我国无一城市达一级标准，49 个重点城市中 66% 达不到二级标准。在全国实行环境统计的 338 个城市中，只有 112 个达二级标准，137 个城市超过二级标准，污染较严重。空气污染物的来源为燃料燃烧、汽车尾气、工业废气、固体废弃物处理等。

在本溪市 4320hm^2 的城区中，分布着 420 家工厂，其中排污企业竟有 200 多家，滚滚的烟尘形成一只巨大的"气盖"，扣在城市的上空。本溪市又位于河谷盆地，四面环山，烟尘不易扩散出去。

本溪市的大气污染不仅在我国最严重，而且在世界上也是罕见的，本溪市每年要承受 9.1 万吨烟尘、12.2 万吨工业粉尘的排放和 875 亿立方米有毒有害气体的排放，其中 SO$_2$ 年日均浓度高达 0.19mg/m^3 之多。超过二级环境质量标准 3 倍之多。滚滚烟尘笼罩在本溪市的上空，本溪人深受大气污染之苦，呼吸道疾病已经成为本溪市的"市病"。本溪市呼吸道疾病死亡率高达 9.3/100000，癌症死亡率在 12 年中增加了 1.35 倍。肺癌死亡率增加了 2.2 倍。

近 50 年来中国及全球的气温确实是显著上升的（如图 2-15 所示）。气候变化存在着两个因素的影响：一个是自然周期性，另一个是人类活动。人类开始出现到现在的这几十万年里，地球有明显的气候周期性变化特征；在 20 万年前或者 10 万年前，地球上根本没有工业生产，但这种周期性变化仍然出现。所以气候变化并不仅仅受人类活动的影响。但是人类影响的因素是非常明显的，在最近 20 年，二氧化碳的上升已经到了 380μL/L，和过去一直波动在 200 多个 μL/L 的情况差异巨大，这是不争的事实。

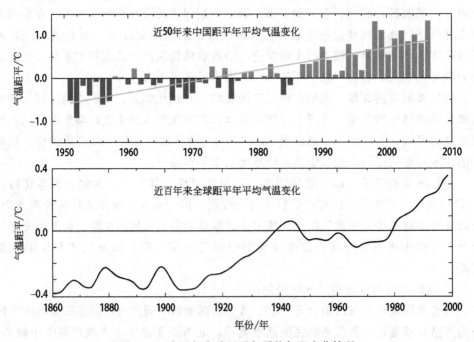

图 2-15　中国与全球距平年平均气温变化情况

除甲烷、氮氧化物和其他的烃类化合物外，温室气体主要是二氧化碳，占温室气体的 63%。我国现在二氧化碳排放的形势非常严峻。2003～2006 年这 4 年间，我国能源消耗超过了之前 25 年的总和。2007 年我国二氧化碳排放 59.6 亿吨，超过美国的 58.2 亿吨，总量跃居世界第一。2006 年中国人均二氧化碳排放是 4.32 吨，到 2008 年已经接近 5 吨了，超过世界平均值 4.18 吨，是印度的 3.7 倍。全球碳排放量在过去 8 年里增长了 1/3，其中 2/3 来自中国。

胡锦涛总书记说，气候变化是环境问题，但是归根到底还是发展问题。发展导致了我国总能耗和碳排放的增加。到 20 世纪中期，OECD（经济合作与发展组织）国家排放的二氧化碳总量占世界总量的 95%，2006 年这些国家的排放量仍占 80%。我国在高速发展过程中二氧化碳排放总量增长比较快，人均仍远远低于美国（1/4）、日本（1/2）。但我们仍应在可持续发展的框架下应对气候变化，遵守《联合国气候变化框架公约》，承担"共同但有区别的责任"，依靠科技进步，积极参与国际合作，主动减低温室气体排放，大力节能减排，努力发展低碳经济。这是我们科学发展观的核心。

三、大气污染的防治

大气污染按影响范围可分为局部污染、地区性污染、广域污染和全球性污染。地区性污染和广域污染是多种污染源造成的，并受该地区的地形、气象、绿化面积、能源结构、工业结构、工业布局、建筑布局、交通管理、人口密度等多种自然因素和社会因素的影响。大气污染物又不可能集中起来进行统一处理，因此只靠单项治理措施解决不了区域性的大气污染问题。实践证明，只有从整个区域大气污染状况出发，统一规划并综合运用各种防治措施，才可能有效地控制大气污染。

1. 利用环境的自净能力

在自然因素的作用下，大气环境中的污染物逐步被转化和消失的过程，称为环境自净化。按照自净化过程的机理，可将其分为物理净化、化学净化和生物净化三类。

（1）物理净化　大气的物理自净作用有稀释、扩散、输送、迁移、淋洗和沉降。物理净化能力取决于环境中的物理因素强弱以及污染物的性质，例如：温度的高低、风速的大小、雨量的多少以及污染物的比重、形态、粒子的大小等。

（2）化学净化　大气中的化学净化有污染物质的氧化、还原、化合、分解、吸附、凝聚、交换、络合过程。环境因素对化学净化过程有重要影响。温度升高、酸碱成分、氧化剂、催化剂的存在，可以加速或者改变化学自净的过程。污染物的形态和性质对化学自净也有重要影响。例如：温热地区的自净能力比寒冷地区强。

（3）生物净化　生物的吸收、降解作用可以使大气中的污染物的浓度降低甚至消失。绿色植物的叶片可以阻截灰尘、吸收多种有害气体。例如：绿色植物吸收二氧化碳，释放出氧气。

大气环境的自净功能，对于消除已经造成的大气污染，恢复和重建清洁的大气环境具有绝对的重要意义。如果有一天，人们能够减少或者停止向大气排放污染物，那么由于大气环境自身的净化作用，大气中已经存在的污染物将会逐步减少，直到基本消失，那时候，曾经被大气污染物屏蔽的蓝天，将会重返人间。

2. 减少或防止污染物的排放

①改革能源结构,采用无污染能源(如太阳能、风力、水力)和低污染能源(如天然气、沼气、酒精)。②对燃料进行预处理(如燃料脱硫、煤的液化和气化),以减少燃烧时产生污染大气的物质。③改进燃烧装置和燃烧技术(如改革炉灶、采用沸腾炉燃烧等)以提高燃烧效率和降低有害气体排放量。④采用无污染或低污染的工业生产工艺(如不用和少用易引起污染的原料,采用闭路循环工艺等)。⑤节约能源和开展资源综合利用。⑥加强企业管理,减少事故性排放和逸散。⑦及时清理和妥善处置工业、生活和建筑废渣,减少地面扬尘。

燃烧过程和工业生产过程在采取上述措施后,仍有一些污染物排入大气,应控制其排放浓度和排放总量使之不超过该地区的环境容量。主要方法有:①利用各种除尘器去除烟尘和各种工业粉尘。②采用气体吸收塔处理有害气体(如用氨水、氢氧化钠、碳酸钠等碱性溶液吸收废气中二氧化硫;用碱吸收法处理排烟中的氮氧化物)。③应用其他物理的(如冷凝)、化学的(如催化转化)、物理化学的(如分子筛、活性炭吸附、膜分离)方法回收利用废气中的有用物质,或使有害气体无害化。

3. 发展植物净化

植物具有美化环境、调节气候、截留粉尘、吸收大气中有害气体等功能,可以在大面积范围内,长时间、连续地净化大气。尤其在大气中污染物影响范围广、浓度比较低的情况下,植物净化是行之有效的方法。在城市和工业区有计划地、有选择地扩大绿地面积是大气污染综合防治的长效、多功能的措施。

同时,人类自身要尽可能减少污染,保护大气环境。要建立空气质量监测网和警报系统,加大立法及执法力度。环境保护教育要从娃娃抓起,人人都树立环境保护意识,真正把环境保护作为基本国策和公民的基本义务。

第四节 土壤污染

土壤是指陆地表面具有肥力,能够生长植物的疏松表层,其厚度一般在 2m 左右。土壤不但为植物生长提供机械支撑能力,并能为植物生长发育提供所需要的水、肥、气、热等肥力要素。它是人类和生物繁衍生息的场所,是不可替代的农业资源和人类排放各类废物的地方,在消除自然界污染物的危害方面起着重要作用。

土壤是由矿物质、有机质、微生物、水分和空气 5 个部分组成的,土壤中矿物按其成因可分为原生矿物和次生矿物。前者指的是那些在风化过程中未改变化学组成的原始成岩矿物;后者是风化过程中经化学风化后,在常温常压下又重新生成的矿物,是土壤的最重要部分。土壤的有机物质主要来源于植物残体,植物残体由单糖和多糖类、脂肪、蛋白质以及其他含氮化合物等组成,它们在土壤微生物作用下,逐步分解,并合成了一些新的化合物。土壤微生物是土壤里个体微小的活生物

化学与人类生活

体，数量很大，每克表土中含几千万到几十亿个。进入土壤的各种各样物质，在微生物的作用下发生各种转化，对进入土壤中的污染物的转化和降解起着重要作用，微生物是土壤净化功能的主要贡献者之一。

一、土壤污染的来源

土壤污染是指人类活动产生的污染物进入土壤并积累到一定程度，超过了土壤的自净能力，引起土壤的组成、结构和功能发生恶化的现象。土壤污染后，微生物活动受到抑制，有害物质或其分解产物在土壤中逐渐积累，通过"土壤→植物→人体"，或通过"土壤→水→人体"间接被人体吸收，会危害人体健康。

土壤的污染源十分复杂，因而土壤污染物的种类极为繁多。土壤污染有化学污染、物理污染和生物污染。其中以土壤的化学污染最为普遍、严重和复杂。土壤的化学污染物，可分为无机污染物和有机污染物两大类。无机污染物主要包括酸，碱，重金属（铜、汞、铬、镉、镍、铅等）盐类，放射性元素铯、锶等的化合物，含砷、硒、氟的化合物等。有机污染物主要包括有机农药、酚类、氰化物、石油、合成洗涤剂、3,4-苯并芘以及由城市污水、污泥及厩肥带来的有害微生物等。

土壤污染的主要来源是工业和城市的"三废"的排放以及化学药品的污染等。土壤污染物包括废水和固体废物、农药和化肥、牲畜排泄物、生物残体以及大气沉降物等。排放废气中的二氧化硫、氮氧化物和颗粒物通过降雨落到地面，可引起土壤酸化、盐基饱和度降低；核试验的降落物也可造成土壤污染。

1. 工业和城市的废水和固体废物

污水灌溉和污泥作为肥料施用，常使土壤受到重金属、无机盐、有机物和病原体的污染。工业废物堆放场，往往也是土壤的污染源。例如1977年美国调查了50个废物堆放场，其中43个堆放场的重金属和有机毒物污染了附近的土壤和地下水。

2. 农药和化肥

现代化农业大量施用农药和化肥。有机氯杀虫剂如DDT、六六六等能在土壤中长期残留，并在生物体内富集。氮、磷等化学肥料，凡未被植物吸收利用和未被根层土壤吸附固定的养分，都在根层以下积累，或转入地下水，成为潜在的环境污染物。土壤侵蚀是使土壤污染范围扩大的一个重要原因。凡是残留在土壤中的农药和氮、磷化合物，在发生地面径流，或土壤风蚀时，就会向其他地方转移，扩大土壤污染范围。

3. 牲畜排泄物和生物残体

禽畜饲养场的厩肥和屠宰场的废物，其性质近似人粪尿。利用这些废物作肥料，如果不进行物理和生化处理，则其中的寄生虫、病原菌和病毒等可引起土壤和水域污染，并通过水和农作物危害人群健康。但禽畜养殖场排放的污染物也是可开发的宝贵资源，通过科学处理和加工，可以转化为不可或缺的生产和生活资料。比如，可以转化为有机肥或用于发电等。一些发达国家在 20 世纪 50 年代就开始综合处理城市污水和人畜粪便，既治理了污染，又获得了有机肥，使有机质还田，改良土壤。目前，世界上大多数发达国家已把粪便优质化利用技术作为不同规模的禽畜养殖场建设的配套工程。我国在这方面的技术也已经成熟，有的甚至还超过国外。

4. 大气沉降物

大气中的二氧化硫、氮氧化物和颗粒物，通过沉降和降水而降落到地面。20 年来，北欧的南部、北美的东北部等地区，雨水酸度增大，引起土壤酸化，土壤盐基饱和度降低。大气层核试验的散落物可造成土壤的放射性污染。放射性散落物中，^{90}Sr、^{137}Cs 的半衰期较长，易被土壤吸附，滞留时间也较长。

二、土壤污染的危害

初步统计，我国受污染的耕地约有 1000 万公顷，有机污染物污染农田达 3600 万公顷，主要农产品区的农药残留超标率高达 16%～20%；污水灌溉污染耕地 216.7 万公顷，固体废弃物堆存占地和毁田 13.3 万公顷。每年因土壤污染减产粮食超过 1000 万吨，造成各种经济损失约 200 亿元。土壤污染产生的主要副作用有以下几个方面。

1. 对土壤的影响

如无机污染物：硝酸盐、硫酸盐、氯化物等化合物，是常见而大量存在的土壤无机污染物。硫酸盐过多会使土壤板结；长期施用氮肥，铵离子在进入土壤后，在硝化作用的过程中释放出氢离子，使土壤酸化；土壤的组分与汞化合物之间有很强的相互作用，所以汞能在土壤中长期存在；镉、铅污染主要来自冶炼排放和汽车废气沉降，磷肥中有时也含有镉，公路两侧的土壤易受铅的污染；砷被大量用作杀虫剂、杀菌剂、杀鼠剂和除草剂，因而引起土壤的砷污染，硫化矿产的开采、选矿、冶炼也会引起砷对土壤的污染。

无机污染物在土壤中的化学行为同土壤的物理性质和化学性质有关，如重金属元素在土壤中的活性，在很大程度上取决于土壤的吸附作用。土壤中的黏粒和腐植酸对重金属有很强的吸附能力，能够降低重金属的活性。土壤酸碱度对土壤中重金属的活性有明显的影响。例如镉在酸性土壤中溶解度增大，对植物的毒性增加；在碱性土壤中则溶解度减小，毒性降低。

有机污染物方面，如农药是土壤的主要有机污染源，目前有杀虫效果的化合物超过 6 万种，大量使用的农药约有 50 种。直接进入土壤的农药，大部分可被土壤吸附。残留于土壤中的农药，由于生物和非生物的作用，经历过转化和降解过程，形成具有不同稳定性的中间产物，或最终成为无机物。

污染物进入土壤后一般很难去除，尤其是重金属元素及其化合物，是不能或很难降解的化学物质。因此，应当特别注意防止重金属元素及其化合物对土壤的污染。

2. 对环境的影响

氮肥有相当数量直接从土壤挥发成气体进入大气，还有相当一部分以有机或无机氮形式进入土壤。在土壤微生物作用下以难溶态、吸附态和水溶态的氮化合物转化成氨和氢氧化物，进入大气使大气中氢氧化物含量增加。近十年来，我国使用农药防治病虫害成效显著。由于农药的有效施用率仅为30%，其余都挥发到大气或随水流入土壤和江河湖泊。农药一旦进入环境，其毒性、高残留特性便会发生效应而造成污染。

我国是化肥使用大国，每年化肥使用量高达3000万吨，居世界第一位，我国的化肥利用率平均只有30%，每年有成千吨的化肥流入水体，其中氮肥流失率最高、这不仅造成了巨大的经济损失，而且对环境造成了严重污染。造成江河湖及地下水源的污染，如我国532条主要河流中被氮污染的比例达82%。据城市地表水的环境监测资料表明，氨氮及亚硝酸盐增加2.1倍，富营养化日益严重。威胁近海生物的大量氮肥流失，为"赤潮生物"的迅猛增殖提供了丰富的氮营养条件，我国近几年屡有赤潮发生。

3. 对植物生长的影响

土壤重金属超标的直接结果是农产品重金属含量超标。江苏也曾发生千亩稻田铜污染及水稻中毒事件，金属的污染不仅直接导致部分农田土壤环境质量下降，而土壤质量的恶化又直接影响到农产品质量，最终影响人畜的健康。更令人不安的是，许多低浓度有毒污染物的影响是慢性的和长期的，可能长达数十年乃至数代人。

土壤中的氮、磷、钾以及锰、铁、铜等营养元素含量如果过剩，会影响植物的生长和发育。过多的锰、铜和磷酸等会阻碍植物对铁的吸收，引起酶作用的减退，并且阻碍了体内的氮素代谢，造成植物的缺绿病。受镉、砷等元素污染的土壤，更不利于植物的生长。实验证明，土壤中无机砷的添加量达12g/t时，水稻生长即开始受到抑制，加入量越大，受抑制也就越厉害。加入量达40g/t时，水稻的产量减少50%，加入量增至160g/t时，水稻即不能生长。有机砷化合物（如甲基砷酸钙）对植物的毒性更大，土壤中含量仅0.7g/t时，水稻就颗粒无收。

4. 对人体健康的影响

土壤是生态系统物质交换和物质循环的中心环节。它是各种废弃物的天然收容和净化处理场所，也是人类环境的主要因素之一。它的污染对人体健康既有直接也有间接的影响。如1955年至20世纪70年代初，在日本富山县神通川流域曾出现过一种称为"痛痛病"的怪病，到1979年为止，这一公害事件先后导致80多人死亡，直接受害者则人数更多，造成的直接经济损失超过20多亿日元（按1989年的价格计算）。经研究证实，其主要原因是由于当地居民长期食用被镉污染的大米——"镉米"。目前，我国对这方面的情况仍缺乏全面的调查和研究，对土壤污染导致污染疾病的总体情况并不清楚。但是，从个别城市的重点调查结果来看，情况并不乐观。我国的研究表明，土壤和粮食污染与一些地区居民肝肿大之间有明显的关系。其对人体直接造成的危害主要有以下几个方面。

（1）被病原体（如肠道致病菌、肠道寄生菌、钩端螺旋体、炭疽杆菌、破伤风杆菌等）污染的土壤能传播伤寒、副伤寒、痢疾、病毒性肝炎等传染病　这些传染病的病原体随病人和带菌者的粪便以及他们的衣物、器皿的洗涤污水污染土壤。通过雨水的冲刷和渗透，病原体又被带进地面水或地下水中，进而引起这些疾病的水型暴发流行。

（2）结核病人的痰液含有大量结核杆菌　如果随地吐痰，就会污染土壤；水分蒸发后，结核杆菌在干燥而细小的土壤颗粒上还能生存很长时间。这些带菌的土壤颗粒随风进入空气，人通过呼吸，又会感染结核病。

（3）有些人畜共患的传染病或与动物有关的疾病，也可通过土壤传染给人　例如，患钩端螺旋体病的牛、羊、猪、马等，可通过粪尿中的病原体污染土壤。这些钩端螺旋体在中性或弱碱性的土壤中能存活几个星期，并可通过黏膜、伤口或被浸软的皮肤侵入人体，使人致病。

三、土壤污染的防治

土壤重金属污染治理存在很大的难度。一方面土壤重金属污染量大、面广，治理的工程量十分巨大；另一方面用于土壤重金属污染治理的费用也十分昂贵。但目前最急需要做的是弄清楚我国土壤重金属污染的现状，建立一个完整的科学监测网。

1. 控制和消除土壤污染手段

（1）控制和消除工业"三废"的排放　为了控制和消除土壤的污染，首先要控制和消除土壤污染源。大力推广闭路循环、无毒工艺，以减少或消除污染物质；对工业"三废"进行回收处理。必须排放的"三废"，要进行净化处理。利用污水灌溉和污泥时要经常了解污染物的成分、含量及其动态，控制污水灌溉数量和污泥施用量，以免引起土壤污染。

（2）控制化学农药的使用　对残留多、毒性大的农药，应严格控制使用范围、使用量和次数。大力试制和发展高效、低毒、低残留的农药新品种，探索和推广生物防病虫害的途径，尽可能减少有毒农药的使用。

（3）合理施用化学肥料　对含有毒物质的化肥品种、施用范围和数量要严格控制。硝酸盐和磷酸盐肥料要合理、经济施用，避免施用过多造成土壤污染。广泛施用有机肥。有机肥是营养元素的主要来源，同时有机质能形成土壤团粒结构，能提高土壤保水、保肥的缓冲能力。积极推广微生物肥料。它可改善、活化土壤，改变因长期施用化肥导致的土地板结和环境污染等。

（4）增加土壤容量和提高土壤净化能力　增加土壤有机质和黏粒数量，可增加土壤对污染物的容量。分离培育新的微生物品种，改善微生物土壤环境条件，增加生物降解作用。

2. 治理土壤污染的方法

（1）利用植物吸收去除重金属　羊齿类铁角蕨属的植物，有较强的吸收土壤重金属的能力。

（2）施加抑制剂　重金属轻度污染的土壤，施加如石灰、碱性磷酸盐等抑制剂，可改变重金属污染物质在土壤中的迁移转化方向，以减少作物吸收。

（3）控制氧化还原条件　改变水稻土的氧化还原状况，可控制水稻土中重金属的迁移转化。据研究，淹水可以明显地抑制水稻对镉的吸收，落干则促进镉的吸收。这主要是由于土壤氧化还原条件的变化引起镉的形态转化所致。

（4）改变耕作制　改变耕作制，改变土壤环境条件，可消除某些污染物的毒害。

（5）调整农业结构　以调整种植品种为主要内容的农业结构调整。由于重金属对土壤的污染具有不可逆转性，已受污染土壤没有治理价值，在农业结构调整中，应该把土壤污染问题当作重要因素加以考虑。

3. 土壤污染处理与修复技术

目前国际上处理土壤重金属污染的办法可分为两大类型：一类是客土、填埋、覆盖新土或钝化土壤中的重金属，这些仅是权宜之计；另一类是淋洗和植物修复等，这是根本解决的办法。其中，淋洗是用化学溶剂对受污染土壤进行清洗，把重金属洗去。但这种办法除了耗资巨大和工程量大之外，还存在二次污染的问题。如何处理洗下来的含毒溶剂是个难题，此外经淋洗后的土壤往往变成了砂砾，失去了土壤本身的功能，已经没有什么利用价值。

目前国际上研究的热点集中在植物修复研究。其原理是选取对重金属具有特殊耐性和富集能力的"超富集植物"，这类植物对土壤中的重金属具有很高的富集效率，把这类植物栽种到受重金属污染的土地上，通过植物的根系把土壤中的重金属吸出来。然后收获植物的地上部，对植物进行焚烧或冶炼，回收重金属，从而降低土壤或水体中重金属的含量，实现治理目标。这类技术具有成本低、无二次污染、保护土壤、美化景观的特点。在美国已经出现一大批研究和推广植物修复技术的公司。中科院地理科学与资源环境研究所环境修复室进行这方面的研究已经有 7 年，并在国际上建立了第一个砷污染土壤的植物修复基地。目前，他们开发的植物修复成套技术对土壤中重金属砷的年去除效率达 10%，已经露出产业化推广应用的曙光。从技术水平看，已经与国际同步。

由于植物修复更适应环境保护的要求，因此越来越受到世界各国政府、科技界和企业界的高度重视和青睐。自从 20 世纪 80 年代问世以来，植物修复已经成为国际学术界研究的热点问题，并且开始进入产业化初期阶段。目前，植物修复技术的市场以每年翻一番的速度迅速发展。

第五节　绿色化学与技术

一、绿色化学与技术的产生

目前人类正面临着有史以来最严重的环境危机。由于人口急剧增加，资源消耗日益扩大，人均耕地、淡水和矿产等资源占有量逐渐减少，人口与资源的矛盾越来越尖锐；此外，人类的物质生活随着工业化而不断改善的同时，大量排放的生活污染物和工业污染物使人类的生存环境迅速恶化。当前全球十大环境问题（大气污染、臭氧层破坏、全球变暖、海洋污染、淡水资源紧张和污染、土地退化和沙漠化、森林锐减、生物多样性减少、环境公害、有毒化学品和危险废物）都直接或间接与化工产品的化学物质污染有关。

缓解环境危机这一任务，必须依赖于绿色化学的发展。因为绿色化学是一门从源头上阻止污染的新兴化学学科分支，是彻底实现防止污染的基础和重要工具。正因为如此，近年来，国际上绿色化学与技术的学术活动十分活跃。早在 1994 年 8 月的第 208 届美国化学会年会上，就举办了专题为 "Design for the Environment：A New Paradigm for the 21st Century" 的讨论会，讨论了环境无害化学、环境友好工艺和绿色技术。同年 4 月，在圣地亚哥举行的美国化学年会上，工业和工程化学部也有这方面的专题报告。同年 2 月举行的美俄双边催化讨论会也讨论了如何利用催化技术来开发环境无害工艺。1995 年 4 月美国副总统 Gore 宣布了国家环境技术战略，其目标为：至 2020 年地球日时，将废弃物减少 40％～50％，每套装置消耗原材料减少 20％～25％。1995 年美国设立了总统绿色化学挑战奖，1996 年 7 月美国总统第一届绿色化学挑战奖在华盛顿国家科学院颁发。授予 4 家化学公司与 1 位化学工程教授，奖励他们利用化学基本原理从根本上减少环境污染的成就。1996 年哥顿会议（Gordon Conference）第一次以环境无害有机合成为主题召开，讨论了原子经济、环境无害溶剂等问题。这是在世界高学术水平的学术论坛上首次讨论绿色化学专题。美国化学会在 213 届全国会议上，召开了 "Green Chemistry/Enviromentally Sustainable Manufacture and Competitive Advantage"。1997 年 6 月召开了 "Green Chemistry and Engineering Conference"，主题为 Implementing Vision 2020。1997 年 8 月在英国召开了 1997 年哥顿会议。这些会议都讨论了环境无害溶剂、环境无害催化、在清洁环境中的合成和加工、生物加工与可再生资源、过程分析化学等问题。这些政府或学术机构行为都极大地促进了绿色化学的蓬勃发展。

我国在 1993 年世界环境与发展大会之后，编制了《中国 21 世纪议程》的政府白皮书，郑重声明走经济与社会协调发展的道路，1995 年中国科学院化学部确定了《绿色化学与技术》院士咨询课题，1996 年 6 月在北京召开了"工业生产中的绿色化学与技术"研讨会，1997 年国家自然科学基金委员会与中国石油化工总公司经过协商并决定联合资助"九五"重大研究项目"环境友好石油化工催化化学与化学反应工程",中国科学技术大学绿色科技研究与开发中心于 1997 年 3 月在该校举行了专题讨论会,并出版了"当前绿色科技中的一些重大问题"论文集。1997年 5 月 13～16 日举行了"可持续发展问题对科学的挑战——绿色化学"为主题的香山科学会议第 72 次学术讨论会。会议的中心议题为:可持续发展对物质科学的挑战;化学工业中的绿色革命;绿色科技中的一些重大科学问题和中国绿色化学发展战略。1998 年,在合肥举办了第一届国际绿色化学高级研讨会;四川大学也成立了绿色化学与技术研究中心,上述活动有效推动了我国绿色化学的发展。

总之,绿色化学的研究和发展已经引起了联合国和世界各国政府的高度重视和注意,也已成为国内外企业和学术界的重要研究与开发方向。绿色化学是根治环境污染的必由之路,既是社会发展的需要,也是化学学科发展的必然。对于我国,既是严峻的挑战,也是难得的发展机遇。

二、绿色化学与技术的内容

绿色化学又称环境无害化学、环境友好化学、清洁化学。在其基础上发展起来的技术称为环境友好技术、绿色技术或洁净技术。绿色化学与技术即是用化学的技术和方法去减少或消灭那些对人类健康、社区安全、生态环境有害的原料、催化剂、溶剂和试剂、产物、副产物等的使用和产生。

绿色化学是更高层次的化学,它的主要特点是"原子经济性",即在获取新物质的转化过程中充分利用每个原料原子,实现"零排放",因此可以充分利用资源,又不产生污染。传统化学向绿色化学的转变可以看做是化学从"粗放型"向"集约型"的转变。绿色化学可以变废为宝,可使经济效益大幅度提高,是环境友好或清洁技术的基础,但更着重化学的基础研究;绿色化学与环境化学既相关又有区别,环境化学研究对环境影响的化学,而绿色化学研究与环境友好的化学反应,传统化学也有许多环境友好的反应,绿色化学继承了它们;对于传统化学中那些破坏环境的反应,绿色化学将寻找新的环境友好的反应来代替它们。

目前绿色化学及其带来的产业革命刚刚在全世界兴起,对我国这样新兴的发展中国家是一个难得的机遇。目前绿色化学还刚刚起步,下面简介一些正在研究的问题。

1. 原子经济性

"原子经济反应"是化学反应追求的理想目标,是实现"零排放"和"零污染"的基础。为了节约资源和减少污染,化学合成效率成了绿色化学研究中关注的焦点。合成效率包括两个方面,一是选择性;一是原子经济性,即原料分子中究竟有百分之几的原子转化成了产物。一个有效的合成反应不但要有高度的选择性,而且必须具备较好的原子经济性,尽可能充分地利用原料分子中的原子。如果参加反应的分子中的原子 100% 都转化成了产物,实现"零排放",则既充分利用资源,又不产生污染,这就是理想的绿色化学反应,见图 2-16。

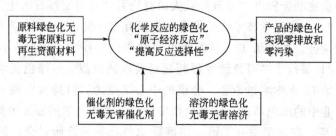

图 2-16　绿色化学反应

　　理想的原子经济反应是原料分子中的原子百分之百地转变成产物，不产生副产物或废物，实现废物的"零排放"。最理想的原子经济反应是加成反应。在许多场合，要用单一反应来实现原子经济性十分困难，甚至不可能。我们可以充分利用相关化学反应的集成，即把一个反应排出的废物作为另一个反应的原料，从而通过"封闭循环"实现零排放。

　　2. 环境友好的化学反应

　　在传统化学反应中常常使用一些有毒有害的原料，如氰化氢、丙烯腈、甲醛、环氧乙烷和光气等。它们严重地污染环境，危害人类的健康和安全。绿色化学的任务之一就是用无毒无害的原料代替它们来生产各种化工产品。如用二氧化碳代替剧毒的光气作原料生产有机化工原料，在这一技术中，使用邻磺基甲酸酐作为脱水剂，生产中不使用光气也不生产盐类废料。由环氧化物和二氧化碳生产聚酯酸已由PAC聚合物公司工业化。由二氧化碳代替光气生产氨基甲酸酯和取代脲的技术也已开发成功，正待工业化。

　　另外，科学家们也在研究如何以酶为催化剂，以生物质为原料生产有机化合物。酶反应大都条件温和，设备简单，选择性好，副反应少，产品性质优良，又不形成新的污染。因此，用酶催化是绿色化学在目前研究的一个重点。

　　3. 采用超临界流体作溶剂（采用无毒无害的溶剂）

　　挥发性有机化物（VOC）广泛用作化学合成的溶剂，并在涂料和泡沫塑料的发泡剂中使用，它们是环境的严重污染源。绿色化学研究的一个重点就是用无毒无害的液体代替这些挥发性有机化合物作溶剂，目前正在研究把超临界流体溶剂用于化学合成中。

　　当二氧化碳被压缩成液体，或超过其临界点成为超临界流体时，具有许多优良性能，可成为一种优秀的绿色化学溶剂。它无毒、不可燃、价廉，而且可以使许多反应的速率加快或选择性增加。采用超临界二氧化碳代替有机溶剂作为涂料的喷雾剂和泡沫塑料的发泡剂也已经取得较大进展，有的已经在工业上应用。例如DOW化学公司已开发成功采用超临界二氧化碳代替氟氯烃作为苯乙烯泡沫塑料包装材料的发泡剂。研究超临界流体溶剂，不仅有可能代替挥发性有机化合物从而消除它们对环境的污染，而且正在发展成为一个化学和物理学、流体力学的交叉学科领域。

4. 研制对环境无害的新材料和新燃料

工业的发展为人类提供了许多新材料，它们在不断改善人类的物质生活的同时，也产生了大量生活垃圾和工业垃圾，使人类的生存环境迅速恶化。为了既不降低人类的物质生活水平，又不破坏环境，我们必须研制对环境无害的新材料和新燃料。

以塑料为例，我国也大量使用塑料包装，而且在农村还广泛地使用塑料大棚和地膜。这类塑料废物造成的"白色污染"，在我国越来越严重。解决这个问题的根本出路在于研制可以自然分解或"生物降解"的新型塑料。目前国际上已有一些成功的方法，例如光降解塑料和生物降解塑料。前者已有美国杜邦公司生产。我国"八五"科技攻关的一个重大项目就是光生物双降解塑料。

机动车燃烧汽油和柴油产生的废气（CO、NO_x）等是大气污染的一大根源。一些国家为保护环境，对汽油和柴油的质量制定了严格的规格指标。然而，美国 Texaco 公司找到了一种新的化合物作汽油添加剂，它能使发动机防垢和清洁。由于较清洁的燃烧室滞热少，因而温度较低，导致 NO_x 的产率较少，从而使汽车尾气的 NO_x 排放量下降了 22%。

5. 计算机辅助的绿色化学设计

计算机辅助设计的作法是首先建立一个已知的有机合成反应尽可能全的资料库，然后依据确定的目标产物找出一切可产生目标产物的反应，再把这些反应的原料作为中间目标产物找出一切可产生它们的反应，依此类推下去，直到得出一些反应路线，使它们正好使用我们预定的原料。在搜索过程中，计算机按制订的评估方法自动地比较所有可能的反应途径，随时排出适合的产物，以便最终找出价廉、物美、不浪费资源、不污染环境的最佳途径。过去传统的功能化学品的设计，只重视了功能的设计，忽略了对环境及人类危害的考虑，而在绿色化学品的设计中，要求产品功能与环境影响并重。设计、研制新产品时，一般要考虑物质的结构与活性的关系，避免采用毒性功能基团，使生物吸收量和辅助的物质最小化等因素。

绿色化学品的设计方面已取得较大的成绩，如目前已研究并开发了生物降解的塑料、高选择性的新型杀虫剂（高效低毒化学农药、生物农药等）和绿色涂料（节能、低污染涂料，如高固含量溶剂型涂料、水基涂料、粉尘涂料、液体无溶剂涂料）。但要得到真正实用的计算机辅助绿色化学设计软件，还需进行大量工作。首先，把迄今已知的所有化学反应整理输入资料库工程浩大；其次，要制订正确适用的评估程序也非易事。随着分子结构与性能数据库的建立及分子模拟技术的发展，在化学分子设计、合成设计、实验控制与模拟中逐渐有了理想工具，利用大量实验数据进行综合分析，建立结构-活性关联的分子模型，从而避免了茫然无边的实验探索，减少了能源和材料浪费以及由此造成的环境污染，为绿色化学品的设计提供保障。

三、绿色化学与技术的发展

从总体上说，绿色化学的目标有两个：一是改进现有化学工业，减少和消除污染；一是开发以"原子经济性"为基本原则的新化学反应过程。其主要发展有以下几个方面。

1. 新的化学反应过程研究

在原子经济性和可持续发展的基础上研究合成化学和催化的基础问题，即绿色合成和绿色催化问题。如美国 Monsanto 公司不用剧毒的氢氰酸和氨、甲醛为原料，从无毒无害的二乙醇胺出发，开发了催化脱氢安全生产氨基二乙酸钠的技术，从而获得了 1996 年美国总统绿色化学挑战奖中的变更合成路线奖。美国 Dow 化学公司用 CO_2 代替对生态环境有害的氟氯烃作苯乙烯泡沫塑料的发泡剂，因而得到美国总统绿色化学挑战奖中的改变溶剂/反应条件奖。在有机化学品的生产中，有许多新的化学流程正在研究开发，如以新型钛硅分子筛为催化剂，开发烃类氧化反应；用过氧化氢氧化丙烯制环氧丙烷；用过氧化氢氧化环己酮合成环己酮肟；用催化剂的晶格氧作烃类选择性氧化反应的氧化剂，如用晶格氧氧化丁烷制顺酐，用晶格氧氧化邻二甲苯制苯酐等，这些新流程的开发是绿色化学领域中的新进展。

2. 传统化学过程的绿色化学改造

将传统化学过程进行绿色改造是一个很大的开发领域。如在烯烃的烷基化反应生产乙苯和异丙苯生产过程中需要用酸催化反应，过去用液体酸 HF 催化剂，而现在可以用固体酸——分子筛催化合成，并配合固定床烷基化工艺，解决了环境污染问题。在异氰酸酯的生产过程，过去一直是用剧毒的光气作为合成原料，而现可用 CO_2 和胺催化合成异氰酸酯，使其成为环境友好的化学工艺。

3. 能源中的绿色化学和洁净技术

我国现今能源结构中，煤是主要能源。由于煤含硫量高和燃烧不完全，造成 SO_2 和大量烟尘排出使大气污染，由 SO_2 而产生的酸雨对生态环境的破坏十分严重。因此研究和开发洁净煤化学是当务之急。这需要重视研究催化燃烧，等离子除尘除硫，生物化学除硫等新技术。

4. 资源再生和循环使用技术研究

自然界的资源有限，因此人类生产的各种化学品能否回收、再生和循环使用也是绿色化学研究的一个重要领域。世界塑料的年产量已达 1 亿吨，大部分是由石油裂解成乙烯、丙烯，经催化聚合而成的。而这 1 亿吨中约有 5% 经使用后当年就作为废弃物排放，如包装袋、地膜、饭盒、汽车垃圾等。我国推广地膜覆盖面积达 7000 万亩，塑料用量高达 30 万吨，"白色污染"和石油资源浪费十分严重。西欧各国提出"三 R"原则：首先是降低（reduce）塑料制品的用量，第二是提高塑料的稳定性，倡导推行塑料制品特别是塑料包装袋的再利用（reuse），第三是重视塑料的再资源化（recycle）。回收废弃塑料，再生或再生产其他化学品、燃料油或焚烧发电供气等。同时，在矿物资源方面亦有"三 R"原则的问题。开矿提炼和制造金属材料亦是大量消耗能源和劳动力的工业，如铝材现已广泛用于建材、飞机和日用品等方面，而纯铝要电解法制备，是一个大量耗电的工业，应该做好铝废弃物的回收和再生技术研究。

5. 综合利用的绿色生化工程

绿色化学的根本目的是从节约资源和防止污染的观点来重新审视和改革传统化学，从而使我们对环境的治理，可以从治标转向治本。随着全球性环境污染问题的和能源、资源急剧耗竭对可持续发展的威胁日益加剧及公众环境意识的提高，一些发达国家和国际组织认识到，进一步预防和控制污染的有效途径，是加强产品及其生产过程的环境管理。绿色化学是环境管理体系中一个关键的环节和重要组成部分。可以预见，绿色化学的发展将不仅对环境保护产生重大影响，而且将为我国企业尽快与国际接轨创造条件。在下一个世纪，化学不绿色化，化学工业就不能现代化，化工产品就不会有国际市场。

绿色化学是近年来才被人们认识和开展研究的一门新兴学科，是实用性强、国计民生急需解决的热点研究领域。在 21 世纪，绿色化学必将大展宏图，为人类可持续发展作出贡献。

参考文献

[1] 徐匡迪.应对气候变化发展低碳经济 [R].第 11 届中国科协年会的报告：2009，9.

[2] 叶常明，王春霞.21 世纪的环境化学 [M].北京：科学出版社，2004.

[3] 夏立江.环境化学 [M].北京：中国环境科学出版社，2003.

[4] 刘天齐.环境保护 [M].第 2 版.北京：化学工业出版社，2000.

[5] 陈静生.水环境化学 [M].北京：高等教育出版社，1987.

[6] 王宏康.水体污染及防治概论 [M].北京：北京农业大学出版社，1991.

[7] 唐孝炎.大气环境化学 [M].北京：高等教育出版社，1990.

[8] 莫天麟.大气化学基础 [M].北京：气象出版社，1988.

[9] 张辉.土壤环境化学 [M].北京：化学工业出版社，2006.

[10] 闵恩泽.绿色化学与化工 [M].北京：化学工业出版社，2000.

[11] 朱清时.绿色化学与可持续发展 [J].中国科学院院刊，1997，(6)：415-420.

[12] 肖文德.21 世纪的科学：绿色化学 [J].化学世界：增刊，2000：18-19.

[13] 李金芳，于欣，伟郑成.绿色化学的研究现状与发展趋势 [J].广东化工.2004，8：5-7.

[14] 陈永焦.浅谈我国水污染现状及治理对策 [J].科技信息.2010，11：381-382.

[15] 唐嵩.中国水环境现状及对人体健康的影响 [J].黑龙江水利科技.2010，38 (4)：98-99.

[16] 李春瑛.大气污染与环境的治理迫在眉睫 [J].低温与特气.2010，28 (5)：5-14.

[17] 熊严军.我国土壤污染现状及治理措施 [J].现代农业科技.2010，8：294-297.

第三章 化学与能源

第一节 概　述

　　能源是人类赖以生存的基础，特别是在全球经济高速发展的今天，国际能源安全已上升到了国家的高度，因为，能源是整个世界发展和经济增长的最基本的驱动力。在人类享受能源带来的经济发展、科技进步等利益时，也无法避免地遇到能源安全、资源争夺以及过度使用能源造成的环境污染等问题，这严重地威胁着人类的生存与发展。因此，能源问题已成为全人类共同关心的热点问题。

　　那么，究竟什么是"能源"呢？关于能源的定义，目前约有 20 种。如《科学技术百科全书》："能源是可从其获得热、光和动力之类能量的资源"；《大英百科全书》："能源是一个包括着所有燃料、流水、阳光和风的术语，人类用适当的转换手段便可让它为自己提供所需的能量"；《日本大百科全书》："在各种生产活动中，我们利用热能、机械能、光能、电能等来做功，可利用来作为这些能量源泉的自然界中的各种载体，称为能源"；我国的《能源百科全书》："能源是可以直接或经转换提供人类所需的光、热、动力等任一形式能量的载能体资源。"可见，能源是呈多种形式的，且可以相互转换的能量的源泉。

　　能源品种繁多，可从不同角度对其进行分类。根据人类对各种能源的开发利用的程度，可将能源分成常规能源和新能源。常规能源，是指那些已经大规模开发并被广泛使用的能源，如煤炭、石油、天然气和水力能等。新能源，是指那些很有开发利用价值，但目前由于经济、技术等方面的原因，尚未被大规模开发或广泛利用的能源，如原子核能、太阳能、风能、海洋能、潮汐能、地热能，以及应该广泛开发利用的薪炭林、沼气、能源植物的生物质能等。能源的分类情况见表 3-1。

一、能源简史

　　根据各个历史阶段所使用的主要能源，可以分为柴草时期、煤炭时期和石油时期。

1. 柴草时期

　　18 世纪初叶，即资本主义发展的初期以前为柴草时期。这时人类是以树枝、杂草等当燃料，用于熟食和取暖，而生产活动主要靠人力、畜力以及一些简单的水力和风力机械作动力。这段漫长的时期，人类社会的生产和生活处于很低的水平。

表 3-1　能源的分类

依据	类别	定义	主要能源
利用状况	常规能源	已被利用多年,目前还在大规模利用的能源	煤、石油、天然气、水能、风能
	新能源	现今才开始被人类利用,或过去已有利用,现在又有新的利用方式的能源	核能、地热、海洋能、太阳能等
能源转换	一次能源	自然界直接取得的天然能源	煤、石油、水能
	二次能源	将一次能源加工转换成另一种形式的能源	汽油、焦炭、蒸汽、电力、煤气
性质	再生	使用后仍可再生或更新的能源	水能、生物能、太阳能、风能等
	不可再生	开采消耗后短期无法恢复的能源	煤、石油、天然气

2. 煤炭时期

从 18 世纪下半叶起,产业革命导致了工业大发展,逐步扩大的煤炭利用促进了煤炭工业的大发展,使煤炭代替了薪柴成为生产生活的主要燃料;燃煤蒸汽机成为生产的主要动力;煤炭转换成电力进入社会各个领域,成为生产和生活的重要能源之一,电力的应用从根本上改变了人类社会的面貌。

3. 石油时期

从 19 世纪的中后期起,石油资源的发现,开拓了能源利用的新时代。石油和天然气以热值高、输送方便、清洁和廉价等优点,逐步在工业发达国家中替代了煤炭。19 世纪 50 年代中期,世界石油和天然气的消费量超过了煤炭成为世界能源供应的主力。1973 年出现的石油危机,促使人类对能源的开发利用开始向比较丰富的煤炭、核能以及太阳能和其他再生能源改变,以更好地解决人类下一世纪的能源需要。

4. 新能源时期

从 20 世纪中后期起,由于人类无节制地使用化石燃料,对现代的社会质量和全球的持续发展造成了严重的影响,这促使人们对绿色、环保、高效和稳定的新能源的探索。新能源和可再生能源发展不可避免地应运而生。可再生能源体系中的太阳能、风能、水能等都可以转化为电能,但其具有非连续性供应的弱点,如日有昼夜和阴晴之别,风有大小、有无之时,水有枯、丰的季节变化等,且不能储存和运输。所以必须寻求一种适应这些能源的载能体,即既可储存又可运输,并像汽油一样便于用户使用的载能体。现已公认氢能系统可以最好地满足这类要求,根据最简单的水和氢之间的良性循环提出的氢能与太阳能结合成太阳能-氢能体系是最理想的可再生能源体系,可实现人类能源问题的根本解决。

人类最早利用的能源是自然界遍地丛生的柴草,而人类进化的动力则是在劳动实践中学会了利用火,这种远古利用能源的技术,在人类发展史上具有深远的意义。18 世纪人类发明了蒸汽机,开辟了人类利用化石能源——煤炭的新学科。煤炭生产蒸汽,推动蒸汽机,改变了生产方式,促进了钢铁、机器制造、纺织、交通业的快速发展。随着石油、天然气的发现和利用，能源学科再次发生革命，石油的广泛应用促进了交通运输业的高速发展。特别是先进的内燃机代替笨重的蒸汽机，给交通业带来了一场革命。电能的应用是人类利用二次能源的典范，电能科学的发展推进了社会现代化，支撑了家庭和城市的现代化生活，发展了远距离通信业和现代化交通运输业。随着电力科学的发展，人类真正进入了现代电气化时代。核能科学开拓了非化石能源利用的新领域。核能的发现和利用表明了能源科学已深入到原子深处，发掘了原子核能，因而得到比常规燃烧更为巨大的能量。它标志着人类对微观世界认识的深化。新能源和可再生能源学科的发展为能源可持续利用开辟了光明之路。随着新能源和可再生能源科技进步，风能、太阳能、生物质能、地热能、海洋能等逐渐走向市场，正向人们展示美好的能源可持续发展前景。

从上述人类认识和利用能源的历史可以看出：新能源发现和利用之日，往往是旧能源显现不足之时；能源最初往往都是无用之物，逐步变无用为有用，一用为多用。这个历史生动地说明，自然界的能源是无限的，人类对能源的认识和利用也是无限的。

二、世界能源现状

1. 能源资源的储存

目前，化石能源仍是世界的主要能源，在世界一次能源供应中约占84%，其中，石油占40%、煤炭占21%、天然气占23%。非化石能源和可再生能源虽然增长很快，但仍保持较低的比例。根据《2004年BP世界能源统计》，截止到2003年底，全世界剩余石油探明可采储量为1565.8亿吨，其中，中东地区占63.3%、北美洲占5.5%、中、南美洲占8.9%、欧洲占9.2%、非洲占8.9%、亚太地区占4.2%。世界煤炭剩余可采储量为9844.5亿吨，欧洲、北美和亚太三个地区是世界煤炭主要分布地区，三个地区合计占世界总量的92%左右。天然气剩余可采储量为175.78万亿立方米，储采比达60，详见表3-2。中东和欧洲是世界天然气资源最丰富的地区，两个地区占世界总量的75.5%，而其他地区的份额仅分别为5%～7%。

表3-2 世界化石能源储采比① 　　　　　　　　　　单位：年

项　目	储　采　比		
	石油	煤炭	天然油
中国	15	82	46.3
OECD国家	9.7	217	14.1
世界平均	40	204	60

① 储采比，是指某种资源年末剩余储量除以当年产量后得出的尚可开采的年数。根据2008年计算的储采比，全世界煤炭还能用122年，天然气为60年，而石油只够用42年。

2. 能源的生产和消费

2007 年世界煤炭、石油、天然气探明可采储量分别为 8474.88 亿吨、1684.02 亿吨、177.36×10^{12}立方米。若按现在的开采规模,煤炭、石油、天然气分别可以开采 298 年、42 年、66 年。煤炭、石油、天然气在全球分布极不均匀。但全球能源生产和消费大体保持平衡状态。作为产消差最大的年份,1981 年能源产消差达到 79.9 百万吨油当量,不足当年消费总量的 1% (图 3-1)。

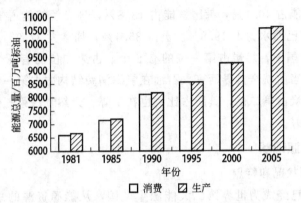

图 3-1 1981～2005 年世界能源生产和消费

自 19 世纪 70 年代的产业革命以来,化石燃料的消费量急剧增长。初期主要是以煤炭为主,进入 20 世纪以后,特别是第二次世界大战以来,石油和天然气的生产与消费持续上升。两次石油危机后,石油、煤炭所占比例缓慢下降,天然气的比例上升。同时,核能、风能、水力、地热等其他形式的新能源逐渐被开发和利用,形成了目前以化石燃料为主和可再生能源、新能源并存的能源结构格局。到 2008 年底,化石能源仍是世界的主要能源,在世界一次能源供应中约占 87.7%,其中,石油占 34.8%、煤炭占 29.3%、天然气占 24.1%。非化石能源和可再生能源虽然增长很快,但仍保持较低的比例,约为 12.3%。表 3-3 列有 1950～2008 年世界能源消费结构。

表 3-3 1950～2008 年世界能源消费结构

年份	在消费中占比例/%			
	煤炭	石油	天然气	水与核电
1950	60.9	27.2	10.1	8
1960	49.5	33.3	15.1	2.1
1970	33.3	44.0	20.1	2.4
1980	30.8	44.2	21.5	3.5
1990	27.3	38.6	21.7	12.4
2008	29.3	34.8	24.1	11.8

3. 世界各国能源结构特点

煤炭资源丰富的发展中国家,在能源消费中往往以煤为主,煤炭消费比重较大，其中南非为 77.8%，中国 72.9%，波兰 68.1%，印度 56.8%，澳大利亚 44.5%，美国 24.9%。发达国家石油在消费结构中所占比重均在 35% 以上，其中美国 39.7%，日本 51.1%，德国 40.6%，法国 37.9%，意大利 58.4%，澳大利亚 36.6%。天然气资源丰富的国家，天然气在消费结构中所占比例均在 35% 以上，其中俄罗斯 55.6%，伊朗 43.8%，沙特 41.2%，英国 35.1%。化石能源缺乏的国家根据自身特点发展核电及水电，其中日本核能在能源消费结构中所占比例为 16.8%，法国核能占 40.1%，韩国核能占 13.8%，乌克兰核能占 13.8%，加拿大水力占 13.0%，巴西水力占 19.8%。英国 35.4%，加拿大 37.9%。在世界排名前 20 个能源消费大国中，煤炭占第一位的有 5 个，占第二位的有 6 个，占第三位的有 9 个。总之，当前就全世界而言，石油在能源消费结构中占第一位，所占比例正在缓慢下降；煤炭占第二位，其所占比例也在下降；天然气占第三位，所占比例持续上升，前景良好。

三、我国能源现状

1. 能源资源状况和特点

目前，我国已经成为世界第二大能源生产国，从能源资源的总体状况和特点看，有如下几个方面。

（1）总量比较丰富　化石能源和可再生能源资源较为丰富。其中，煤炭占主导地位。2006 年，煤炭保有资源量 10345 亿吨，剩余探明可采储量约占世界的 13%，列世界第三位。油页岩、煤层气等非常规化石能源储量潜力比较大。水力资源理论蕴藏量折合年发电量为 6.19 万亿千瓦时，经济可开发年发电量约 1.76 万亿千瓦时，相当于世界水力资源量的 12%，列世界首位。

（2）人均拥有量较低　煤炭和水力资源人均拥有量相当于世界平均水平的 50%，石油、天然气人均资源量仅相当世界平均水平的 1/15 左右。耕地资源不足世界人均水平的 30%，生物质能源开发受到制约。

（3）赋存分布不均　煤炭资源主要赋存在华北、西北地区（我国煤炭资源保有量的 76% 分布在山西、内蒙古、陕西、新疆等北部地区），水力资源主要分布在西南地区（80% 的水能资源分布在四川、云南、西藏等西南部地区），石油、天然气资源主要赋存在东、中、西部地区和海域，陆地风能主要集中在东北、华北北部、西北等"三北"地区。而 2/3 以上的能源需求集中在中东部地区，资源赋存与能源消费地域存在明显差别。我国能源储备情况见表 3-4。

（4）开发难度较大　与世界能源资源开发条件相比，中国煤炭资源地质开采条件较差，大部分储量需要井工开采，极少量可供露天开采。石油天然气资源地质条件复杂，埋藏深，勘探开发技术要求较高。未开发的水力资源多集中在西南部的高山深谷，远离负荷中心，开发难度和成本较大。非常规能源资源勘探程度低，经济性较差。

表 3-4　我国能源储备情况

能源类型	保有储量	可采储量	国际排位	占世界总量/%	我国人均占有量	世界人均占有量	与世界比例/%	可采年限/年
煤炭	1 万亿吨	1886 亿吨	3	9.3	145t	1350t	10	100
石油	102 亿吨	22.20 亿吨	11	1.8	2.6t	24t	7.8	10～20
天然气	47.23 万亿立方米	4.35 万亿立方米	14	1.3	1552m^3	25866m^3	6	10～20
水电	5.41 亿千瓦	4.02 亿千瓦	1	10.8	309W	620W	50	

从总体上说来，我国能源资源具有资源约束（总量比重小，约为世界的 10%，人均水平低，约为世界的 10%，优质资源匮乏）和效力约束（能源利用技术落后，能源利用率低，总能源效率为世界的 32%，低于平均水平 10 个百分点）的特点。另外，虽然我们目前人均消费量低，但我国具有 13 亿人口，总量需求大，并且随着工业化和城镇化建设的推进，人民生活水平的提高，对能源的需求会越来越大。

2. 我国能源工业的发展

改革开放以来，中国经济快速增长，社会事业全面进步，人民生活水平持续提高，能源需求不断增加，能源工业快速发展。在开源和节约并举、节约优先的方针指导下，能源工业一方面降低消耗，一方面增加生产，基本满足了国民经济又好又快发展的需要，取得了举世瞩目的成绩，其突出表现为以下几个方面。

(1) 供给能力明显提高　经过几十年的努力，已经初步形成了煤炭为主体、电力为中心、石油天然气和可再生能源全面发展的能源供应格局，基本建立了较为完善的能源供应体系。2006 年，一次能源生产总量 22.1 亿吨标准煤，列世界第二位。其中，原煤产量 23.7 亿吨，列世界第一位。原油产量 1.85 亿吨，列世界第六位，天然气产量迅速提高。电力发展迅速，全国发电装机容量突破 6 亿千瓦，发电量达到 2.87 万亿千瓦时，从 1996 年起稳居世界第二。近几年，可再生能源发展迅速。2006 年，水电装机容量达到 1.3 亿千瓦，居世界第一；太阳能热水器集热面积 9500 万平方米，占世界的一半以上；核电从无到有，发电装机近 685 万千瓦；年产沼气约 100 亿立方米，已拥有户用沼气池 2200 多万口。

(2) 能源节约效果显著　1980～2006 年，中国能源消费以年均 5.6% 的增长支撑了国民经济年均 9.8% 的增长。按 2005 年不变价格，万元国内生产总值能源消耗年均节能率为 3.9%。特别是近年来，扭转了单位国内生产总值能源消耗上升的势头。2006 年，万元国内生产总值能耗实现 2003 年以来的首次下降。能源综合效率为 33%，比 1980 年提高了 8 个百分点，单位产品能耗也明显下降，与国际先进水平的差距不断缩小。

(3) 环境保护取得积极进展　中国政府高度重视环境保护，加强环境保护已经成为基本国策，社会各界的环保意识普遍提高。中国政府通过综合运用法律、经济等手段全面加强环境保护，已经取得了积极进展。能源消费结构有所优化，优质清洁能源比重有所上升，能源效率得到提高。如 2010 年前三季度，单位国内生产总值能耗下降情况继续趋好，同比下降 3% 左右，二氧化硫和化学需氧量排放出现近年来首次下降，降幅分别 1.81% 和 0.28%。预计全年会更明显。

与此同时，能源科技水平也得以迅速提高，为能源工业发展提供了重要支撑。能源发展的市场环境也正在逐步完善，各项改革稳步推进，立法步伐明显加快。但我国能源在加快发展过程中，也存在一些突出问题。如资源约束比较明显，能源效率偏低，能源结构不够合理，环境压力加大、市场体系不够完善、安全应急体系不够健全等。但我国政府清醒地认识到，目前能源发展中存在的问题是发展中的问题，前进中的问题，我国有信心、有能力解决好这些问题。

第二节　常规能源

当今世界上最重要的常规能源——煤、石油、天然气，是化石燃料（又叫矿物燃料），是能源的主力。化石燃料是埋藏在地下的动植物经过几百万年才形成的，埋藏于底下的动植物尸体通过光合作用储存了太阳的能量，燃烧时又以能量的形式释放出来，表 3-5 为化石燃料所含能量。

表 3-5　化石燃料所含的能量

燃料	化学方程式	释放出的热能/(kJ/mol)
煤	$C + O_2 = CO_2$	393.3
石油	$C_8H_{18} + 20O_2 = 16CO_2 + 8H_2O$	5451.8
天然气	$CH_4 + 2O_2 = CO_2 + 2H_2O$	882.8

一、煤

19 世纪以后，随着蒸汽机的普遍使用，煤炭成为世界的主要能源。自 20 世纪中期以来，石油和和天然气迅速兴起，石油和天然气取代煤炭虽然是世界的普遍趋势。但是，在 70 年代两次世界石油危机相继发生后，煤炭又可能作为代替石油的重要能源，重居世界能源的主要地位，因而近年国际能源界把煤炭称为"通向世界未来的桥梁"。

世界上的煤炭资源主要分布在北半球，以亚洲和北美洲最为丰富，分别占全球地质储量的 58% 和 30%，欧洲仅占 8%。2007 年已探明的煤炭可开采储量在全球位于前十位的国家见表 3-6，其储量总和占世界的 91.4%。

2005 年世界煤炭消费增长是过去 10 年平均增长的两倍，煤炭再次超过天然气成为需求增长最快的能源，这表明，能源消费结构进一步向煤炭倾斜。据世界煤炭协会预测，到 2030 年全球煤炭产量将提高到 70 多亿吨（动力煤约达到 52 亿吨，

表 3-6　世界前十位煤炭储藏国煤炭储量

国家	无烟煤+烟煤/亿吨	次烟煤+褐煤/亿吨	总计/亿吨	占世界比例/%	储采比/年
美国	1122.61	1304.60	2427.21	28.6	234
俄罗斯	490.88	1079.22	1570.10	18.5	500
中国	622.00	523.00	1145.00	13.5	45
澳大利亚	371.00	395.00	766.00	9.0	194
印度	522.40	42.58	564.98	6.7	118
南非	480.00	—	480.00	5.7	178
乌克兰	153.51	185.22	338.73	4.0	444
哈萨克斯坦	281.70	31.30	313.00	3.7	332
波兰	60.12	14.90	75.02	0.9	51
德国	1.52	65.56	67.08	0.8	33

焦煤约 6 亿吨，褐煤约 12 亿吨）；此间动力煤、褐煤和钢铁生产用焦煤将分别以每年 1.5%、1% 和 0.9% 的速度增长。

　　煤炭产量和消费量最大的地区为亚太地区，分别占全球总量的 59% 和 59.7%。2007 年世界前六大煤炭生产国所占世界份额分别为中国 41.1%、美国 18.7%、澳大利亚 6.9%、印度 5.8%、南非 4.8%、俄联邦 4.7%，其他 18.0%；前六大煤炭消费国煤炭消费量所占世界份额分别为中国 41.3%、美国 18.1%、印度 6.5%、日本 3.9%、南非 3.1%、俄联邦 3.0%，其他 24.1%。

　　有人曾说，煤炭可开采 190 年以上，也有人估计煤炭储量可维持 500 年。但是，煤矿露天开采要占用大片土地，而且破坏土地资源和周围环境，煤炭的燃烧产生氮氧化物、二氧化碳等，造成大气污染。尽管燃煤的热值低于油气，运输不便，造成污染，但煤炭具有蕴藏量巨大、价格低廉的优点，因而煤炭在能源结构中具有与油的竞争的能力。

　　1. 煤的组成、结构和性质

　　煤又名煤炭，它是由古代植物在地下隔绝空气的条件下，经过长期的一系列复杂的化学和生物变化，形成的一种由有机物和无机物所组成的复杂的混合物。

$$植物 \xrightarrow{细菌} 泥炭 \xrightarrow{高温高压} 褐煤 \longrightarrow 烟煤 \longrightarrow 无烟煤$$

　　作为一种混合物，煤没有单一的分子结构，其式量在 300～1000 之间，由大量的碳原子环状结构组成，其主要成分是碳，还含有氢、氧、氮及硫、磷等 48 种元素（表 3-7），故有黑色的金子之称。

　　不同类型煤的基础结构见图 3-2，图 3-3 为 W. H. 怀泽的烟煤化学结构模型。

表 3-7　各种煤的一些性质和特征

项　目	煤 的 类 型			
	无烟煤	烟煤	次烟煤	褐煤
热含量	高	高	中等	低
硫	低	高	低	低
氢碳摩尔比	0.5	0.6	0.9	1.0
含碳/%	85~95	70~85	60~70	50~60

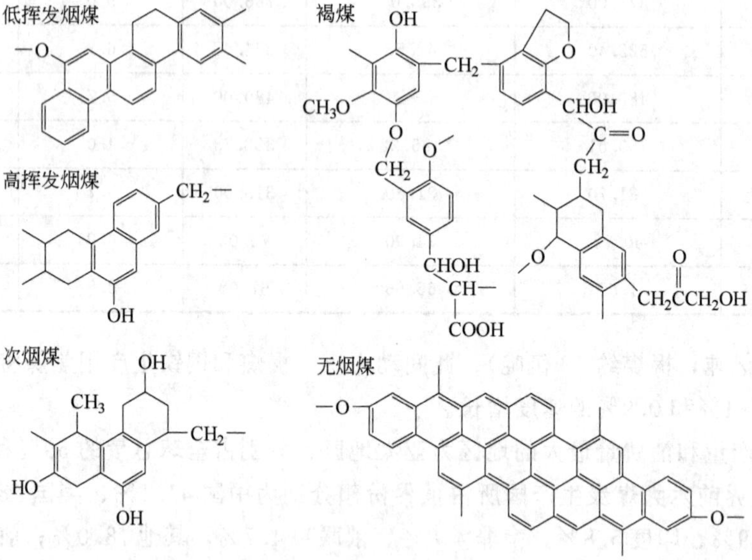

低挥发烟煤

褐煤

高挥发烟煤

次烟煤

无烟煤

图 3-2　不同类型煤的基础结构

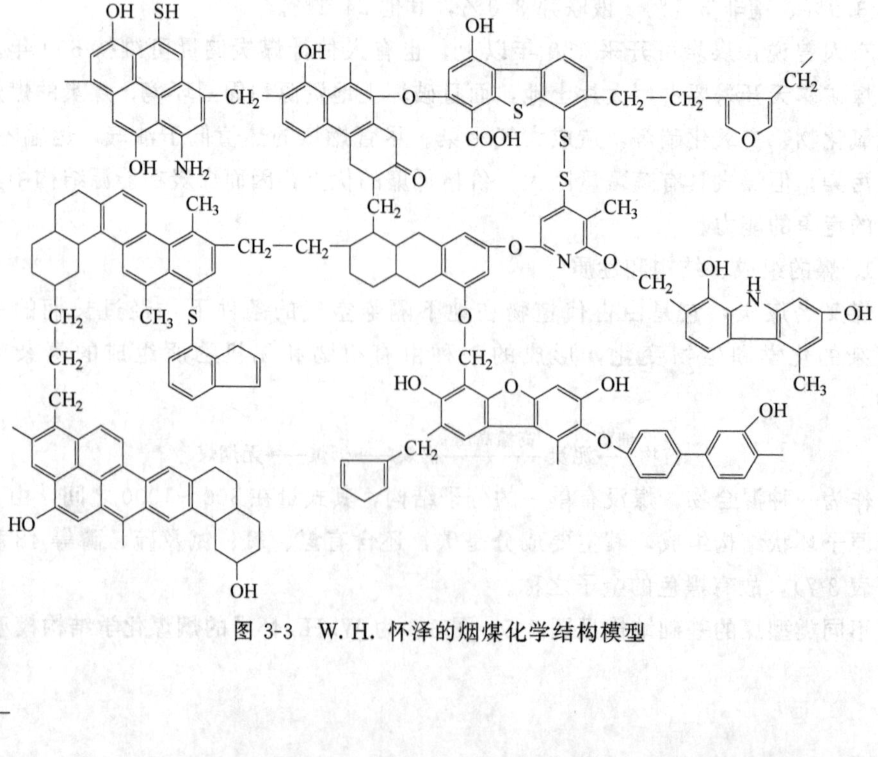

图 3-3　W. H. 怀泽的烟煤化学结构模型

煤分子是由若干个基本结构单元组成的高分子聚合物,基本结构单元的主体部分由若干个芳环及个别脂环或杂环缩合而成,其边缘部分主要是烷烃侧链和各种官能团,基本单元之间由各种桥键(如—O—O—、—S—、—CH₂—等)相互联结形成三维空间。大部分煤可以发生氧化、氢化、卤化、磺化、烷基化反应。煤一般呈褐色或黑色,具有暗淡的金属光泽,密度为 $1.1\sim1.8g/cm^3$。煤中的矿物质是除水以外的所有无机物的总称,包括各种硅酸盐、碳酸盐、硫酸盐、金属硫化物矿物(含硅、铝、铁、钙和镁)等。煤中的矿物质在燃烧时经高温灼烧,多半变成各种金属和非金属氧化物,其中以 SiO_2、Al_2O_3、Fe_2O_3、CaO、MgO 为主,这些氧化物占煤灰粉的 95% 以上。煤炭无论作何种用途,其中的灰粉都是有害的。煤的灰粉越小,品位越高。煤中的硫对炼焦、气化、燃烧等是十分有害的,煤中硫的存在状态分为有机硫和无机硫,有时也有微量单质硫,煤中各形态硫的总和称为全硫。根据煤中干燥基全硫多少将煤分为五个等级,含硫小于 1.5% 的为低硫煤,大于 2.5% 为高硫煤。

2. 煤的综合利用

煤炭除了作为一次能源被直接使用外,还可用于制造二次能源和化工原料等,已有实用价值的主要有煤的气化、液化和干馏。

(1)煤的气化 煤作为燃料有两个主要缺点:其一是脏,难以处理;其二是因含硫引起污染。故此,人们就想通过将煤加工气化,使其转变成干净而又方便运输的燃料。煤的气化示意见图 3-4。

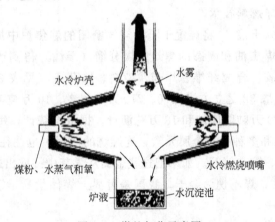

水冷炉壳　水雾

煤粉、水蒸气和氧　水冷燃烧喷嘴

炉液　水沉淀池

图 3-4　煤的气化示意图

煤的气化是在氧气不足的情况下,把煤中的有机物部分氧化为可燃体气体的过程。煤与有限的空气和水蒸气反应,得到一种气态混合物,称为半煤气:

$$H_2O(g)+3C(s)+O_2 \Longrightarrow 3CO(g)+H_2(g)+89.757kJ/mol$$

由于半煤气中含有大量 N_2(50% 左右),热值较低(用于合成氨),它的热含量只有甲烷的 1/6。但如果将煤在高温时与水蒸气反应即可制得水煤气,则得到不含氮的一氧化碳和氢的混合物,叫做合成气或煤气:这种气体因不含氮其燃烧热比半煤气高 1 倍：

$$H_2O(g)+C(s)\!\!=\!\!=\!\!CO(g)+H_2(g)-129.7kJ/mol$$

煤气是一种中热值气，它可短距离输送，用作居民用煤气，也可用于合成氨、甲烷。

（2）煤的液化　煤的液化又叫"人造石油"，是一个将煤转化成液体燃料的过程。煤和石油都是由 C、H、O 等元素组成的有机物，但煤的平均分子量比石油高，另一方面煤的氢碳原子比，即 H/C 低。为使煤液化，需要加氢。煤的深度加氢是在较高温度和很高的压力下进行，煤先发生热解反应生成自由基碎片（带有一些不饱和键），然后加氢，使化学键饱和而稳定下来，形成低相对分子质量的液体产物及少量气态产物；同时煤中氧、硫等杂原子与氢反应生成 H_2O、H_2S 等被除去，进一步提高液体燃料的质量。在煤的直接液化过程中，煤的大分子只发生部分解聚和裂解，而基本结构单元大多保存了下来。在元素组成上，氢元素含量增高，而氧、氮、硫等元素含量降低。煤还可以进行间接液化，就是先把煤气化成一氧化碳和氢气，然后再经催化合成得到液体燃料。1983 年美国田纳西州伊特曼公司建成由煤制醋酸酐的工厂，工艺路线是经合成气（$CO+H_2$）净化，回收硫，然后合成甲醇、醋酸甲酯和醋酸酐，并用醋酐乙酰化方法生产醋酸纤维。这些产品是生产照相底片、纤维素塑料、香烟滤嘴、人造丝及涂料的原料。

（3）洁净煤技术　洁净煤技术是指从煤炭开发到利用的全过程中旨在减少污染排放与提高利用效率的加工、燃烧、转化及污染控制等新技术，包括直接烧煤洁净技术和煤转化为洁净燃料技术。

（4）煤的焦化（干馏）　将煤置于隔绝空气密闭的炼焦炉中加热分解生成气态的焦炉气、液态的煤焦油和固态的焦炭。煤分馏（干馏）得到产物可用于生产化肥、塑料、合成橡胶、合成纤维、炸药、染料、医药等（见表 3-8）。据统计，从 1000 万吨煤中可提取 32 亿立方米煤气、770 万吨焦炭、10 万吨粗氨水、4000 吨粗酚、18000 吨萘、70 万吨防腐油和 18 万吨沥青。据资料统计，每吨煤平均含 0.1g 黄金、5～10g 白银和多种稀有金属元素；连燃烧的灰烬中也往往含一些贵重金属，如铀、钒、钼、铬、镓和锗等。如果把这些金属从煤灰中提取出来，其价值将超过煤本身价值的 50 倍，煤不愧为金子。我国是世界上煤储量最丰富的国家之一，产量已多年居世界第一。

3. 煤炭地下气化

在地下将处于自然状态的煤炭通过有控制地燃烧就地转化为可燃气体，然后抽送到地面经净化使用的一项新技术。这一技术一个多世纪来一直处于实验阶段，难以广泛进入工业应用阶段。这种方法集建井、采煤和气化于一体，将传统的物理采煤法转换为化学采煤法，具有安全、高效、污染少、减少地面塌陷、有利于环保等特点。中国第一个煤炭地下气化工业示范基地在河北省唐山市刘庄煤矿建成，地下气化炉已连续正常运行并成功连续稳定供气。

表 3-8 煤干馏的主要产品及用途

产品	主要成分	用途
焦炉煤气	氢气、甲烷、乙烯、一氧化碳	气体燃料、化工原料
	氨、铵盐	炸药、染料、医药、农药、合成材料
	苯、甲苯、二甲苯	
煤焦油	苯、甲苯、二甲苯	
	酚类、萘	染料、医药、农药、合成材料
	沥青	建筑材料、制碳素电极
焦炭	碳	冶金、合成氨造气、电石、燃料

4. 煤层气开发利用

煤层气通常被称为煤矿瓦斯，主要成分为甲烷，易燃易爆。从人类开发利用煤炭开始，煤层气曾导致了无数起矿毁人亡的惨剧。然而科学家们发现，这种可怕的气体却有着宝贵的利用价值：$1000 m^3$ 的发热量就相当于 1t 石油的发热量，而且洁净无污染、无油烟，堪称新世纪的"绿色能源"。根据国际能源机构（IEA）统计，我国煤层气资源量达 36.8 万亿立方米，居世界第三（图 3-5），相当于 450 亿吨标准煤，与中国常规天然气资源量相当。1996 年 1 月在中国陕西省韩城矿区打出了中国出气量最大的煤层气试验井，一次点火成功，揭开了中国煤层气开发利用的第一幕。

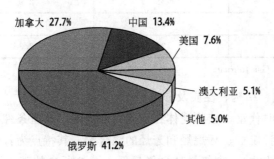

加拿大 27.7%　中国 13.4%　美国 7.6%　澳大利亚 5.1%　其他 5.0%　俄罗斯 41.2%

图 3-5　世界煤层气资源分布

二、石油

石油有"工业的血液"的美誉，也叫原油，是从地下深处开采出来的黄色至黑色的可燃性黏稠液体，常与天然气共同存在，因此，常并称为油气。目前普遍认同的理论是，埋藏在地下的远古时代未被细菌分解的有机物在一定温度、压力条件下，经过几百万年的演变，形成了可供开采的石油。人类自1973 年以来共向地球索取了 800 亿吨石油，占当时探明储量的 85%。到 2009年，新发现的油田几乎使储量翻了两番多。世界石油资源主要分布在中东、拉丁美洲、北美洲、西欧、非洲、东南亚和中国。现在，产油的国家和地区已有

150 多个，发现的油气田已有四万多个。中东的沙特阿拉伯、伊朗、科威特、伊拉克和阿拉伯联合酋长国是世界最大的石油产地和输出地区。截至 2003 年 1 月 1 日，全球石油估算探明储量为 1661.48 亿吨；天然气估算探明储量为 155.78 万亿立方米。世界上石油储量超过 10 亿吨和天然气储量超过 1 万亿立方米的特大油、气田共 42 个，沙特阿拉伯和俄罗斯分列世界石油、天然气储量之首。中国 2001 年底石油估算探明储量约 33 亿吨，居世界第 11 位（见表 3-9）。

表 3-9　世界石油探明储量国家排名

排序	国家	探明储量/亿吨	占世界比例/%	储采比
1	沙特阿拉伯	360	24.9	85
2	伊拉克	152	10.7	100
3	科威特	133	9.2	100
4	阿联酋	130	9.3	100
5	伊朗	123	8.5	67.4
6	委内瑞拉	112	7.4	63.5
7	俄罗斯	67	4.6	19.1
8	墨西哥	38	2.9	21.7
9	科比亚	38	2.9	57.3
10	美国	37	2.8	10.7
11	中国	33	2.3	19.9

注：资料来源 Oil & Gas Journal。

1. 石油的组成、结构、性质及分类

石油是由远古时代动、植物遗体在地壳内部高温、高压条件下，经过复杂的化学变化而形成的各种烷烃、环烷烃和芳烃的混合物。其特点为：烃类化合物以直链为主（煤以芳香烃为主）、含氢量高含氧量低。石油所含的基本元素是碳和氢，同时含少量硫、氧、氮等元素（见表 3-10）。

表 3-10　石油的主要组成元素

元素	碳	氢	硫	氮	氧	微量金属
百分数/%	83~87	11~14	0.06~8.00	0.02~1.70	0.08~1.82	镍、钒、铁、铜

组成石油的有机化合物分为由碳、氢元素构成的烃类化合物和含有硫、氮、氧等元素的非烃类化合物两大类。组成石油中的烃类主要是烷烃、环烷烃和芳香烃。石油中的硫、氮、氧元素以非烃类化合物形式存在，这些元素的含量虽仅有 1%~4%，但非烃化合物的含量却很高，见表 3-11。

表 3-11　石油的结构及性质

类别	结构类型	性　　质
烃类	烷烃	含量随馏分沸点升高而逐渐减少。正构烷烃和异构烷烃都存在
	环烷烃	主要是五元环烷烃和六元环烷烃的衍生物。低沸点馏分中以单环为主,中沸点和高沸点馏分中还有双环环烷烃和多环环烷烃
	芳烃	含量随馏分沸点升高而增多,环数也增多。大多带有烷基侧链,链的长度不一。在高沸点馏分中还常并存有环烷烃(或环烷芳烃)
非烃类	含硫化合物	在同一石油中硫化合物含量随沸点升高而增多
	含氮化合物	一般含量在万分之几至千分之几,主要集中在高沸点馏分及渣油中
	含氧化合物	含量很少,存在形态以环烷酸为主,脂肪酸和酚的含量很少
	胶状、沥青状物质	存在于高沸点馏分和渣油中,是以稠合芳环为核心,连有环烷烃和烷基侧链,并有各种杂原子基团的复杂大分子化合物
	金属化合物	以油溶性金属有机化合物或配合物形态存在,集中在渣油中。金属元素有镍、钒、铁、铜等,镍和钒的含量从每吨几千克至每吨几百克

2. 石油的炼制

石油中所含化合物种类繁多,必须经多步炼制才能使用,主要工序有分馏、裂化、催化重整和加氢精制（见表 3-12）。

表 3-12　石油的炼制

炼制方法	原理及意义
分馏	根据各物质的沸点不同而进行的分离方法
裂化	将含碳原子数多的碳氢化合物裂解成分子量较小的烃类化合物
催化重整	在一定的温度下,汽油分子中的直链烷在催化剂表面进行"结构重整"转化成带有支链的烷烃异构体。其目的是:提高汽油的辛烷值同时还可得到一部分芳香烃
加氢精制	在一定的温度和压力下,通过加氢与杂质有机化合机物而使其生成 H_2S、NH_3 而分离的过程。作用:除 NO_x 或 SO_2 对环境造成的污染

通过石油的加工,可以得到许多种化学燃料和原料。故在一个炼油厂的周围可以建一个集团或群体的化工企业,形成一个资本、技术、劳动力、能源密集型的产业区。

原油不但组分复杂,而且还含有水和氯化钙、氯化镁等盐类。在炼制时,含水多要浪费燃料,含盐多会腐蚀设备,因而原油必须先经过脱水、脱盐等处理过程才能进行炼制。习惯上将石油炼制过程分为一次加工、二次加工、三次加工三类过程。石油炼制过程中,需要从生产的石油半成品中不断除去杂质和不理想组分,以制成各种石油产品的基础油(即组分油)。杂质通常指含硫、氮、氧的非烃类化合物及胶质、沥青等,不理想组分为石油蜡、多环烃类等。对于各种石油产品来说,所采用的精制方法可能是一种,也可能是多种精制方法的组合。也有些生产过程中所得的馏分油基本不含杂质,可直接加入石油添加剂,调制成符合规格的产品。各类石油产品的精制方法见表 3-13。

表 3-13　各类石油产品的精制方法

产品	可采用的精制过程
液化石油气	碱洗、脱臭
汽油	碱洗、脱臭、加氢精制
喷气燃料	碱洗、脱臭、加氢精制、分子筛脱蜡
煤油	碱洗、脱臭、加氢精制
柴油	碱洗、脱臭、加氢精制、尿素脱蜡
润滑油	溶剂精制、溶剂脱蜡、溶剂脱沥青（包括丙烷脱沥青）、加氢精制、加氢脱蜡、白土精制、酸碱精制
石油蜡	溶剂脱油、酸碱精制、加氢精制、白土精制

3. 油页岩

又叫做油母页岩，是一种高矿物质的腐泥煤，也是一种低热值固态化石燃料，色浅灰至深褐，含有机质和矿物质。油页岩产油率低于 6% 的属贫矿，高于 10% 的属富矿。世界已探明的产油率在 4% 以上的油页岩储量超过已探明的石油储量。油页岩主要是由藻类等低等浮游生物经腐化作用和煤化作用而生成。油页岩主要包括油母、水分和矿物质。油母含量占 10%～50%（干基），是复杂的高分子有机化合物，富含脂肪烃结构，而较少芳烃结构。油母的元素组成主要为碳、氢以及少量的氧、氮、硫，其氢碳原子比为 1.25～1.75。油母含量高，氢碳原子比大，则油页岩产油高。水分为 4%～25% 不等。矿物质主要有石英、高岭土、黏土、云母、碳酸盐岩以及硫铁矿等。

三、天然气

目前，天然气是消费增长最快的矿物燃料。天然气现在占全球商业能源的 23%，其生产在过去的 20 年里增长了约 70%。虽然全球天然气储量估计正在快速地增长，但已发现的天然气储量仍比石油少。1975 年全球天然气储量约为 60 万亿立方米，伴随着新气田的发现、重大技术的突破，以及深海勘探开发技术水平的提高，天然气储量不断增加。2005 年 1 月 1 日，全球天然气储量达 171 万亿立方米，对比 2005 年的消费水平，这一储量可供开采 65 年。世界各地天然气储量如图 3-6 所示。

如表 3-14 所示。天然气资源主要集中在 3 个国家：俄罗斯为 23.4%，伊朗为 16.0%，卡塔尔为 13.8%。他们拥有全世界一半以上的天然气储量。俄罗斯 2008 年的探明储量约为 43.30 万亿立方米，大约是美国储量的 6 倍多。全球 80% 的天然气储量集中在 20 多个国家，而石油主要集中在十几个国家。中东石油产量占世界总产量的 30%，而其天然气产量则仅占全世界的 10%。20 世纪 90 年代末天然气需求以每年 3% 的速度增长。预计 2020 年天然气需求的年增长速度为 2%，而石油为 1.3%。天然气在能源结构中的需求增长势头强劲。

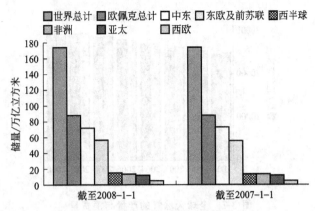

图 3-6　世界各地天然气储量

表 3-14　**2008 年世界天然气探明储量国家排名**（单位：万亿立方米）

排序	国家或地区	2008 年	占全球的份额/%
1	俄罗斯	43.30	23.4
2	伊朗	29.61	16.0
3	卡塔尔	25.46	13.8
4	土库曼斯坦	7.94	4.3
5	沙特阿拉伯	7.57	4.1
6	美国	6.73	3.6
7	阿联酋	6.43	3.5
8	尼尔利亚	5.22	2.8
9	委内瑞拉	4.84	2.6
10	阿尔及利亚	4.50	2.4

资料来源：Oil & Gas Journal。

两次"石油危机"爆发以来，天然气以清洁、高效、供给相对稳定的特点得到了更为广泛的利用。进入新世纪后，世界天然气产量和消费量都呈现出快速增长态势（见图 3-7）。2008 年，虽然金融危机使全球经济受到重创，世界天然气消费量增长较少，出现一定的供过于求，但这并不影响世界天然气发展长期向好的趋势。我国天然气发展的初期，年均增长速率较小（约为 2%），2000 年以后进入快速发展的时期，年均增速为较大（约为 15.8%）。随着世界经济的复苏和发展中国家经济的发展，全球天然气消费量还将进一步提高，甚至有可能引起世界范围内天然气供给短缺（见图 3-8）。国际能源署预测到 2030 年以前，世界天然气工业平均每年需要 1500 亿美元用于基础设施建设，天然气的开发与利用必然会有一个更大更快的发展。

1. 天然气的定义与组成

广义的天然气是指埋藏于地层中自然形成的气体的总称。但通常所称的天然气

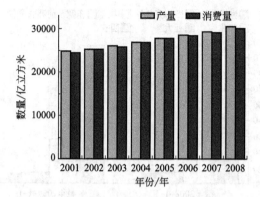

图 3-7　全球天然气的产量与消费量

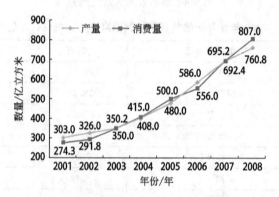

图 3-8　中国天然气的产量与消费量

只是指储藏于地层较深部的可燃性气体（即气态化石燃料），而与石油共生的天然气常称为油田伴生气。天然气产于油田、煤田和沼泽地带，它是古生物经过亿万年高温、高压作用形成的可燃性气体。其主要成分是甲烷，还有少量的乙烷、丙烷、丁烷、异丁烷和戊烷以及微量的高碳化合物和非烃类气体。甲烷的分子结构是由一个碳原子和四个氢原子组成，燃烧产物主要是二氧化碳和水。

$$CH_4 + O_2 \longrightarrow CO_2 + H_2O$$

与其他化石燃料相比，天然气燃烧时仅排放少量的二氧化碳粉尘和极微量的一氧化碳、烃类化合物、氮氧化物。因此，天然气是一种清洁的能源。天然气分类见表 3-15。

表 3-15　天然气的分类

分类	组成	性质	主要用途
干气/贫气	CH_4 含量约 80%～90%	难液化	常作燃料或化工原料
湿气	C_2 以上的为主	加压降温后易液化	常可做裂解燃料

液化天然气（liquefied natural gas，简称 LNG）是天然气在大气压下，冷却至约－162℃时的液态产品，无色、无味、无毒且无腐蚀性，其体积约为同量气态天

然气体积的 1/625，其重量仅为同体积水的 45％ 左右，热值为 $1.05 \times 10^9 \text{J/t}$。将液化天然气从液化厂运往接收站的专用船舶称为 LNG 船（图 3-9），它的储罐是独立于船体的特殊构造。在该船舶的设计中，考虑的主要因素是能适应低温介质的材料和对易挥发/易燃物的处理。船只尺寸通常受到港口码头和接收站条件的限制。目前 125000m^3 是最常用的尺寸，138000m^3 是现有船只中最大的尺寸。LNG 船的使用寿命一般为 35～40 年。液化天然气链见图 3-10。

图 3-9　LNG 船

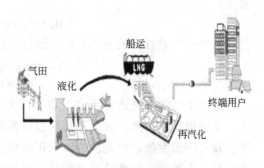

图 3-10　液化天然气链

压缩天然气（compressed natural gas 简称 CNG）是指天然气加压（超过3600 磅/平方英寸）并储存在容器中的气态产品，其组分与管道天然气相同。它可作为车辆燃料利用。液化天然气可以用来制作压缩天然气，这种以压缩天然气为燃料的车辆叫做 NGV（natural gas vehicle）。与生产液化天然气的传统方法相比，这套工艺要求的精密设备费用更低，只需要约 15％ 的运作和维护费用。几年前北京市的"绿皮"公交车，大部分所用的燃料为 CNG。

液化石油气（liquefied petroleum gas，简称 LPG）经常容易与 LNG 混淆，其实它们有明显区别。实际上 LPG 是石油和天然气在适当的压力下形成的混合物并以常温液态的方式存在。LPG 的主要组分是丙烷，还有少量的丁烷。LPG 在适当的压力下以液态储存在储罐容器中，常被用作炊事燃料。在国外，LPG 被用作轻型车辆燃料已有多年。

2. 天然气加工

天然气加工是以天然气为原料生产化学产品的工业，是燃料化工的组成部分。由于天然气与石油同属埋藏地下的烃类资源，有时为共生矿藏，其加工工艺及产品相互有密切的关系，所以也可将天然气化工归属于石油化工。天然气加工过程可分为净化分离和化学加工。

（1）净化分离　包括从地下采出的天然气，在气井现场经脱水、脱砂与分离凝析油后，根据气体组成情况进行进一步的净化分离加工。凝析油是地层中处于高压高温条件下的气藏开采到地面时由于压力和温度降低凝析出的液体产物。

（2）化学加工　包括在高温下进行的天然气热裂解，即天然气中低碳烷烃在高温下吸收大量能量而分解为低碳不饱和烃和氢，甚至完全分解为元素碳和氢的烃类裂解过程。天然气裂解过程比较复杂，主要反应有：

$$2CH_4 \longrightarrow C_2H_4 + 2H_2 \quad C_2H_6 \longrightarrow C_2H_4 + H_2$$
$$C_3H_8 \longrightarrow C_3H_4 + 2H_2 \quad C_3H_8 \longrightarrow C_2H_4 + CH_4$$
$$2CH_4 \longrightarrow C_2H_2 + 3H_2 \quad C_2H_2 \longrightarrow 2C + H_2$$

天然气裂解主要产物为乙炔和炭黑。天然气经蒸气转化或部分氧化可制得合成气（以氢气、一氧化碳为主要组分供化学合成用的一种原料气）。天然气蒸气转化的主要反应为：

$$CH_4 + H_2O \longrightarrow CO + 3H_2$$

这个反应是较强的吸热反应。此外，还有下列反应发生：

$$C_nH_{2n+2} + (n-1)H_2 \longrightarrow nCH_4$$
$$CO + H_2O \longrightarrow CO_2 + H_2$$

这两个反应都是放热反应。由于天然气中只含有很少的二氧化碳、氮气等废气，从保护环境出发，液化天然气被认为是良好的清洁能源之一。随着全球人口的增长和经济的发展，对能源的需求正以惊人的速度增长。化石燃料储量有限，又不能再生，人类面临能源枯竭的挑战。化石燃料在燃烧过程中对环境污染严重，燃烧产物中一氧化碳、悬浮颗粒物直接危害人畜，三苯并芘、四苯并芘等是强致癌物，SO_2、NO_x 会产生酸雨，CO_2 在大气中积聚会引起温室效应。开发利用新的清洁能源是人类生存和社会发展的必然要求。

所谓一碳化学原本是从一氧化碳氢化反应开始的化学，而现在是指以 CO、H_2、CH_3OH、CH_4、CO_2 为主要原料的化学。依据所用催化剂和催化过程不同，所得的合成燃料或化工产品可以多种多样，因此一碳化学又称为创造未来的化学，为能源和化工原料开辟了一个新领域。

弗-托合成已从由 CO 开始拓宽到从甲醇开始，如美国的飞马公司利用新材料沸石催化剂从甲醇开始，直接合成出了主要成分是汽油的产品。甲醇（CH_3OH）可用于制备汽油、乙烯、醋酸、乙醛、乙醇以及单细胞蛋白（SCP），还可用作原料通过催化缩合制烃、催化脱水制 C_2H_4 和 C_2H_6。CO_2 资源丰富，近年来化学家发现，许多配合物及其反应均与 CO_2 有关。例如，丁二烯与 CO_2 形成内酯的产率可达 98%，此外，CO_2 用 H_2 还原可以得到各种产品（乙二醇、甲醛、甲醇、甲烷、甲酸、腈等）。

第三节 新 能 源

一、太阳能

太阳能是一种巨大、无污染、洁净、安全、经济的自然能源。太阳的中心温度为 800 万到 4000 万度，在太阳内部，持续地发生着使氢转变为氦的聚合反应，同时释放出巨大的能量。虽然，太阳辐射的热量只有二十二亿分之一到达地球表面，但每秒钟到达地面的总能量还是高达 8×10^5 亿千瓦（相当于 500 万吨煤）。相当于现在人类所利用的能源的一万多倍，因此太阳能的开发和利用有着广阔的前景。

1. 利用太阳能的历史

对太阳能进行较大规模的研究始于 20 世纪 60 年代初。1961 年，由联合国主持的国际新能源会议在意大利罗马召开，研究太阳能利用是主要议题之一。当时，许多国家已十分重视太阳能利用的研究。后来，由于石油生产迅速，对太阳能的兴趣一度降低。70 年代初开始的影响全球的能源危机再一次激起了对太阳能的热情，许多国家都投入很多的人力和物力进行太阳能利用的研究。但是，20 世纪的 100 年间，太阳能的发展道路并不平坦，人们对其认识差别大，反复多，发展时间长。这一方面说明太阳能开发难度大，发展道路比较曲折，短时间内很难实现大规模利用；另一方面也说明太阳能利用还受矿物能源供应，政治和战争等因素的影响。尽管如此，总体来看，20 世纪取得的太阳能科技进步仍比以往任何一个世纪都大。

2. 太阳能的转换

人类利用太阳能有三个途径：光热转换、光电转换和光化转换。

（1）光热转换——太阳池 早期最广泛的太阳能应用是利用太阳能将水加热，凡是能收集和储存太阳能并作为热源用水的水池叫太阳池。太阳池通常是一种人造的盐水池，池底呈黑色，盐水浓度随池深而增加，能抑制池中的对流作用。经太阳辐射一段时间，池底温度大大高于池面温度。

现今全世界已有数百万个太阳能热水装置。太阳能热水系统主要包括收集器、储存装置及循环管路三部分。利用太阳能作冬天采暖之用，在许多寒冷地区已使用多年。

（2）光电转换——太阳能电池 光电转换即将太阳能转换成电能。目前，太阳能用于发电的途径有二种。一是热发电，就是先用聚热器把太阳能变成热能，再通过汽轮机将热能转变为电能；二是光发电，就是利用太阳能电池的光电效应，将太阳能直接转变为电能。太阳能发电既可应用于公路隧道、飞机、汽车、轮船；也可用于手表、自行车、收音机、冰箱、空调机、电话机、路灯和太阳能建筑物等。其发电优势在于安全、不产生废气，简单易行，只要有日照的地方就可以安设装置，易于实现无人化和自动化，同时因为不包含热能转换过程、不需要旋转机和高温高压等条件，发电时不产生噪声。其不足之处是：太阳照射的能量分布密度小，即要占用巨大面积且获得的能源同四季、昼夜及阴晴等气象条件有关。

日本曾提出的创世纪计划，准备利用地面上沙漠和海洋面积进行发电，并通过超导电缆将全球太阳能发电站联成统一电网以便向全球供电。美国宇航局和能源部在 1980 年也提出在空间建设太阳能发电站设想，准备在同步轨道上放一个长

10km、宽5km的大平板的巨型太阳能板收集太阳的射线并以微波的形式传回地球，设在地面的大型接收器占地面积有70km²，这样便可提供500万千瓦电力。把太阳能转变为电能并把它输入全国电力供应网。

（3）光化转换　光化转换即先将太阳能转换成化学能，再转换为电能等其他能量。目前，太阳能光化转换正在积极探索研究中。该技术主要有如下几种利用形式：①利用太阳能电解水，适当聚集太阳光，产生$2500\sim3000℃$高温；②直接把水分解成氢和氧；③光催化反应：应利用半导体作为基础的催化体系，太阳光直接分解水；④建立于硫-碘循环基础上的热化学过程；⑤"人工叶绿素"制氢气。

3. 利用太阳能技术和发展概况

太阳能利用技术是指太阳能的直接转化和利用的技术。利用半导体器件的光伏效应原理把太阳辐射能转换成电能称为太阳能光伏技术；把太阳辐射能转换成热能并加以利用属于太阳能热利用技术。

（1）太阳能光伏发电技术　在太阳能光伏发电市场方面，截至2008年年底，全球太阳能光伏发电累计总装机容量为0.48GW。仅仅在美国莫哈韦沙漠的8家发电厂总装机容量就达到354MW，占全球总量的绝大部分。这8家发电厂是在20世纪80年代建设的，目前依然在运营中。

（2）太阳能热利用技术

① 太阳能热水器　30多年来，我国各种太阳能热利用技术获得不同程度的发展。其中太阳能热水器技术最成熟、应用最广泛、产业化发展最迅速，是20世纪70年代以来我国可再生能源领域中产业化发展最成功的范例。目前，我国人口约14亿，热水器的户用比例如果能达到10%，热水器总安装量将达到5亿平方米以上。亚太银行专家对我国太阳能热水器的利用作出估计：10%的住宅安装太阳能热水器（2m²/每户），热水负荷的75%由太阳能供给，每年可节约310亿千瓦小时电力（相当于1050万吨标准煤），相当于减少CO_2排放3850万吨。说明太阳能热水器的经济、环境和社会效益非常好。

② 太阳能建筑　我国20世纪70年代开始被动太阳能采暖建筑的研究开发和示范，至今已推广约1000万平方米（建筑面积）。目前被动太阳能房开始由群体建筑向住宅小区发展，如北京市在执行新的节能标准后，采暖负荷仍然比纬度相近的瑞典、丹麦等北欧国家高出近1倍（见图3-11）。我国被动太阳房采暖节能60%～70%，平均每平方米建筑面积每年可节约20～40kg标准煤，蕴含着良好的经济和社会效益。

③ 太阳能热发电　我国有非常丰富的太阳能资源。据不完全统计：我国陆地表面每年接受的太阳辐射能约为$5.0\times10^{19}kJ$，全国各地太阳年辐射总量达335～837kJ/cm²·a（相当于225～285kg标准煤燃烧所发出的热量），中值为586kJ/cm²·a。我国太阳能资源分布按照接受太阳能辐射量的大小，全国可分为5类地区，见表3-16。

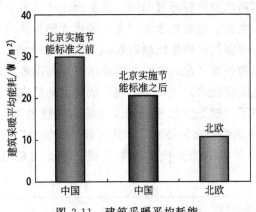

图 3-11　建筑采暖平均耗能

表 3-16　中国不同区域太阳能资源分布情况

类型	地　区	年日照时数/h	年辐射总量/(10^4kJ/cm² · a)
1	西藏西部、新疆东南部、青海西部、甘肃西部	3300～2800	200～180
2	西藏东南部、新疆南部、青海东北部、宁夏南部、甘肃中中部、内蒙古、山西北部、河北西北部	3200～3000	180～140
3	新疆北部、甘肃南部、山西南部、陕西北部、河北东南部、山东、河南、吉林、辽东、云南、广东南部、福建南部、江苏北部、安徽北部	3000～2200	140～120
4	湖南、广西、江西、浙江、湖北、福建北部、广东北部、陕西南部、江苏南部、安徽南部、黑龙江	2200～1400	120～100
5	四川、贵州	1400～1000	100～80

　　我国太阳能光伏电池研究始于 20 世纪 60 年代末，1971 年首次成功应用于第二颗人造地球卫星，1973 年开始地面应用，1979 年开始用半导体工业次品硅生产单晶硅电池。由于光伏电池成本的不断下降，逐步开头了地面市场。1973 年到 1987 年，先后从美国、加拿大等国引进了七条太阳能光伏电池生产线，促进了我国太阳能光伏电池相关技术水平及生产能力的提高。

　　"十五"期间，国家又在"863 计划"、"科技攻关计划"、"973 计划"中，部署了一批提升太阳能光伏电池技术及装备生产能力的重大技术项目。太阳能光伏电池技术水平进入逐步上升的发展时期，大幅度提高了光伏发电技术和产业的水平。通过能源研究开发与示范等工程，加速了太阳能技术和产品的集成开发及太阳能发电产业化，使商业化的光伏电池封装及配套装备规模已达数十兆瓦级。其中非晶硅薄膜电池的规模化生产能力达 10MW，我国成为世界非晶硅薄膜电池主要供应商之一。

　　"十一五"期间，太阳能光伏电池技术水平将进入稳步跃升的发展时期。为突破能源高效开发利用的技术瓶颈，提高资源和能源的综合利用效率，初步缓解制约经济社会发展的能源需求及资源环境问题。国家提出"可再生能源低成本规模化开发利用"等优先发展主题，重点包含了"高性价比太阳光伏电池及利用技术、太阳能建筑一体化技术"等制约可再生能源高效利用的关键技术。《国家"十一五"科学技术发展规划》能源领域"建筑节能关键技术研究与示范"重大项目中，为重点突破太阳能光伏发电关键技术，实现太阳能光伏发电的低成本、规模化及产业化利用，已相继部署实施了"聚光太阳能电池及系统集成技术"、"太阳能光伏发电技术"、"太阳能光电-光热综合利用技术"、"兆瓦级光伏发电"等科技攻关项目。

1980～2008 年中国太阳能光伏电池年装机、累计装机及年度产量如图 3-12 所示。

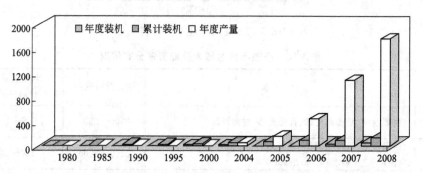

图 3-12　1980～2008 年中国太阳能光伏电池年度装机、累计装机及年度产量/MW

总之，太阳能利用技术和产业已由技术开拓期步入蓬勃发展时代。可以展望，在不久的将来，太阳能发电成本有可能降低到与常规电价相竞争的水平，一个大规模利用太阳能的新时代正在来临。

二、核能

核能（又名原子能）是利用原子核发生变化时释放的能量，是正在迅速崛起的一种新的能源，是 20 世纪人类的一项伟大发现，并已取得了十分重要的成果。1942 年，费米领导几十位科学家，在美国芝加哥大学成功启动了世界上第一座核反应堆，虽然功率仅为 0.5W，但标志着人类从此进入核能时代。此后经过 60 多年的发展，核能已占世界总能耗的 6%。核能的和平利用始于 20 世纪 50 年代，1954 年，前苏联建成电功率为 5000kW 的试验性原子能电站，为世界上首座核电站；1957 年，美国建成电功率为 90000kW 的希平港原型核电站。这些成就证明了利用核能发电的技术可行性。国际上把上述试验性和原型核电机组称为第一代核电机组。20 世纪 60 年代中期，又陆续建成电功率在 30 万千瓦以上的压水堆、沸水堆、重水堆等核电机组，它们在进一步证明核能发电技术可行性的同时，使核电的经济性也得以证明—可与火电、水电相竞争。目前世界上商业运行的 400 多座核电机组绝大部分是在这一时期建成的，称为第二代核电机组。第三代核电机组是在第二代核电机组已积累的技术储备和运行经验的基础上，针对其不足之处进一步采用经过开发验证的新技术，显著改善了安全性和经济性。目前在芬兰、法国、中国建设的 EPR（欧洲压水堆）和 AP1000（先进非能动压水堆）均属于第三代核电机组。第四代核能系统与前三代有本质区别，不仅要考虑用于发电或制氢等的核反应堆装置，还应把核燃料循环也包括在内，组成完整的核能利用系统，其安全性、经济性、可持续发展性、防核扩散、防恐怖袭击等方面都将有显著的先进性和竞争能力。2000 年，以美国为首 10 个有意发展核能利用的国家联合组成了"第四代国际核能论坛"（GIF），目标是要在 2030 年左右建成第四代首堆。表 3-17 列有世界预期的核电反应堆数和核电装机容量。

表 3-17　世界预期的核电反应堆数和核电装机容量

地区/国家	2008 年		2015 年		2020 年		2030 年	
	反应堆数/座	装机容量/MW	反应堆数/座	装机容量/MW	反应堆数/座	装机容量/MW	反应堆数/座	装机容量/MW
北美	124	114351	127	119911	135	129764	150	152569
加拿大	18	12652	20	14152	22	16354	25	21074
美国	104	100367	105	104161	111	111812	121	127247
西欧	130	122681	127	124817	131	134956	125	148840
法国	59	63363	59	64927	60	68170	63	76510
英国	19	10230	15	8816	17	11583	13	13943
德国	17	20379	17	20379	17	20379	11	14193
瑞典	10	9037	10	9347	10	9447	7	8269
东欧	68	47869	78	55265	90	68830	111	96047
俄罗斯	31	21743	40	28797	44	33939	51	43103
乌克兰	15	13195	15	13195	17	15095	19	17535
捷克	6	3619	6	3703	7	4703	8	5703
亚洲和大洋洲	111	82730	149	1184411	186	156814	235	220619
日本	55	47587	56	49807	56	52648	52	55225
韩国	20	17500	26	24020	30	29380	34	35507
中国	11	8602	31	28433	46	44694	72	71994
印度	17	3732	25	7972	37	18362	50	35786
非洲和中东	2	1800	3	2715	9	10415	22	24715
南非	2	1800	2	1800	3	3400	5	6300
南美洲	4	2836	6	4752	7	6202	11	11767
总计	439	372267	490	4259001	558	506981	654	654557

　　进入新世纪，随着对能源需求的增加、核电技术的发展以及对核电产业认识的深入，核电越来越受到希望增加能源供应多样性，保障能源安全的国家青睐，比如，世界上最大的 3 个煤消费大国中国、美国和印度都计划大力发展其核电产业。

根据国际原子能机构（IAEA）的最新统计，世界上共有 436 台核电机组在运行，核电总装机容量近 372GW，满足了世界约 18% 的电力需求，核电已成为目前世界上继火电（占总发电量的 64%），水电（占总发电量的 18%）后的第三大发电方法。世界电力生产中核能的份额变化见图 3-13。目前世界最大的核电站是日本福岛核电站（为沸水堆），总装机容量 8814 万千瓦。世界核能发电居前三位的国家依次是美国、法国和日本，美国拥有 104 个运行反应堆，发电量居世界第一，法国年核能发电占总发电比例是世界第一，而我国仅占 1.2%。尽管迄今核电站主要分布在工业化国家，但是目前正在建设的核电站中主要分布在亚洲、中欧和东欧地区。此外，现有核电站通过采取各种措施减少了发电成本并提高了安全性。

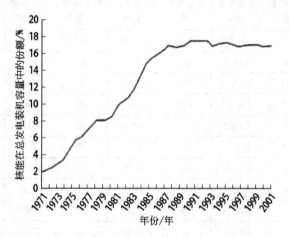

图 3-13　世界电力生产中核能的份额变化

1. 核电的发电原理

（1）核子结合能

原子核集中了原子 99.9% 以上的质量，而直径不及原子直径的万分之一，只有 10×10^{-13} cm，密度约为 2.44×10^{-12} g/cm³。在原子核内如此狭小的空间，都带正电的质子彼此间静电斥力很大，但仍能与质量大致相同的中子聚集在一起，这是什么原因呢？原因在于相邻核子（质子、中子）之间存在着强强相互作用——强核力。当核子因彼此间强核力的吸引作用而紧密结合成稳定的原子核时，会释放出巨大的能量，这种能量叫核子结合能（又称原子能或核能）。

例如：一个 $^4_2$He 原子的实测质量是 4.002604u（原子质量单位），若两个质子、中子（电子的质量忽略不计）为 $(2 \times 1.007826 + 2 \times 1008665)$ 4.032982u，其质量亏损为 0.030378（1u＝1.660566×10^{-24} g），这部分质量亏损将以增加的结合能释放出来。根据 1905 年著名科学家爱因斯坦提出的质能关系式，得到与此质量亏损相当的能量变化是：

$$E = \Delta mc^2 = -0.031 \times 1.661 \times 10^{-27} \times (3.0 \times 10^8)^2 = -4.6 \times 10^{-12} \ (J)$$

该能量即为氦核的结合能（核的生成能等于负的核结合能），故由质子和中子结合成 1mol（约 4g）氦核产生能量为：

$$4.6×10^{-12}×6.02×10^{23}=2.77×10^{12}\ (J)$$

而天然气中 1mol CH_4 燃烧时仅放出 882.8kJ，由此可见核能的巨大。原子核的结合能除以组成该原子核的核子总数 A（即原子的质量数），就得到每个核子的平均结合能。平均结合能愈大，原子核结合愈紧密，核也愈稳定。定性地说，核的稳定性决定于核中的中子数和质子数。最稳定的元素是其中子数等于质子数的元素。增加质子会增大排斥力，增加中子有利于增大结合力。原子能的释放有两个途径（如图 3-14 所示）。

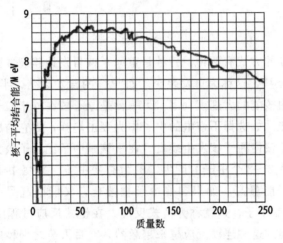

图 3-14　核子结合平均能

曲线左面的轻核聚变成为一个较重核；曲线右面的重核裂变成两个质量中等的核。两种方法都是使平均结合能低的核转变成平均结合能高的核，因此而出现"质量亏损"，均可产生巨大的能量。如图所示，在原子序数 $Z=65$ 以前，核的核子结合能是逐渐增大的（平均为 8MeV），此后核子继续增加时，结合能递降。在曲线中部，30～63 号元素有较大的质量亏损和粒子结合能。中等核的平均结合能最高，而且几乎接近一个常数，其值为 8.6MeV。在轻核区，如将平均结合能小的核聚集变成平均结合能大的核，将会释放出巨大的能量，这就是制造氢弹的原理。在重核区重核（核子数或质量数大于 200）的平均结合能比中等核小。例如铀核的平均结合能约为 7.6MeV。当重核分裂成两个中等核时，平均结合能升高，所以重核裂变时会释放出巨大的能量，这是制造核反应堆和原子弹的理论依据。

（2）核裂变能及其应用

要大规模和平利用裂变能必须满足两个条件：第一，重核裂变要形成链式反应（见图 3-15），第二，链式反应必须是可控的。实现可控链式反应的装置称为反应堆。

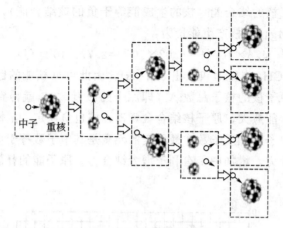

图 3-15 链式反应

重核发生裂变的方式有两种，一种是重原子核自发地碎裂成两个半块，大约释放出 200MeV 的能量，这称为自发裂变。如^{235}U 的自发裂变，半衰期 18×10^{18} 年，其速度太慢不适用核能的大规模利用。另一种是原子核在外来粒子的轰击下发生裂变，称为诱发裂变。如选择不带电的中子作为轰击炮弹，因它与原子核没有库仑作用，容易打进原子核使原子核发生裂变。在重核中中子比质子数大得多，所以在重核裂变时都伴随着 2～3 个中子的产生，称为裂变中子。裂变中子的平均能量比引起裂变反应的中子能量高。如果裂变中子被慢化，又能引起另一个 ^{235}U 核裂变，再放出 2～3 个裂变中子，这就称为链式反应。在链式反应过程中，中子不断地产生。如果不加控制，这种连锁反应越来越激烈，在百万分之一秒内就会把蕴藏在原子核内的巨大能量释放出来。一个铀核裂变的裂变能为 200MeV，而 1g 铀的裂变能相当于燃烧 30t 煤所释放出的能量。假设这么多的能量是在瞬间释放出来的，就会产生相当于 20t TNT 炸药的爆炸威力。

原子弹中的铀被分成两个半球形的小块隔开安放，平时相安无事。当需要爆炸时，用普通炸药引火，使这两个半球形的铀块迅速紧密地合到一起，中子数目突增，马上产生"雪崩式"的连锁反应，在几百万分之一秒时间内放出惊人的能量，温度升至 $5 \times 10^4 \sim 1 \times 10^7$ K，热气体突然膨胀，造成威力极大的爆炸（相当于上万吨 TNT 的能量）。

第二次世界大战期间，美国花费了 20 亿美元，试制了第一批共 3 颗原子弹。1945 年 7 月 16 日在新墨西哥州进行了世界上第一次核试验；代号叫"胖子"和"小家伙"的另两颗原子弹分别于 1945 年 8 月 6 日和 9 日在日本广岛和长崎两地爆炸（图 3-16）。巨大的"蘑菇云"（图 3-17）冉冉升起，霎时昏天黑地，山崩地裂，城市变成一片废墟，伤亡人数达 44.5 万人以上。

^{235}U 核俘获慢中子发生裂变产生碎核、过量中子和大量的能，这个事实使费米等科学家联想到如果能控制中子的数目就可以使裂变反应以合适的速度进行下

图 3-16　美国向日本所投原子弹　　　　　　　　　图 3-17　蘑菇云

去。如果能找到控制中子的办法，中子浓度就可以保持在既使裂变过程不断进行而又不会高得失去控制引起核爆炸的水平，这时就有可能从这样的反应堆中连续取得热能来做有用功。1942 年费米成功地建造了第一座原子反应堆，叫做"原子堆"。原子堆包括：仔细稀释的裂变物质、控制裂变反应的中子减速剂、控制温度的冷却剂和限制辐射的屏蔽装置。在反应堆中设置银—钢—镉合金制成的控制棒能吸收中子，从而控制引起裂变中子的数目。当反应强度过高时，将棒向里插入，中子就可被多吸收，减少引起裂变的中子数目；当反应强度不够时，就把控制棒向外拔出一些，减少吸收。这种自动化的控制棒装置，使链式反应中中子的增长速度得以控制而连续缓慢地释放能量，实现可控链式反应。这就是核电站的工作原理。这种热中子反应堆只能利用天然铀中含量仅占 0.7％的 ^{235}U 做燃料，而天然铀中含量占99.3％的 ^{238}U 没有被利用。若直接利用核裂变时放出的快中子来维持链式裂变反应，就无须将中子减速为热中子，不需要慢化剂。快堆以 ^{239}Pu 为燃料，它每吸收一个快中子可产生 2.45 个快中子，除去一个用于链式反应，还有 1.45 个快中子。如果这些中子被 ^{238}U 吸收，就可以产生 1.45 个新的核燃料 239Pu，即每烧掉一个 ^{239}Pu 原子又可以产生 1.45 个新的 ^{239}Pu，实现了核燃料的增殖。这样的链式反应可使 ^{238}U 的利用率达到 70％。

　　核裂变反应堆有可能产生水污染和放射性污染。废热和由此产生的热污染有可能造成水污染，这是热能发电的固有特征。核反应堆的热污染特别严重，因为它的废热全部都要从冷却水中排出，其防治措施与火力发电厂相同。放射性污染可能来源于反应堆正常运转、意外事故、燃料开采和制备以及废料回收处理等过程。反应堆正常运转过程中产生的放射性是由堆中的冷却剂带出的，但经过净化循环使用处理后，电站排放的放射性可大幅减小，不会对人体产生危害。反应堆不可能达到爆炸的临界质量，故意外事故不可能导致反应堆像原子弹那样爆炸，其最严重的情况是反应堆的冷却系统出现故障，堆内的温度和压力剧增导致设备损坏而产生放射性。

　　为了防止放射性物质的泄漏，核电厂在设计时采用了多道屏障，层层封隔，纵深防御。通常反应堆有三道屏障：第一道屏障为燃料元件包壳，它能够把核燃料裂变产生的放射性物质密封起来；第二道屏障为压力容器（反应堆冷却剂压力边界），设计中有特殊措施防止一回路水泄漏；第三道屏障为安全壳，能承受极限事故的内压、温度剧增和自然灾害等。通过这三道屏障，可保障放射性物质不会泄漏到周围环境中去。另外，为防止反应堆功率急剧上升引起堆芯核燃料熔化等严重事故，反应堆还依托一系列技术保障措施，可靠地控制着反应性。一旦发生系统故障，电脑不仅自动报警，而且还会显示排除故障程序。工作人员只要按照电脑指令排除故障，即可保证放射性物质不会释放到环境中。因此，核电对公众和环境的影响是很小的。如美国三里岛事故中，堆芯被严重破坏，但由于安全壳的良好密封性和屏蔽作用，只有微量的放射性核素释放到环境中去。

但是，1986 年 4 月 26 日，乌克兰境内的切尔诺贝利核电站的第 4 号核反应堆在进行半烘烤实验中突然发生失火发生爆炸。据估算，8 吨多强辐射物质泄漏，尘埃随风飘散，致使俄罗斯、白俄罗斯和乌克兰许多地区遭到核辐射的污染。其辐射量相当于 500 颗美国投在日本的原子弹。从事发到 2006 年，其官方的统计结果共有 4000 多人死亡，但是绿色和平组织根据白俄罗斯国家科学院的数据研究发现，在事发后的 20 年间，切尔诺贝利核事故受害者总计达 900 多万人，其中死亡人数达 9.3 万人，致癌人数达 27 万人。2011 年 3 月 11 日，日本发生里氏 9 级特大地震并引发海啸，导致福岛第一核电站多个机组因冷却水无法进入到反应堆，使堆芯水位下降，核燃料棒露出水面而无法冷却。热量在容器内集积，水在堆芯辐射的作用下分解为氢气和氧气因无法排出而产生爆炸。发生最严重的 7 级放射性物质泄漏（与切尔诺贝利核电站事故等级相同）。产生的辐射不但引起周围 30km 的人逃离，虽然目前还未见造成人员死亡的报告，但已引起全世界对核电站安全的高度关注。

在日常生活中，人们经常受到各种辐射，不同辐射剂量对人体的影响有所不同。在放射医学和人体辐射防护中，人们用西弗（Sv）作为国际单位，1Sv＝1J［辐射能量/公斤，用来衡量辐射对生物组织的伤害（剂量当量）］。西弗是个非常大的单位，因此人们通常使用毫西弗（mSv）、微西弗（μSv），1mSv＝1000μSv。对于日常工作中不常接触辐射的人来说，每年正常的天然辐射（主要是空气中的氡辐射）为 1000～2000μSv。当短时辐射物质摄取量低于 100mSv 时，对人体没有危害。如果超过 100mSv，就会对人体造成危害。100～500mSv 时，没有疾病感觉，但在血样中白细胞数会减少。1000～2000mSv 时，辐射会导致轻微的射线疾病，如疲劳、呕吐、食欲减退、暂时性脱发、红细胞减少等。2000～4000mSv 时，人的骨髓和骨密度遭到破坏，红细胞和白细胞数量极度减少，有内出血、呕吐等症状。大于 4000mSv 时，将会直接导致死亡。在日常生活中，人们坐 10 小时飞机，相当于接受 30μSv 的辐射。

至于核废料的处理，目前，一般分海洋处理和陆地处理两种方法。多数国家采取的是海洋处理方法，即将核废料桶投入到选定海域 4000m 以下的海底去。实验证明，这些核废料桶即使投到 6000m 以下的海底也不会破裂泄漏。万一铁桶在海底破裂了，逸射出海面的剂量也只有人体允许摄入量（每年 100mSv）的一千万分之一，不会给人类带来危害。而且，为了保证安全处理，各国在投放时还要受到国际监督。陆地核废料处理有其相对合理的一面。低放射性废料埋藏在浅层地表中，高放射性废料则埋藏在几千米以下的深层地壳中，通过电流使埋入地下的核废料与周围的泥土熔化，然后冷却凝结成坚硬且渗透性极低类似于天然岩石的物质，保证废料及放射性物质不再外泄。而且，陆地埋藏的核废料中，有些并不适于海洋处理，陆地埋藏的废料一旦需要还可以回收。最近有报道称美国采用超临界流体来溶解有毒的金属，从被污染的材料灰烬中回收富集的铀。德国超低温技术使核废料半衰期缩短，使其在数十年时间内成为无害物质。俄罗斯与以色列利用等离子气体熔融技术，将高的温度与低的辐射能量组合在一起，使废物进行转变等等。核废料虽然已可以实现无害化处理，但废料中的核燃料回收问题迄今未获圆满解决，还有待进一步努力。

（3）核聚变能的应用

释放原子能的另一个有效途径是利用聚变反应。分析图3-14可知，在轻核区核子的平均结合能上升最快，因此轻核聚变释放的原子能巨大。且聚变材料氘在海水中储量丰富，足以满足人类未来上亿年的能源需求。核聚变示意图见图 3-18。

图 3-18　核聚变示意图

聚变反应需在等离子态的高温下发生反应，因此，它又称为热核反应。它是由较轻原子核相遇后聚合为较重的原子核并放出巨大能量的过程。1932 年氢弹爆炸成功，这是人类历史上第一次实现人工核聚变。1967 年，我国氢弹爆炸成功。

$$^2_1H + ^3_1H \longrightarrow ^4_2He + ^1_0n$$

要使核发生聚变，必须使它们接近到 10^{-15} m 的距离，也就是接近到核力能够发生作用的范围。由于原子核都是带正电的，要使它们接近到这种程度，必须克服电荷之间的很大的斥力作用，这就要使核具有很大的动能。用什么办法能使大量的轻核获得足够的动能来产生聚变呢？常规方法是使原子弹发生裂变反应，产生的中子轰击锂并分裂成氚（^{3}H）和氦（He），氚与氘（^{2}H）聚合生成氦并产生巨大的能量：

$$^6_3Li + ^1_0n \longrightarrow ^3_1H + ^4_2He$$

$$^3_1H + ^2_1H \longrightarrow ^4_2He + ^1_0n + 17.6MeV$$

一颗 2 千万吨级氢弹通常装有大约 135kg 的氘化锂和相当数目的钚和铀。每克氘聚变释放能量为 $5.8 \times 10^8 kJ$，大于每克 ^{235}U 裂变时所释放能量（$8.2 \times 10^7 kJ$）。聚变产物是稳定的氦核，没有放射性污染产生，没有难以处理的废料。聚变原料氘的资源比较丰富，且提炼氘比铀容易得多。但反应所需要的温度非常高（$10^9℃$），在地球条件下很难发生聚变反应：

$$^3_1H + ^2_1H \longrightarrow ^4_2He + ^1_0n + 17.6MeV$$

只有在极高的温度（$>4000℃$）的等离子体状态和足够大的碰撞概率条件下上述反应才可能大量发生。实现可作为能源使用的受控热核聚变必须满足两个条件：一是产生并加热等离子体至 $10^9℃$ 的高温，二是能有效约束这一高温等离子体。目前，地球上所有的材料都不能耐受聚变反应的高温。当前研究中的受控热核反应主要有两种方式：一种是磁约束方式，将氘核放置在强磁场中，注入能量后使其升温，由于此时的氘原子将离化为等离子体，这种带电的粒子将在磁场作用下"拐弯"，但不能脱离磁场，从而将等离子体拘束在某一范围内；另一种是惯性约束，不附加任何约束，即仅靠自身的惯性，在极短的时间内维持相对不动，设法使某一氘和氚混合物迅速升温升压，发生反应。实现热核爆炸而释放能量的受控热核反应的研究还在探索之中，相信再过几十年核聚变能一定能成为人类"取之不尽用之不竭"的能源。

2. 中国的核电发展

中国的核反应堆技术始于 1955 年，1958 年由前苏联在中国原子能研究院援建的 10MW 研究性重水反应堆，与我国确定的自行研究设计核潜艇动力堆的任务一起，带动了系列反应堆技术的实验工作。而 1956 年至 1958 年开始兴建的水冶厂、铀同位素分离厂、核燃料元件厂和核燃料后处理厂，则为核电产业的成形奠定了核燃料的基础。经过 50 多年的发展，我国已经建立起了较完备的核工业体系。

秦山核电站　　　　　　　大亚湾核电站　　　　　　　田湾核电站

图 3-19　我国三大核电基地

图 3-19 为我国三大核电基地。我国的核电设计工作虽然从 20 世纪 70 年代末就已经开始，但核电产业的真正起步是 1983 年我国政府制定了发展核电的技术路线和政策，决定重点发展压水堆核电厂，采用"以我为主，中外合作"的方针，引

进国外的先进技术，逐步实现设计自主化和设备国产化，并于 1984 年和 1987 年开始动工兴建浙江秦山核电站和广东大亚湾核电站，1994 年两座核电站正式投入商业运行。随后相继建成了秦山 2 期、秦山 3 期、岭澳、田湾等 4 座核电站。目前还有福建宁德和福清、广东阳江、山东海阳等 12 座核电站在建设之中。核电技术上，从原有单一的压水堆核电站发展起了压水堆、重水堆、钠冷快堆、高温气冷等多种堆型的核电站；在核电站的分布上，也从以前集中在沿海地区开始向内陆地区发展。目前，我国已经积累了核电站运行经验。核电站运行对环境没有产生任何不良影响，且所有在役核电站的年装机容量达到 908 万千瓦，2020 年有望达到 7000 万～1 亿千瓦。但我们必须清楚地认识到，从发电量来看，核能发电仅占我国总发电量的 2%，不仅落后于美、法等发达国家，离 17% 的世界平均水平也相差甚远。从核心技术来看，我们的国产化程度也不很尽人意，如压力容器、主循环泵等设备制造技术，由于没有形成核电设备制造技术的研究整体力量，其制造的国产化进展甚微。但我们有理由相信，在"加快发展"的方针指引下，采取得当的措施，加强整体力量，大力协作，在引进、消化基础上的充分发挥自主创新精神，我国不但会有完全自主制造的关键核电设备、技术和核电站，更一定会成为一个核电强国。

三、氢能

氢是宇宙中最丰富的元素，在地球上无所不在，含量也非常丰富，是自然界存在最普遍的元素。它有能力为全球提供持续的能源供应，据估计，氢构成了宇宙质量的 75%，存储量大，地球上的氢主要以化合物的形态存于水中，而水是地球上最广泛的物质。当技术成熟时，氢气就可以用丰富的水资源来进行制备，故被称为"永远的能源"。

氢能源的经济、社会效益优于其他能源，除核燃料以外，氢的发热值是所有化石燃料、化工燃料和生物燃料中最高的，为 142351kJ/kg，是汽油发热值的 3 倍，酒精的 3.9 倍，焦炭的 4.5 倍；同时，氢能可以减轻燃料自重，增加运载工具的有效载荷，从而降低运输成本；此外，利用氢能源还能够减少温室气体的排放量；而且，氢的利用形式多，利用率高。氢气既可以通过燃烧产生热能，又可以用于燃料电池，或转换成固态，储存于特殊结构材料中，而且消除了内燃机噪声源和能源污染隐患，提高了利用率。

氢能是方便、清洁的能源，燃烧性能好，点燃快，与空气混合时有广泛的可燃范围，3%～97% 范围内均可燃，且燃点高，燃烧速度快。氢气无毒，与其他燃料相比，氢燃烧时最清洁，除生成水和少量氮化氧外，不会产生诸如一氧化碳、二氧化碳、碳氧化合物、铅化物和粉尘颗粒等对环境有害的污染物质，而少量的氮化氧经过适当处理也不会污染环境，燃烧生成的水还可继续制氢，反复循环使用，且产物水无腐蚀性，对设备无损。

因此，当有限的化石能源逐渐减少，氢能源将是当之无愧的能源之星，可以为人类社会的持续发展提供能源支撑。我国氢气年产量已达 800 多万吨，成为仅次于美国的世界第二大氢气生产国。我国的氢能技术正在蓬勃发展，高压水电解技术、稀土合金储氢和火箭用氢发动机技术已达世界先进水平，已经研制出生物制氢等极具潜力的氢能技术，以氢为动力、只排放水而没有尾气排放的燃料电池轿车、燃料电池客车已经研制成功。美国科学家劳温斯在新出版的《自然资本论》一书中预言，下次工业革命将从氢能源开始，氢将是一种既清洁又无污染的理想能源。

1. 氢能的制备

目前主要制氢方法有生物制氢、太阳能制氢和核能制氢。生物制氢主要包括发酵制氢和光合制氢。生物制氢的过程大都在室温和常压下进行，不仅消耗小，环境友好，还可以充分利用各种废弃物。在生物制氢方面，我国走在世界前列，并已于2003 年底在哈尔滨市建立了一个小规模的生物制氢产业化示范基地，日产氢气 600立方米。但生物制氢也存在光能利用率低、产氢量小等缺点，离大规模的工业化生产尚有距离。

利用太阳能制氢主要有光解水制氢和氧化物还原制氢两种方式。大多数学者认为用太阳光分解水是一种最理想的方法，也可能是未来制造氢气的基本方法。地球的水资源极其丰富，太阳能也堪称取之不尽的能源。一旦该制氢技术成熟，将使人类在能源问题上一劳永逸。但是，水分子中氢和氧原子结合的化学键相当稳定，想用光分解水就必须使用催化剂。日本科学家最近宣布研制成了分解水的新型催化剂，在阳光的可见光波段就能把水分解为燃料电池所必需的氧和氢。但这种方法也存在光电转化效率低的问题。

利用核能制氢主要有两种方式：一种是利用核电为电解水制氢提供电力，另外一种是对反应堆中的核裂变过程所产生的高温直接用于热化学制氢。与电解水制氢相比，热化学过程制氢的效率较高，成本较低。

世界上的许多国家，如美国、日本、法国、加拿大都在大力开展核能制氢技术的研发工作。中国在大力开展核电站的建设的同时，也非常重视核氢技术的发展。高温气冷堆能够提供高温工艺热，是最适合用于制氢的反应堆堆型。清华大学核能与新能源技术研究院在国家"863"计划支持下，于 2001 年建成了 10MW 高温气冷实验反应堆，2003 年达到满功率运行。目前 200MW 高温气冷堆示范电站建设已经列入国家重大专项。

2. 氢能源的储存

氢能系统包括制取、储存、运输、利用等方面（图 3-20），大规模利用氢能的关键问题是氢的储存。由于氢的质量小，常温下呈气态，易燃易爆，燃料时又具有分散性和间断使用的特点，因此储存难度较大。

（1）高压气态储存　气态氢可储存于地下库，也可装入钢瓶中。为减小储存体积，必须先将氢气压缩，为此需消耗较多的压缩功。一般一个充气压力为 20MPa的高压钢瓶储氢重量只占 1.6%，供太空用的钛瓶储氢重量也仅为 5%。为提高储

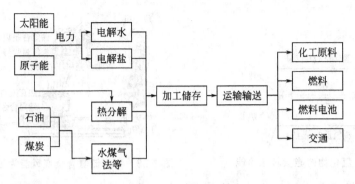

图 3-20　氢能系统简图

氢量，目前正在研究一种微孔结构的储氢装置，其主体是种微型球，微型球的薄壁（$1\sim10\mu m$）充满微孔（$10\sim100\mu m$），氢气储存在微孔中。微型球可用塑料、玻璃、陶瓷或金属制造。

（2）低温液氢储存　将氢气冷却到$-253℃$，即可呈液态，然后可储存在高真空的绝热容器中。液氢储存工艺首先用于宇航中，其储存成本较高，安全技术也比较复杂。高度绝热的储氢容器是目前研究的重点。目前，一种间壁间充满中孔微珠的绝热容器已经问世。这种微珠导热系数极小，颗粒又非常细，可完全抑制颗粒间的对流换热。将部分镀铝微珠（一般约为$3\%\sim5\%$）混入不镀铝的微珠中，可有效切断辐射传热。这种新型的热绝缘容器不需抽真空，其绝热效果远优于普通高真空的绝热容器，是一种理想的液氢储存罐，美国宇航局已广泛采用该容器。

（3）金属氢化物储存　金属氢化物储存是利用氢与氢化金属之间的可逆反应，当给金属氢化物加热时，它分解为氢化金属并放出氢气；反之，氢和氢化金属构成氢化物时，氢就以固态结合的形式储于其中（见图 3-21）。储氢的氢化金属大多是由多种元素组成的合金。目前研究成功的储氢合金大致可分为四类：一是稀土镧-镍系，每公斤镧镍合金可储氢153L；二是铁-钛系，它是目前使用最多的储氢材料，其储氢量是前者的 4 倍，且价格低、活性大，还可在常温常压下释放氢，使用方便；三是镁系，它是吸氢量最大的金属元素，但需要在 287℃ 下才能释放氢，且吸收氢分解缓慢，因而使用上受限制；四是钒、妮、锆等多元素系，这类金属本身属稀贵金属，因此只适用于某些特殊场合。金属氢化物储氢的主要问题在于储氢量低、成本高、释氢温度高。因此，进一步研究氢化金属本身的化学物理性质，寻求更好的储氢材料等，仍是氢能开发利用中值得注意的问题。图 3-22 为利用储氢合金变风能为热能的系统。

氢是一种理想的、新的含能体能源，目前液氢已广泛用作航天动力和交通方面的燃料。如目前在冰岛、日本、中国、德国和美国等国家，在氢能交通工具商业化领域已经出现了激烈的竞争。氢能在小汽车、卡车、公共汽车、出租车、摩托车和商业船上的应用已经成为焦点。但氢能的大规模商业应用还有许多问题有待解决，

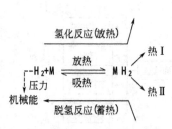

图 3-21 氢化物的能量转化功能

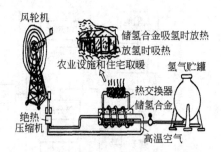

图 3-22 利用储氢合金变风能为热能的系统

如廉价的制氢技术、安全可靠的储氢和输氢方法以及投资巨大的氢供给公用设施等。氢经济的目标是取代现有的石油经济体系，并达到环保要求。然而，很多氢设备要大量使用才有成本效益，若不先装设这些昂贵设备，则根本无法吸引大家使用，也就不会有相关产业。因此，如何过渡到氢能时代是氢经济的研究课题，其关键是成本问题，尤其是氢气的储存成本，但相信不久的将来，氢能源的使用成本会随着人类的研究大大降低，氢经济的时代一定会到来。

四、生物质能

生物质能指的是从生物质转化产生的能量，是一种无限的再生能源，也是一种有发展前途的新能源。在生物质能中，有薪炭林、沼气、海藻植物等。根本来说，煤炭、石油、天然气和泥炭都属生物质能。

世界全部生物质存量约为 1.9 万亿吨，每年新产生的生物质约为 1700 亿吨，折算成标准煤 850 亿吨或油当量 600 亿吨，约相当于 2007 年全球一次能源供应总量的 5 倍。热带雨林地区的平均净初级生产率达 $2.2 kg/(m^2 \cdot a)$，是地球上生物质生产率最高的生态系统类型。地球陆地面积仅相当于地球总面积的 29%，但陆地的生物质产量占地球全部生物质产量的比重为 68%，远高于海洋所占的比重。

全球生物质能资源量如表 3-18 所示。

表 3-18　全球生物质能资源量

类　型	面积 /×10^6 km^2	平均生物量 /[kg/(m^2 · a)]	生物质存量 /亿吨	最低更替率/a
热带雨林	17.0	45.000	7650.0	20.50
热带季雨林	7.5	35.000	2625.0	21.88
热带常绿林	5.0	35.000	1750.0	26.52
热带落叶林	7.0	30.000	2100.0	25.00
寒带森林	12.0	20.000	2400.0	25.00
地中海型开放森林	2.8	18.000	504.0	24.00
沙漠和半沙漠灌木林	18.0	0.7000	126.0	7.78
极端沙漠、砾漠、岩漠或冰原	24.0	0.020	4.8	6.67

类　型	面积 /×10⁶km²	平均生物量 /[kg/(m²·a)]	生物质存量 /亿吨	最低更替率/a
耕地	14.0	1.000	140.0	1.54
沼泽	2.0	15.000	300.0	7.50
草原和草地	37.7	3.008	1134.0	4.72
溪流和湖泊	2.0	0.020	0.4	0.08
大洋	332.0	0.003	10.0	0.02
涌升流地带	0.4	0.020	0.1	0.04
大陆架	26.6	0.010	2.7	0.03
藻床和珊瑚礁	0.6	2.000	12.0	0.80
河口和红树林	1.4	1.000	14.0	0.67
合计	510.0	3.680	18772.9	11.02

1. 生物质能的来源

生物质能的来源是太阳辐射能（图 3-23）。射到地球上的太阳辐射能的 0.024％被绿色植物的叶子捕获，叶子通过叶绿素进行光合作用，将二氧化碳和水相结合形成烃类化合物和氧。太阳辐射能就变成了植物体内的烃类化合物等有机物质的化学能。植物体在燃烧时便释放出大量的热能。

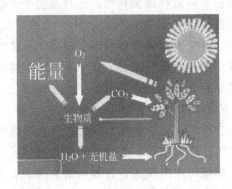

图 3-23　生物质能来源

$$6CO_2 + 6H_2O \xrightarrow[\text{叶绿素}]{\text{太阳辐射}} C_6H_{12}O_6 + 6O_2$$

在目前世界能源的消费总量中，生物质能约占 14％。地球上（包括陆地和海洋）的植物是一个巨大的能源库。据推算，地球上每年由植物固定的太阳辐射能是目前全世界年能耗总量的 10 倍。

2. 能量转换效率

特定植物种属的生物质能的适合性取决于其把太阳能转换成储存的化学能的效率。与大多数其他能量转换方法相比，光合作用效率通常十分低，照射到地球表面的所有太阳能只有很小一部分储存在植物物质中。

3. 利用的主要途径

把生物质资源变成生物质能，需要借助技术手段。主要技术有燃烧、气化、沼气、压缩成型技术和生物乙醇等。

(1) 直接燃烧技术　主要应用于农村地区。通过改进农村现有的炊事炉灶，可以提高燃烧效率（大约在 20% 左右）。截止到 2004 年底。我国农村地区已累计推广省柴节煤炉灶 1.89 亿户，极大缓解了农村能源短缺的局面。此外，生物质燃烧所产生的能源还可应用于工业过程、区域供热、发电及热电联产等领域。我国每年有 6 亿吨左右的农作物秸秆利用它作为生产用燃料，进行生物质发电或热电联产是近年提出的新技术，这既有效提高了生物质能源转换效率，又解决了秸秆浪费、污染的问题。

(2) 沼气技术　沼气是有机物质在厌氧条件下，经过微生物发酵生成以甲烷为主的可燃气体。沼气发酵过程可分为两个阶段，即不产甲烷阶段和产甲烷阶段。一般情况下，有机物质在厌氧条件下，经过微生物发酵会产生三种物质，一是沼气，以甲烷为主，是一种清洁能源；二是消化液（沼液），含可溶性氮、磷、钾，是优质肥料；三是消化污泥（沼渣），主要成分是菌体、难分解的有机残渣和无机物，是一种优良有机肥，并有土壤改良功效。可以说，沼气的生成物有很高的应用价值和经济价值。

我国每年要产生两亿多吨的林地废弃物，还有我们十三亿人口，还有牲畜，要产生五亿多吨的生活垃圾，特别是粪便等，这些大量的有机物都是废弃物污染环境，如果我们变废为宝，将它变成能源就可以产相当于三亿吨的标准煤的能量。现在我们国家正在大力推广农村的沼气工程。近年来，对农村沼气建设给予了强有力的持续支持和投入。截止到 2004 年底，我国已有 1540 多万农户使用上农村沼气，每年产沼气 55.7 亿立方米，在全国建有 13.7 万处生活污水净化沼气池，处理公厕、医院等公共场所等生活污水 5.1 亿吨。同时，各地因地制宜地整合太阳能、沼气技术以及种植业、养殖业产业结构，实践性地探索出一系列适合我国农村地区推广应用的小规模庭院式的能源生态模式。在我国北方地区，有 48 万多户农民正在使用"四位一体"能源生态模式。

(3) 气化技术　秸秆气化集中供气是我国在 20 世纪 90 年代发展起来一项技术。该技术是以农村量大面广的各种秸秆为原料，在高温条件下通过热化学反应将生物质中可燃的部分转化为可燃气的过程（图 3-24）。该技术可以向农村用户供应生活燃气用于炊事和取暖。我国生物质气化集中供气系统供气站保有量 525 处，年产生物质燃气 1.82 亿 m^3。同时，利用气化技术，将生物质转变成可燃气体，经净化后还可作为燃料产生机械能驱动发电机发电。

(4) 压缩成砸技术　简单地说，就是利用木质素充当黏合剂将松散的秸秆、树枝和木屑等农林废弃物挤压成固体燃料，提高了其能源密度，相当于中等烟煤，可

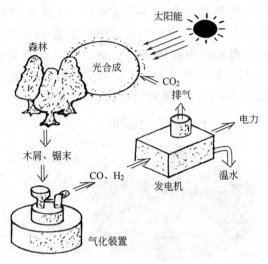

图 3-24　木材的气化装置

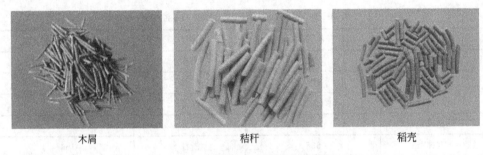

木屑　　　　　　　　　秸秆　　　　　　　　　稻壳

图 3-25　压缩成型出的生物质燃料

明显改善燃烧特性。这是生物质预处理的一种方式，图 3-25 为压缩成型出的生物质燃料。

（5）生物液体燃料　生物液体燃料是以生物质为原料生产的液体燃料，如生物柴油、乙醇以及二甲醚等，可以用来替代或补充传统的化石能源。我国已经颁布了《变性燃料乙醇》和《车用乙醇汽油》两项产品的国家标准。有关部门正在组织科研单位和专家开展甜高粱茎秆制取燃料乙醇的项目，建立了甜高粱种植、甜高粱茎秆制取燃料乙醇加工的基地，并已经达到一定的生产规模。我国开展生物柴油的研发已有成果，如利用菜籽油、棉籽油、乌桕油、木油、茶油和地沟油等原料小规模生产生物柴油，南方已建有产业。近年来，为了不与食用油和工业用油争原料而开发了麻风树果实、黄连木籽等作原料制取生物柴油技术，初步具备了商业化发展的条件。

五、风能

如图 3-26 所示，2007 年世界风能电机装机总量前 10 名的国家是：美国、西班牙、中国、印度、德国、法国、意大利、葡萄牙、英国和加拿大，这 10 个国家总装机量为 81104MW。世界装机总量 94112MW，中国位居第 3 位，总装机量 6050MW，占总装机量的 6.4%，十个国家总装机量为 81104MW，占总装机量的 86.2%。从省区来看，内蒙古为我国风能富集区，其次为新疆和黑龙江（见表 3-19）。2007 年 6 月。国务院审议通过了《可再生能源中长期发展规划》，2010 年我国风电装机达到 500 万千瓦，2020 年要达到 3000 万千瓦。

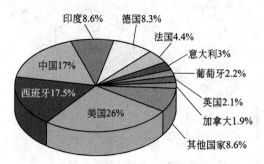

图 3-26　2007 年世界风能电机装机总量

表 3-19　我国部分省（自治区）风能资源

省区	风能资源/$\times 10^4$kW	省区	风能资源/$\times 10^4$kW
内蒙古	6178	山东	394
新疆	3433	江西	293
黑龙江	1723	江苏	238
甘肃	1143	广东	195
吉林	638	浙江	164
河北	612	福建	137
辽宁	606	海南	64

六、海洋能

我国潮汐电站建设始于 20 世纪 50 年代，曾经有 76 座，80 年代还有 8 座，目前仅剩浙江江厦、海山和山东白沙等 3 座尚在运行。其中江厦潮汐试验电站最大，装机容量 3200kW，全球排名第三。海流（潮流）能、温差能处于研发试验阶段；波浪能发电技术研发获得了较快发展，并在沿海航标中小规模应用；海洋太阳能利用比较薄弱，仅个别海岛采用了太阳能路灯照明装置；海洋能开发利用发展迅速，长山岛、长岛、嵊泗、岱山岛、大陈、平潭、东山岛、南澳岛均建有风力发电厂，但发电机组国产化率不到 30%，主要依靠国外设备和技术。

七、地热能

地热能是一种清洁的能源，每年从地球内部喷出或爆发出的热量大约相当于 1000 亿桶石油燃烧所放出的热量。在地球上所有能源中，地热能仅次于太阳能，排第二位。仅地球表层 10km 厚的一层，就可满足人类近百万年的能量需要。地热

发电厂的 NO_2 排放为零，SO_2 排量很少，CO_2 排量微乎其微，与化石燃料发电厂相比可以大大幅减少温室气体排放，从而产生极好的环境效益。另外，一个使用寿命达 30 年的大型地热发电厂占地面积只有 400m^2，同传统发电厂相比，大幅节约用地。我国高温地热资源主要分布在滇、藏、川西一带（喜马拉雅地热带或滇藏地热带）及台湾。据中国能源研究会地热专业委员会 1999 年资料，在喜马拉雅地热带共有高温地热系统 255 处，总发电潜力为 5800MW/30a。

地热能的利用主要分为地热发电和直接利用两类。目前，人类利用地热发电已达 43756GWh/a，地热的直接利用 36910GWh/a，但据估计人类利用地热发电的潜力可达 12000TWh/a。中国是一个地热资源丰富的国家，我国地热资源占全球的 7.9%，总能量为 11×10^6EJ/a。高温地热资源（热储温度 $\geqslant$150℃）主要分布在藏南、滇西、川西以及我国台湾省，中低温地热资源几乎遍布全国各省市自治区。我国进入规模型地热开发起步较晚，地热发电始于 20 世纪 70 年代初，利用低温地热水发电的小型试验电站大都停产，只有在西藏地热发电得以发展。最大的西藏羊八井地热电站装机 2.5 万千瓦。约占拉萨电网全年供电量的 40%，冬季超过 60%。截止 2002 年 5 月共发电 16 亿度。据中国能源研究会地热专业委员会 1999 年资料，在喜马拉雅地热带共有高温地热系统 255 处，总发电潜力为 5800MW/30a，发电成本较低，约为 0.2~0.3 元/kWh，具有较强的商业竞争力。近年来我国地热水直接利用总量已超过日本跃居世界首位。目前世界上有 20 多个国家建有地热发电站，总装机容量超过 843.8 万千瓦。我国地热发电装机在世界地热发电国家中排名第 14 位。利用中低温地热资源进行发电从目前来看，虽然还存在一定困难，但对地热资源进行直接开发利用却有广阔的前景（其热能利用率可超过 50%）。同时，采用热泵会大大地拓宽地热的应用领域，使地热资源的开发利用量得到极大的提升。在我国中低温地热水直接利用方式中，供热采暖占 18%，医疗洗浴与娱乐健身占 65.2%，种植与养殖占 9.1%；其他占 7.7%。地热供暖主要集中于北京、天津、西安、郑州、鞍山等大中城市以及北方石油开采区的城镇。开采 60~100℃ 地热水为楼宇供暖，全国目前已建温泉地热水疗养院 200 余处，公共温泉浴池和温泉游泳池 1600 处，突出医疗利用的温泉浴疗有 430 处。全国现共有地热温室（或大棚）133 万平方米，主要种植高档瓜果、蔬菜、食用菌、花卉以及育秧。全国建有地热养殖场约 300 处，鱼池面积约 445 万平方米，养殖罗非鱼、鳗鱼、甲鱼、青虾、牛蛙、观赏鱼等以及鱼苗越冬。地热水在工业方面的利用主要集中于印染、伴热输石油、烘干等方面。我国浅层地热能的开发利用起步较晚，20 世纪 90 年代开始尝试应用地源热泵技术，进入 21 世纪以后在全国普遍推广，其中以京津地区发展最快，到 2004 年底，北京已有 420 万平方米的建筑物利用地源热泵系统供暖（冷），使用单位已有 200 余家，已完成的最大单项工程供暖（冷）面积达十几万平方米。

地热资源是一种可再生的清洁能源，在我国十分丰富、分布广泛、浅层地热能随处可取，它作为新能源大家族中的成员是最容易利用的。从能源角度看，促进新能源的发展不仅符合世界能源利用的潮流，也是我国现阶段能源产业结构优化调整的需求。只要我们适时抓住机遇，调整政策，加大推进力度，我国地热能发展前景将极为广阔。表 3-20 为我国地热站装机容量。

表 3-20　我国地热站装机容量

地点	名称	机组数	装机容量/MWe
西藏	羊八井	25.18	"ORMAT"模块机组
	那曲	1	1
	朗久	2	1
广东	丰顺	1	0.3
湖南	灰汤	1	0.3
	清水	1	3
台湾	土场	1	0.3
总计			32.08

第四节　未来能源的发展

据有关机构研究，由于经济发展和人口增长的驱动，全世界能源需求量将以年均 1.6％的增长率增长，世界能源需求量将从 2005 年的 2.05×10^8 桶油当量的水平增加到 2030 年的 3.35×10^8 桶油当量。到那时全世界所需要的能源量会比 2000 年多 60％以上。预计世界人口将从 2000 年的 60 亿增长到 2030 年的 80 亿。在新增人口中，有 90％以上都将在发展中国家，发展中国家的能源需求增加量将占全球能源需求增加量的 80％左右。石油、天然气和煤仍将是主导能源，约占总可用能源份额的 80％。虽然有很多发达国家现已进入了原子能时代，但煤仍然是满足发展中国家日益增长需求的至关重要的能源。

但是，地球上的石化能源终究是有限的，如同只伐树而不植树，森林也会变成荒原一样。如此大量的消费，世界的石化能源资源将会枯竭。现在世界能源消费以石油换算约为 80 亿吨/年，即使按 40 亿人计算，平均消费量为 2 吨/人·年。以这种消费速度，到 2040 年，首先石油资源将出现枯竭；到 2060 年，核能及天然气资源也将终结。地球的石化能源将无法满足人类的能源需求，能源紧缺的时期将会很快到来。因此，新能源的开发与利用，已不再是一个将来的话题，而是关系人类子孙后代、刻不容缓的一件大事。

面对以上挑战，未来世界能源供应和消费将向多元化、清洁化、高效化、全球化方向发展。

（1）多元化　世界能源结构现在正在向以天然气为主转变，同时，水能、核

化学与人类生活

能、风能、太阳能也正得到更广泛的利用。可持续发展、环境保护、能源供应成本和可供应能源的结构变化决定了全球能源多样化发展的格局。天然气消费量将稳步增加，在某些地区，燃气电站有取代燃煤电站的趋势。未来，在发展常规能源的同时，新能源和可再生能源将受到重视。

(2) 清洁化　随着世界能源新技术的进步及环保标准的日益严格，未来世界能源将进一步向清洁化的方向发展。不仅能源的生产过程要实现清洁化，而且能源工业要不断生产出更多、更好的清洁能源，增加其在能源总消费中的比例。要降低煤炭所占的比例而增加天然气所占的比例，同时，发展洁净煤技术（如煤液化技术、煤气化技术、煤脱硫脱尘技术）、沼气技术、生物柴油技术，进一步发展核电、水电和风能，以增加能源的高效、清洁。

(3) 高效化　世界能源加工和消费的效率差别较大，发展中国家的能源强度预计是发达国家的 2.3～3.2 倍。由此可见，世界的节能潜力巨大，能源利用效率提高的潜力巨大。随着世界能源新技术的进步，未来世界能源利用效率将日趋提高，能源强度将逐步降低。

(4) 全球化　由于世界能源资源分布及需求分布不均衡，世界各个国家和地区已经越来越难以依靠本国的资源来满足其国内的需求，越来越需要依靠世界其他国家或地区的资源供应，世界贸易量将越来越大。世界原油交易量预计 2020 年将达到 4080 万桶/天，2025 年达到 4850 万桶/天。世界能源供应与消费的全球化进程将加快，世界主要能源生产国和能源消费国将积极加入到能源供需市场的全球化进程中。

总而言之，能源是人类社会生存和发展的重要物质基础。能源利用的每一次重大进步都推动了经济社会发展，能源的承载能力也同时制约着经济社会的发展速度、结构和方式。20 世纪及之前的 100 年时间里，占世界人口 15% 的发达国家相继完成了工业化，但其能源和矿产资源消费量占同期全球的 60% 和 50%。21 世纪或者更长的时期，占世界人口 85% 的发展中国家将加快推进工业化和现代化进程。在能源资源消耗大且日趋紧缺的历史时期，如何解决日益严峻的人口、资源、环境与工业化加快、经济快速增长的矛盾，是人类发展需要共同回答的问题。

因此，人类应顺从历史发展趋势，借鉴历史经验，不能以浪费资源和污染环境为代价，走经济效益好、科技含量高、资源消耗低、环境污染小的能源科学发展道路。努力构筑稳定、经济、清洁、安全的能源供应体系，以能源的可持续发展支持经济社会的可持续发展。

参考文献

[1] 孙万儒. 人类如何面对能源危机 [J]. 科普报告. 2010, 01.

[2] 江怀友，赵文智，张东晓等. 世界天然气资源及勘探现状研究 [J]. 天然气工业. 2008, 28 (7): 12-16.

第三章　化学与能源

[3] 杨莉.近年来世界石油储量及新增储量来源分析 [J].国土资源情报.2006,（7）：15-19.

[4] 孟浩,陈颖健.我国太阳能利用技术现状及其对策 [J].中国科技论坛.2009,（5）：96-101.

[5] 韦东远.我国太阳能光伏产业发展现状与趋势 [J].中国科技成果.2009,10 (18)：4-10.

[6] 倪维斗,陈贞,李政.我国能源现状及某重要战略对策 [J].中国能源.2008,30 (12)：5-9.

[7] 江怀友,钟太贤,宋新民等.世界天然气资源现状与展望 [J].中国能源.2009,31 (3)：40-42.

[8] 王会勤,杨慧玲,梅世秀等.绿色能源植物的研究进展 [J].安徽农业科学.2009.37 (13)：6056-6058.

[9] 闫强,于汶加,王安建等.全球地热资源述评 [J].可再生能源.2009,27 (6)：69-73.

[10] 邓隐北,熊雯.海洋能的开发与利用 [J].可再生能源.2004,（3）：70-72.

[11] 李景明.生物质能现状与发展 [J].知识就是力量.2005,（11）：14-17.

[12] 黄园淅,张雷,程晓凌.世界能源产消与流动分析 [J].世界地理研究.2009,18 (1)：27-32.

[13] 欧阳子,江达升.国际核能应用及其前景展望与我国核电的发展 [J].华北电力大学学报.2007,34 (5)：1-4.

[14] 林燕.世界核电发展及铀供需形势 [J].新能源技术专题.2010,6,55-58.

[15] 郑明光,叶成,韩旭.新能源中的核电发展 [J].核技术.2010,33 (2)：81-84.

[16] 邵栋.氢能-21世纪的新能源 [J].安徽科技 2010,1：55-56.

第四章 化学与材料

第一节 材料概述

材料是用于制造物品、器件、构件、机器或其他产品的化学物质。材料科学的发展十分迅速，它是物理、化学、数学、生物、工程等一级学科交叉而产生的新的学科领域。它具有十分鲜明的应用目的，是人类进行生产的最根本的物质基础，也是人类衣、住、行及日常生活用品的原料。

材料与能源、信息构成现代文明的三大支柱，其中材料显得尤为重要。因为能源和信息科学的发展又依赖于材料科学的发展，材料科学与技术是 21 世纪各国争先研究的领域，先进材料科技的范围不断扩大，其中材料的分子设计、纳米材料、仿生、计算机材料及相关的合成、加工技术等均十分活跃。以能源为例，无论是化石能源的清洁生产与高效应用、还是核能的不断开发、再生能源（特别是太阳能）的利用以及节能先进技术的建立，材料都是瓶颈和关键。

一、材料的发展史

中华民族具有 5000 年的历史，历史学家根据当时有标志性的材料将人类社会划分为石器时代、青铜器时代、铁器时代、钢铁时代等。因此材料发展的历史从生产力的侧面反映了人类社会发展的文明史。

1. 石器时代

石器时代分为旧石器时代和新石器时代。旧石器时代可追溯到公元前 10 万年左右，那时的原始人类用天然的石、木、竹、骨等材料作为狩猎的工具，生产效率很低；公元前 6000 年，人类发明了火，掌握了钻木取火的技术，不仅可以热食、取暖、照明和驱兽，还可以烧制陶器。陶器的发明和应用，创造了新石器时代的仰韶文化。在制陶技术的基础上又发明了瓷器，实现了陶瓷材料发展的第一次飞跃。

（1）旧石器时代　在旧石器时代，人类在体质演化上经历了直立人阶段、早期智人阶段和晚期智人阶段；体态由猿人向现代人逐渐进化，脑容量不断增加。整个旧石器时代都以打制石器作为标志。打制石器由简单、粗大（图 4-1），向规整、细小发展，石器的种类不断增多，变化速度逐渐加快。旧石器时代晚期还发明了骨器磨光技术和骨针（图 4-2）。在旧石器时代晚期，晚期智人的思维得到了突飞猛进的发展，人类社会出现了宗教和艺术。从直立人使用火、控制火，到晚期智人发明人工取火，也是人类历史上的一个重大进步，为陶器的烧制创造了条件。

  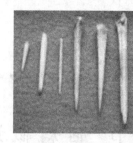

图 4-1　三棱厚尖状石器　　　　图 4-2　骨针　　　　　图 4-3　彩陶艺术

（2）新石器时代　新石器时代前期（约 1 万年前至 5 千年前），氏族集团日益扩大，并营建了规模很大的聚落，人们的宗教信仰日益发展。仰韶文化居民创造的彩陶艺术（如图 4-3），展现了他们的创造力。犁耕技术开始出现，农作物的品种和产量均大有增加。手工业分工及其技术均有发展，人们已掌握冶铜技术。

2. 青铜器时代

人们在大量地烧制陶瓷的实践中，熟练地掌握了高温加工技术，并利用这种技术来烧炼矿石，人们炼出了铜及其合金——青铜，这是人类社会中最早出现的金属材料，它使人类社会从新石器时代转入青铜器时代。从我国出土的大量古代青铜器表明，中国历史上曾有过灿烂的青铜文化。有代表性的青铜器有司母戊鼎、越王勾践的宝剑、青铜编钟（图 4-4）。

图 4-4　曾侯乙编钟　　　　　　　　图 4-5　战国时凹形铁锄

3. 铁器时代

铁器时代是人类发展史中一个极为重要的时代。人们在冶炼青铜的基础上逐渐掌握了冶炼铁的技术之后，迎来了铁器时代。铁器坚硬、韧性高、锋利，胜过石器和青铜器。铁器的广泛使用（图 4-5），使人类的工具制造进入了一个全新的领域，生产力得到极大的提高。铁器在农业中的广泛应用，推动了以农业为中心的科学技术日益进步，农业生产力得到了空前的发展，并促使奴隶社会解体和封建社会兴起。

4. 钢铁时代

18世纪瓦特发明了蒸汽机，引发了产业革命，小作坊式的手工操作被工厂的机械操作所代替，生产力得到了极大地提高。工业的迅猛发展迫切要求发展铁路、航运。社会经济的发展促进了以钢铁为中心的金属材料大规模的发展，有力地摧毁了封建社会的生产模式，萌发了资本主义社会。

5. 工程塑料时代

第二次世界大战后各国致力于恢复经济，发展工农业生产，对材料提出了质量轻、强度高、价格低等一系列新的要求。合成高分子材料应运而生，具有优异性能的工程塑料部分地取代了金属材料。合成高分子材料的问世是材料发展中的重大突破，以金属材料、陶瓷材料和合成高分子材料为主体，形成了完整的材料体系，材料学科得到前所未有的发展。

6. 新材料技术时代

进入20世纪80年代以来，世界范围内，高新技术迅猛发展，各国在生物技术、信息技术、空间技术、能源技术、海洋技术等高技术领域不断发展。而发展高新技术的关键是材料，因此新型材料的开发是一种高新技术，称为新材料技术。其标志技术是材料设计，即根据需要来设计具有特定功能的新材料。图4-6为微型硅芯片。材料的重要性已被人们充分地认识，能源、信息、材料已被世人公认为当今社会发展的三大支柱。

图4-6 微型硅芯片

二、化学与材料

化学是在原子、分子水平上研究物质的组成、结构、性能、变化及应用的科学。经过数百年的努力，化学家开发和合成了许多化合物，两者的总和已达到2000多万种，而且还在以平均每天增加7000多种的速度递增。这些化合物成为了当今五彩缤纷世界的物质基础。同时，它也为材料的选择提供了丰富的来源，所以可以毫不夸张地说，化学是材料发展的源泉，人类生活在一个化学世界中。

材料科学的发展为化学研究开辟了一个新的领域，例如高分子化学与高分子材料的发展。第二次世界大战后，高分子化学蓬勃发展为高分子材料的发展打下了基础，合成出各种工程塑料、合成纤维、合成橡胶等。为了适应社会经济和高技术发展的需要，对研制具有特殊性能的功能高分子材料甚为迫切，这对高分子化学提出了新的要求，促进了高分子化学的发展。总之，化学与材料科学保持着相互依存、相互促进的关系。

三、材料的分类及特点

材料的分类方法很多，既可以从化学组成、性质和特点分，也可以从物理效应和性质分；既可以从材料的结晶状态、尺寸和物理性质分，也可以根据用途、性能和应用习惯和领域分。如若按化学成分，可分为金属、非金属材料、高分子和复合材料等（表 4-1）。若按用途分，可分为建筑、能源、生物、电子、航空航天和核材料等。但若按性能分，可分为结构材料（力学和理化性质）和功能材料（热、光、电、磁等性能）。结构材料主要应用于机械制造、工程建设、交通运输和能源等各工业部门；功能材料则用于电子、激光、通讯、能源和生物工程等许多高新技术领域。若按研制的先后分可分为传统材料和新型材料。若按应用领域又可分为按用途分为电子材料、电工材料、光学材料、感光材料、耐酸材料、研磨材料、耐火材料、建筑材料、结构材料、包装材料等。

表 4-1 材料的分类

	类型	举例
材料分类	金属材料	金属结构材料、金属功能材料
	非金属材料	陶瓷、特种玻璃、非金属功能材料
	高分子材料	塑料、橡胶、纤维
	复合材料	聚合物、金属基、无机物、纤维增强复合材料

第二节 金属材料

进入工业社会以后，金属材料是人类用得最早、也是用得最多的材料。作为结构材料，开始几乎全是铁和钢，20 世纪初出现了以硬铝为首的铝合金；50 年代起又出现只有钢一半重、耐热性比钢好而强度不低于钢的钛合金；直到现在，作为结构材料的金属材料，主要仍是钢（铁的合金）、铝合金、钛合金，但它们的品种层出不穷，性能日益完善。

一、金属概述

迄今为止，已知的化学元素有 119 种（分别是 1～116 号元素、118 号元素、120 号元素、122 号元素）。其中金属有 89 种（非金属有 18 种，准金属 8 种）。金属从 95 号元素以后均为人工方法合成。金属的许多优异性能来源于金属的内部结构，结构决定性质，性质反映结构。

1. 金属的性质

金属具有导电性、导热性、延性、展性等性质。其导电性是由于金属晶体中存在着自由电子，在有电势差存在的情况下，自由电子产生定向运动形成电流；导热性是因为当金属中存在着温差时，金属晶体中的自由电子与其晶格结点上振动的离子相互碰撞而进行能量交换，从而达到能量传递的目的；延性是指物体具有受到拉力作用时延伸成为细长的金属丝而不断裂的性质。例如最细的白金丝直径为 1/5000mm；展性即物体受锤击，捶打展成金属薄片而不破坏其性质。例如最薄的金箔只有 1/10000mm 厚,这是由于金属在受到外力作用时,其金属原子内层之间容易发生相对位移,而金属离子与电子仍然保持着金属键的作用力（图 4-7）。

图 4-7　金属表面的原子排列

2. 金属的分类

金属的分类见表 4-2。

表 4-2　金属的分类

类　型		特　点	举　例
黑色金属		呈暗灰色或黑色	铁、锰和铬等
有色金属	轻金属	密度<4.5g/cm³	铝、镁、钠、钙等
	重金属	密度>4.5g/cm³	镍、铅、钴、汞等
	贵金属	性质稳定,价格贵	金、银和铂族元素
	准金属	具有半导体性质	硅、硒、砷、硼等
	稀有金属	含量稀少,分布散	钛、锂、锆、稀土等

二、常用金属材料

（一）黑色金属

金属原子内部存在着自由电子,当光线投射到它的表面后,很快放出各种频率的光,这就是大多数金属呈现钢灰色以至银白色光泽,其他显色是由于较易吸收了某一频率光的原因。金属光泽只有在整块时才能表现出来,一般在粉末时均呈现暗灰色或黑色,这是由于金属原子排列不规则吸收可见光后辐射不出去而显黑色。

1. 铁

铁在地壳上的含量（也称丰度）为 5.63%,仅次于氧、硅和铝,排列第四。地壳中铁主要以氧化物、硫化物和碳酸盐的形式存在。重要的矿石有赤铁矿（Fe_2O_3）、磁铁矿（$FeO \cdot Fe_2O_3$）、褐铁矿（$Fe_2O_3 \cdot 2H_2O$）、菱铁矿（$FeCO_3$）和黄铁矿（FeS_2）等。

工业上常用高炉炼铁,以焦炭为还原剂,加入石灰石和二氧化硅等助熔剂。冶炼时先点燃处于高炉下端的焦炭,生成二氧化碳（CO_2）,CO_2 与灼热的焦炭反应生成一氧化碳（CO），反应如下：

$$C+O_2 \xrightarrow{\triangle} CO_2$$

$$CO_2+C \xrightarrow{\triangle} 2CO$$

CO 气体能把铁矿石中的铁还原出来：

$$Fe_2O_3+3CO \xrightarrow{\triangle} 2Fe+3CO_2$$

铁水中含碳量约 3%～4% 的铁称为生铁。生铁性脆，一般只能浇铸成型，故又称铸铁。处于熔融状态的铁水中，碳与铁以 Fe_3C 的形式存在，待铁水慢慢冷却，则分解为铁和石墨，此时铁的断口呈灰色，故称灰口铁。灰口铁柔软，有韧性，可以切削加工或浇铸零件。生铁含铁 95% 左右，用电解还原的办法可得到纯铁（含铁 99.9% 以上），纯铁呈银白色，有金属光泽，性软，有延展性，熔点 1535℃，沸点 3000℃。若将熔融的铁水快速冷却，使 Fe_3C 来不及分解而保留下来，此时铁的断口呈白色，称白口铁。白口铁质硬且脆，不宜加工，一般用来炼钢。若在铁水中加入 0.05% 的镁，使生铁中的碳变成球状，得到的是球墨铸铁。它可使灰口铁的强度提高 1 倍，塑性提高 20 倍，它不但具有较高的强度、塑性、韧性和热加工性能，还保留了灰口铁易切削加工等优点。由于球墨铸铁的综合性能好，在工业上得到广泛应用。

2. 钢

钢是铁和碳合金体系的总称。通常用白口铁来炼钢。炼钢实质是设法控制生铁中的含碳量使之达到钢的要求，同时要求除去危害钢性能的一些杂质，如硫、磷等（表 4-3）。炼铁与炼钢在原料，原理和设备上有所不同，其性能也不同（表 4-4）。

表 4-3　生铁和钢的比较

类型	生铁	钢
碳的含量	2%～4.3%	0.03%～2%
其他元素	硅、锰、硫、磷	硅、锰（少量）、硫、磷（几乎不含）
熔点/℃	1100～1200	1450～1500
机械性能	硬而脆，无韧性	坚硬、韧性大、塑性好
机械加工	可铸，不可锻	可铸、可锻、可压延

表 4-4　炼铁和炼钢的比较

类型	炼铁	炼钢
原料	铁矿石、焦炭、石灰石	生铁、废钢
原理	$Fe_2O_3+3CO \xrightarrow{\triangle} 2Fe+3CO_2$	用氧气或铁的氧化物除去多余的碳和其他杂质
主要设备	高炉	转炉、平炉、电炉
产品	生铁	钢

钢的含碳量不同，其性能和用途也不同（见表 4-5）。可以按照人们的需要制

备不同性能的合金钢，合金钢品种繁多，性能各异。例如不锈钢，它是在钢中加入一定量的铬、镍、钛等，可提高抗腐蚀性，故可用于制造化工生产上用的耐腐蚀塔、医疗器具和日常用具等；如果在钢中加入一些锰就可以制成锰钢，使钢变得特别硬，可以制造拖拉机履带和车轴等。

表 4-5　几种常见钢的主要特性及用途

类型	主要合金元素		特　性	用　　途
碳素钢	低碳钢	含碳低于 0.3%	韧性好	机械零件钢管
	中碳钢	含碳低于 0.6%	韧性好	机械零件钢管
	高碳钢	含碳 0.6%～2%	硬度大	刀具、量具、模具
合金钢	锰钢	锰	韧性好；硬度大	钢轨、轴承、坦克等
	不锈钢	铬	抗腐蚀	医疗器械、耐腐器具、日常用品
	硅钢	硅	导磁性	变压器、发电机芯
	钨钢	钨	耐高温；硬度大	刀具

德国马普学会钢铁研究所开发出由铁、锰、硅和铝等材料制成的一种抗拉强度高的轻型结构钢，性能非常稳定，且具有优良的拉伸能力，其性能特别适合用作汽车材料，在发生碰撞时，这一材料可以定向折叠起来，同时还可吸收外力。这一性能使这种结构钢成为汽车发动机罩的理想材料。专家估计这些新型合金中的一部分将应用于汽车制造行业。

（二）有色金属

狭义的有色金属又称非铁金属，是铁、铬、锰以外的所有金属的统称。广义的有色金属还包括有色合金。有色合金是以一种有色金属为基体（通常大于 50%），加入一种或几种其他元素而构成的合金。有色金属在金属材料中占有重要地位。由于许多有色金属具有密度小、比强度高、耐热、耐蚀和良好的导电性、弹性及一些特殊的物理性能，而且明显优于普通钢，甚至超过某些高强钢，所以成为现代工业中不可缺少的金属材料。生活中广泛应用的有色金属有铝及铝合金、铜及铜合金等。

1. 铝和铝合金

铝具有多种优良性能，用途极为广泛。铝是银白色金属，熔点为 659.8℃，沸点为 2270℃，密度为 $2.702g/cm^3$，仅为铁的 1/3。铝的导电、导热性好，常用来代替铜做导线，故在电线电缆和无线电工业中有广泛的用途。铝有优异的延展性（仅次于金和银），可拉伸抽成丝或捶打成铝箔，在 100～150℃ 时可制成薄于 0.01mm 的铝箔，广泛用于包装香烟、糖果和各种铝制品的制作。铝热剂是由铝粉和氧化铁粉末按一定比例配成的混合物，当用引燃剂点燃，反应猛烈进行，得到氧化铝（Al_2O_3）和单质铁并放出大量的热，温度可到 3000℃，能使生成的铁熔化，铝热剂常用来熔炼难熔金属和焊接钢轨等。另外铝还具有吸音性能，用作音响效果也较好，所以铝也常用于制作广播室、现代化大型建筑室内的天花板。

金属铝的强度和弹性模量较低，硬度和耐磨性较差，不适宜制造承受大载荷及强烈磨损的构件。若在铝中加入镁、锰，得到铝镁合金和铝锰合金，不但能提高强度，还具有良好的塑性和压力加工性能，常见的铝铜镁合金被称为硬铝，铝锌铁铜合金被称为超硬铝，这两类铝合金强度高、相对密度小、易成型，广泛用于飞机制造和汽车制造上。用含有铬酸盐氧化剂的碱性溶液处理铝合金件或将其浸入浓度为 15％～20％ 的硫酸溶液中，再通电可以使铝合金件表面生成一层致密的氧化膜。这种氧化膜稳定性好，硬而致密，抗腐蚀，可用制造家庭厨具（图 4-8）。若在钝化处理时加入

图 4-8　铝合金厨具

染料，则可起装饰作用，得到各种不同颜色的铝合金件。在金属铝的表面形成的氧化膜保护层，不仅具有很好的抗腐蚀性，而且有一定的绝缘性，故铝合金在电器制造工业也有很广泛的应用。

2. 铜和铜合金

纯铜的新鲜断面是玫瑰红色的，但表面形成氧化铜膜后外观呈现紫红色，故常称紫铜。这种氧化膜致密性较好，所以铜的抗蚀性也很好，广泛用于建筑领域，铜的塑性好而没有低温脆性，易于加工。另外，铜具有优良的导电性和导热性，导电性仅次于银而优于其他金属。广泛用于电力和信息传导的电线电缆以及机电、变压器、家电等工业。

铜通过添加合金化元素，形成系列铜合金，可大大改善其强度和耐腐蚀性。铜合金中最主要的合金元素是锌、锡和铝。

（1）黄铜　黄铜是铜与锌的合金。最简单的黄铜是铜-锌二元合金，称为简单黄铜或普通黄铜，含铜量 80％，含锌量 20％。改变黄铜中锌的含量可以得到不同机械性能的黄铜。黄铜中锌的含量越高，其强度也较高，但塑性稍低。为了改善黄铜的机械性能、耐腐蚀性与工艺性能（如铸造性、切削性），常加入铝、锡、铅、锰、铁等形成各种特殊黄铜。在黄铜中加 1％ 的锡能显著改善黄铜的抗海水和海洋大气腐蚀的能力，因此称为"海军黄铜"。黄铜加铅可以改善切削加工性和提高耐磨性。锰黄铜具有良好的机械性能、热稳定性和抗蚀性。另外，还有铁黄铜、镍黄铜、铝黄铜等，用于造船、石油、滨海发电等工业中。

（2）青铜　青铜是历史上应用最早的一种合金，原指铜锡合金，因颜色呈青灰色，故称青铜。为了改善合金的工艺性能和机械性能，大部分青铜内还加入其他合金元素，如铅、锌、磷等。无锡青铜主要有铝青铜、铍青铜、锰青铜、硅青铜等。锡青铜在大气、海水、淡水和蒸汽中的抗蚀性都比黄铜高。与锡青铜相比，铝青铜

具有较高的机械性能和耐磨、耐蚀、耐寒、耐热、无铁磁性，有良好的流动性，无偏析倾向，可得到致密的铸件。在铝青铜中加入铁、镍和锰等元素，可进一步改善合金的多种性能。此外还有成分较为复杂的三元或四元青铜。现在除黄铜和白铜（铜镍合金）以外的铜合金均称为青铜。

三、新型合金材料

1. 硬质合金

硬质合金是由作为主要组元的难熔金属碳化物和起黏结相作用的金属组成的烧结材料，它具有硬度高、耐磨性好等优点，但可加工性远不如钢。通过改用钢作黏结剂生产出的钢结硬质合金，可成为高性能、多用途的新型硬质合金。例如，采用钢结硬质合金代替工具钢制造工业模具，不仅可以提高使用寿命，而且能够改善产品质量和降低成本。又如，采用钢结硬质合金制造高精密度、高可靠性的耐磨零件，比用氧化处理的不锈钢、陶瓷等材料有更好的效果。含 SiC 涂层金刚石颗粒的硬质合金具有比普通硬质合金更优异的性能，其耐磨性是普通硬质合金的 10 倍，断裂韧性是普通硬质合金的 1.5 倍，可研磨性是金刚石的 5 倍。故可用于精密加工和降低工具成本，促进加工工业的进步。

2. 航空合金

最近俄罗斯专利 RU2293783 中公布的一种可用于航空工业的新型 Al-Zn-Mg-Cu 系航空合金，它所含合金元素质量分数为：3.5%～4.85% Zn，0.3%～1.0% Cu、1.2%～2.2% Mg、0.15%～0.6% Mn、0.01%～0.3% Cr、0.01%～0.15% Fe、0.01%～0.12% Si、0.05%～0.4% Sc；还含有 0.05%～0.15% Zr 或 0.005%～0.25% Ce，其余是 Al。其中含 3.5% Zn、0.3% Cu、1.2% Mg、0.15% Mn、0.01% Cr、0.01% Fe、0.01% Si、0.05% Sc 和 0.15% Zr 的典型合金拥有良好的耐腐蚀性和焊接性能，并且具有低的疲劳裂纹生长速率，适于制造飞行器的结构件。

四、金属功能材料

（一）金属能源材料

广义地说，凡是能源工业及能源技术所需的材料都可称为能源材料，但在新材料领域，新能源材料是指那些正在发展的，可能支撑新能源系统的建立，满足各种新能源及节能技术所要求的一类材料。它主要包括太阳能转换材料、储氢材料、超导材料、高能燃料等。

由于目前大量使用的石油、煤炭等传统化石能源日益枯竭，同时新的能源生产供应体系又未能建立，因而在交通运输、金融业、工商业等方面造成的一系列能源危机。解决能源危机的办法：一是提高燃烧效率以减少资源消耗，实现清洁煤燃烧以减少污染；二是开发新能源，积极利用再生能源；三是开发新材料、新工艺，最大限度地实现节能。这三个方面都与材料有着极为密切的关系。

1. 常用的电池材料

转变能源的储存和使用方式，是解决能源问题、方便生产生活使用的一个重要途径，电池则是一个常用的选择。很多电负性较低、化学性质活泼的金属被用作电池的负极材料，如锂、铝、镁、锌等；一些贵金属（如铂）也被用作燃料电池等新型化学电源的催化剂。选择几种生活中常用的电池简介如下。

（1）锰锌干电池　干电池是用锌制筒形外壳作负极，位于锌筒中央，戴有铜帽的石墨作正极，在石墨周围填充 NH_4Cl 和淀粉糊作电解质，还填有 MnO_2 黑色粉末，吸收正极放出的 H_2 防止产生极化现象。工作原理如下：

$$负极（锌筒）\quad Zn-2e^- =\!=\!= Zn^{2+}$$
$$正极（石墨）\quad 2NH_4^+ +2e^- =\!=\!= 2NH_3 +H_2$$
$$H_2 +2MnO_2 =\!=\!= 2MnO(OH)$$
$$总反应\quad Zn+2MnO_2 +2NH_4^+ =\!=\!= Zn^{2+} +2MnO(OH)+2NH_3$$

（2）铅蓄电池　铅蓄电池是用硬橡胶或透明塑料制成方形外壳，正极板上有一层棕褐色的 PbO_2，负极板上海绵状的金属铅，两极均浸入 H_2SO_4 溶液中，且两极间用微孔橡胶或微孔塑料隔开。放电和充电工作原理如下。

放电时起原电池的作用：

$$负极\quad Pb+SO_4^{2-} -2e^- =\!=\!= PbSO_4 \downarrow$$
$$正极\quad PbO_2 +4H^+ +SO_4^{2-} +2e^- =\!=\!= PbSO_4 \downarrow +2H_2O$$

当放电进行到电压为 1.25V 或 H_2SO_4 浓度降低，溶液密度达 $1.05g/cm^3$ 时就停止使用，需充电。

充电时起电解池的作用：

$$阴极\quad PbSO_4 +2H_2O-2e^- =\!=\!= PbO_2 +4H^+ +SO_4^{2-}$$
$$阳极\quad PbSO_4 +2e^- =\!=\!= Pb+SO_4^{2-}$$

当电压达到 2.2V 或溶液的密度增加至 $1.25\sim1.30g/cm^3$ 时，应停止充电。

充电、放电总的反应：

$$PbO_2 +Pb+2H_2SO_4 \underset{充电}{\overset{放电}{\rightleftharpoons}} 2PbSO_4 +2H_2O$$

（3）银锌电池　银锌电池是用不锈钢制成的一个由正极壳和负极壳盖组成的小圆盒，形似纽扣。盒内正极一端填充由 Ag_2O 和石墨组成正极活性材料，负极盖一端填充锌汞合金组成的负极活性材料，电解质溶液为 KOH 浓溶液，其电池的电动势为 1.59V，使用寿命较长。工作原理如下：

$$负极\quad Zn+2OH^- -2e^- =\!=\!= ZnO+H_2O$$
$$正极\quad Ag_2O+H_2O+2e^- =\!=\!= 2Ag+2OH^-$$
$$总反应\quad Ag_2O+Zn =\!=\!= 2Ag+ZnO$$

2. 金属氢能源材料

随着石油资源的日益枯竭，氢能源成为重要的新型能源之一。目前，氢的储存方法主要有以下几种：常压储氢、高压储氢、液氢储氢、金属氢化物储氢及吸附储氢等。液氢储氢是一种较好的储氢方法,此法储氢密度高,但是制备1L液氢约需消耗电能3kW·h。在储存过程中液氢还存在自然挥发,因此能耗较高。金属氢化物的出现为氢的储存、运输及利用开辟了一条新的途径。新型储氢金属能源材料主要有储氢合金与稀土储氢材料。

(1)储氢合金 未来最有前途的燃料电池也主要是以燃烧产物无污染的氢为能源。传统的储氢(如使用高压钢瓶)条件苛刻,不方便甚至会有爆炸的危险。近年来研制出的一种新型简便的储氢方法,即利用储氢合金(金属氢化物)来储存氢气。金属能够大量"吸收"氢气,反应生成金属氢化物,同时放出热量。然后将这些金属氢化物加热,它们又会分解,将储存在其中的氢释放出来。这些会"吸收"氢气的金属,称为储氢合金。

目前研发中的储氢合金,主要有钛系储氢合金、锆系储氢合金、铁系储氢合金及稀土系储氢合金。储氢合金不光有储氢的功能,而且还有将储氢过程中的化学能转换成机械能或热能的能量转换功能。利用这种能量转换功能,可制造制冷或采暖设备。另外储氢合金还可以用于提纯和回收氢气,它可将氢气提纯到很高的纯度。例如,采用储氢合金能以很低的成本获得纯度高于99.9999%的超纯氢。由于目前大量使用的镍镉电池(Ni-Cd)中的镉有毒,使环境受到污染。发展用储氢合金制造的镍氢电池(Ni-MH),是未来储氢材料应用的一个重要领域。

(2)稀土储氢材料 $LaNi_5$的合金氢化物($LaNi_5H_6$)中氢的密度与液气密度相当,约为氢气密度的100倍。近年来稀土储氢材料以La-Ni二元系为基础向多元化发展。以混合稀土金属代替高价钢制成混合稀土镍合金。再添加其他元素可以得到不同性能的储氢材料。另外,通过添加置换元素来改变合金性能,如$MnNi_5$中的一部分Ni能被Al、Mn等大原子所置换,晶格体积内增大,因而可制得氢离解压低的合金。我国研制的$MINi_5$(MI指富镧混合稀土)合金用于氢的储存和氢化物净化以获得超纯氢效果良好。

作为储氢材料,稀土金属合金充当氢的载体,氢被储放在金属原子间的空隙中。这种方法可以获得比液态氢气的密度还大的储存密度,而且使用过程也很安全,是解决汽车未来能源问题的一个方向。用稀土合金制作的镍氢电池具有高容量、长寿命、充放电快、使用安全、无污染等特点,被称为"绿色电池"。我国目前镍氢电池年生产能力已达到1.6亿支。稀土储氢合金电极材料以其易活化和抗中毒性能优越而被认为是最理想的储氢材料。它的应用将成为新世纪高速发展的重大高新技术产业。

(二)金属信息材料

21世纪是信息社会,随着电子计算机进入千家万户,信息高速公路的开通,互联网的广泛应用,促使信息功能材料迅速地发展,成为新材料中最活跃的领域。应用于信息技术领域并能够获取、存储、转换、传输或显示信息的新材料主要包括:能高度灵敏地获取信息的敏感元件材料、高速处理信息的半导体材料和高密度存储信息的记录材料。稀土发光材料与光敏材料是重要的新型金属信息材料之一。

1. 稀土发光材料

稀土发光材料具有吸收能量的能力强、转换效率高、可发射紫外到红外的光谱、荧光寿命从纳秒到毫秒（跨越 6 个数量级）、物理化学性质稳定等优点，被广泛用于显示图像、新光源、X 射线增感屏、核物理和核辐射场的探测和记录、医学放射学图像的各种摄影技术。现已成功地研制出铕（离子）激活的 YVO_4、Y_2O_3 和 Y_2O_5S 红色高效阴极射线发光材料，并已经应用于彩色电视机中。

2. 光敏材料

铷和铯原子的外层电子很不稳定，遇到一点光线的"刺激"，一部分电子就会放射出来，产生电流，这种效应叫光电效应。由于铷、铯等金属对光特别敏感，故有"光敏金属"的称号。通过光敏金属，可使光转变成电，将光信号变成电信号。

溴化银对光敏感，易发生光敏反应，是一种感光材料。溴化银感光剂的制作是在溶胶条件下，使硝酸银与溴化钠反应，生成溴化银晶体（直径为 4×10^{-8} m）。分散的溴化银乳剂均匀地涂覆在片基材料上（如醋酸纤素薄片）。当一定波长的光线照射到溴化银晶体时，把感光的溴化银分解，在形成自由银原子的溴化银粒子上，还会同时生成 Ag^+、Ag^{2+}、Ag^{3+}、Ag^{4+} 等物质。这种接受曝光的卤化银粒子称为潜影，它是感光材料上经曝光而产生的看不见的图像。

（三）抗菌不锈钢

有些金属材料还具有抗菌、杀菌性能。常用抗菌剂在广谱抗菌、耐热性、成型性等方面存在不足，尤其是对人体和环境有严重损害，不能满足日常使用的需求。抗菌不锈钢是材料科学与环境科学交叉发展起来的新型材料。中国科学院金属研究所通过在不锈钢中添加入具有抗菌作用的金属元素，再通过特殊的处理，可使不锈钢产生抗菌性，成功研制出了抗菌不锈钢。该抗菌不锈钢对大肠杆菌的杀灭率可达到 99％ 以上，对其他菌种也有显著的杀灭作用。抗菌不锈钢不仅具备作为构件的装饰和美化作用，同时还有抗菌、杀菌的自清洁作用，是兼具结构与功能特性的新材料。

第三节　非金属材料

非金属材料通常指以无机物为主体的玻璃、陶瓷、石墨、岩石以及以有机物为主体的木材、塑料、橡胶等一类材料，是热和电的不良导体（碳除外）。一般非金属材料的机械性能较差（玻璃钢除外），但某些非金属材料可代替金属材料，是化学工业不可缺少的材料。本节主要介绍玻璃、陶瓷及主要的非金属功能材料，塑料、橡胶、纤维等非金属材料属于高分子材料，归入第四、第五节中介绍。

一、玻璃

玻璃是由熔体过冷而成的固体状态的无定形物体，制造普通玻璃的原料是纯碱、石灰石和石英。生产时把原料粉碎，按适当比例混合，放入玻璃熔炉中加强热，经过复杂的物理化学变化制成熔融混合物，再经快速冷却凝结即制成玻璃，玻璃一般硬而透明。

若在制造玻璃过程中加入某些金属氧化物着色剂，就可制得彩色玻璃。例如，加入 Co_2O_3 成蓝色，加入 CrO_3 成绿色，加入 Cu_2O 成红色，加入 Fe_2O_3 呈黄色或蓝绿色，加入磷酸钙成乳白色，加入 MnO_2 呈紫红色，加入极细的金粉成了名贵的金红玻璃。常见玻璃的特性和用途见表 4-6 所示。

表 4-6　常见玻璃的特性和用途

类　型	特　性	用　途
普通玻璃	熔点较低	窗玻璃、玻璃瓶、玻璃杯等
光学玻璃	透光性、有折光性和色散性	眼镜片以及照相机、望远镜等
石英玻璃	耐酸碱、强度大、绝缘、滤光	化学仪器、高压水银灯的灯壳等
玻璃纤维素	耐腐蚀、不导电、隔热、吸声	装饰材料、太空飞行员衣服、机翼等
钢化玻璃	强度大、抗震裂、隔音、隔热	火车窗玻璃、微波通信器材等

若在制造玻璃过程中加入某些特殊组成，就可制得性质各异的特种玻璃，如表 4-7 所示。

表 4-7　特种玻璃

类型	组成特性	用　途
变色	溴化银与微量氧化铜	窗玻璃和太阳镜，以调节光线、保护视力
茶色	Fe、Co 等元素的氧化物	看清室外，室外看不到室内
溶解	P_2O_3、CaO、Na_2O	可按预定速度溶解于水、土壤或人体组织
可钉钉	硼酸玻璃粉与碳化纤维	无脆性弱点，可钉钉、装木螺丝
纯硅	纯硅	在雷达、声呐和电子计算机中传递超声信号
微孔	硼硅酸钠	海水淡化、净化污水、处理放射性废弃物
生物	具有网络状的空隙	表面涂以肝素，可做人工心脏、人工肾。
微晶	少量金、银、铜	导弹头的雷达罩和光敏微晶玻璃
金属	铜	加 Cu_2O 呈红色，加 CuO 呈蓝色
稀土	镨、铒、铈和钴的氧化物	加镨(Pr_2O_3)呈绿色，加铒(Er_2O_3)呈红色；加铈(Ce_2O_3)呈浅黄色；加铈和钴的氧化物呈蓝色。
镧	0.1% 的氧化铈	制造特种光学镜头和原子反应堆的防护材料

二、陶瓷

陶瓷是陶器和瓷器的总称。凡是用陶土和瓷土（高岭土）的无机混合物作原料、成型、干燥、焙烧等工艺方法制成的器皿统称为陶瓷。陶瓷是中华民族古老文明的象征。秦始皇陵兵马俑、唐代的唐三彩和明清景德镇的瓷器久负盛名。

陶瓷材料可分为传统陶瓷和精细陶瓷，前者主要是各种氧化物，后者除了氧化物外，还有氮化物、碳化物、硅化物和硼化物等。传统陶瓷产品如陶器、瓷器、玻璃等，它们大都是烧结体。精细陶瓷产品可以是烧结体，还可以做成纤维、薄膜和粉末，具有强度高、耐高温、耐腐蚀，并可具有声、光、热、电、磁等多种特殊功能，是新一代的特种陶瓷。所以它们的用途极为广泛，遍及现代科技的各个领域。

（一）传统陶瓷

传统陶瓷材料的主要成分是硅酸盐，硅酸盐制品的性质稳定、熔点较高、难溶于水、用途广泛。硅酸盐制品一般都是以黏土（高岭土）、石英和长石为原料，如黏土的化学组成是 $Al_2O_3 \cdot 2SiO_2 \cdot 2H_2O$，石英为 SiO_2，长石为 $K_2O \cdot Al_2O_3 \cdot SiO_2$（钾长石）或 $Na_2O \cdot Al_2O_3 \cdot 6SiO_2$（钠长石）。这些原料都含有 SiO_2，在硅酸盐的结构中，硅与氧的结合非常重要。

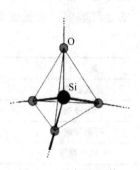

图 4-9　硅氧四面体

硅酸盐材料晶体结构的基本单元是硅氧四面体（图4-9），硅氧四面体 $[SiO_4]^{4-}$ 的结构比较复杂。四面体的每个顶点上的氧只能为两个四面体公用，按照公用顶点的不同可将硅酸盐分为 4 种类型：分立型、链型、层型和骨架型（图 4-10）。

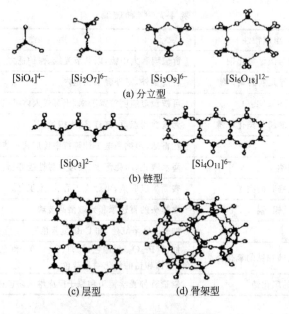

$[SiO_4]^{4-}$　　$[Si_2O_7]^{6-}$　　$[Si_3O_9]^{6-}$　　$[Si_6O_{18}]^{12-}$

(a) 分立型

$[SiO_3]^{2-}$　　　　$[Si_4O_{11}]^{6-}$

(b) 链型

(c) 层型　　　　　　(d) 骨架型

图 4-10　硅酸盐的四种构型

传统陶瓷的种类很多，根据原料、烧制温度等不同，主要分为土器、陶器、瓷器等。例如，常见的砖瓦属于土器，它是用含杂质的黏土在适当温度烧制而成；用纯净的黏土作原料，烧制温度相对高些，可得比陶器胚体白净、质地细密的瓷器；

若在烧制前的坯体上涂上彩釉（含多种金属离子），可制成表面光滑不渗水的绚丽多彩的陶瓷制品（表4-8）。

表 4-8　金属元素与陶瓷的色彩

金属元素	烧制时空气（氧气）用量		金属元素	烧制时空气（氧气）用量	
	空气过量	空气不足		空气过量	空气不足
Fe	黄、红、褐、黑	蓝、绿	Cr	黄、绿、褐	蓝、绿
Cu	蓝、绿	褐、黑褐	Co	蓝、淡蓝	蓝
Mn	紫、褐	褐、黑褐			

陶器分为灰陶和釉陶等系列。灰陶最常见，灰陶即指陶器为灰色或灰黑色，这是在烧窑后期，控制火候，形成还原气氛，由于缺少氧气，陶土中铁的氧化物转化为二价铁，陶器便呈灰色或黑色。釉陶是指陶器表面有一层石灰釉的陶器。釉的主要成分是氧化硅、氧化铝、氧化钙、氧化钠等，用石灰加黏土就能配制成，烧融后呈一种玻璃态。在釉中若再加进一些金属氧化物如氧化铜、氧化钴等，焙烧后就会出现绿、蓝等色泽，常见的唐三彩就是釉陶。

（二）精细陶瓷

精细陶瓷（Fine Ceramics）又称先进陶瓷（Advanced Ceramics）、高性能陶瓷（High-performance Ceramics）、高技术陶瓷（High Technology Ceramics）。精细陶瓷主要包括结构陶瓷和功能陶瓷两大类。

精细陶瓷例如透明的氧化铝陶瓷、高熔点的氮化硅（Si_3N_4）和碳化硅（SiC）陶瓷等，都是传统陶瓷的延伸和发展。当前人们在超硬、高温结构、电子、磁性、光学、超导和生物陶瓷等方面都取得了长足的进展。它与传统陶瓷最主要的区别是具有优良的力学、热学、电性、磁性等各种特性和功能，被广泛应用于国民经济的各个领域，是高新技术产业发展的三大基础材料之一。

1. 结构陶瓷

结构陶瓷是指具有力学和机械性能及部分热学和化学功能的高技术陶瓷。结构陶瓷按原料可分为氧化物、氮化物、碳化物和硼化物陶瓷。特别适合在高温下应用的结构陶瓷称为高温结构陶瓷。它最早主要是指氧化物系统，现在已发展到非氧化物系统及氧化物和非氧化物的复合系统。由于它具有耐高温、耐腐蚀、耐磨损、耐冲刷等一系列优越性，可替代金属材料和有机高分子材料用于苛刻的工作环境，已成为传统工业改造、新兴产业和高新技术中必不可少的一种重要材料，在航空航天、机械、汽车、电子、化工等领域具有十分广阔的应用前景。

高温结构陶瓷主要是氮化硅（Si_3N_4）、碳化硅（SiC）、二氧化锆（ZrO_2）、氧化铝等。目前使用的耐高温陶瓷主要是氮化硅陶瓷、碳化硅陶瓷和氧化铝陶瓷等。

2. 氮化硅和碳化硅陶瓷

氮化硅是一种超硬物质，本身具有润滑性，并且耐磨损，具有一定的韧性和可切削性，在加工中不易脆裂。除氢氟酸外，它与其他无机酸不反应，抗腐蚀和抗氧化能力强，而且它还能抵抗冷热冲击，在空气中加热到 10000℃ 以上，急剧冷却再急剧加热，也不会破碎。氮化硅主要用于与节能有关的能源技术中，也用于制轴承、汽轮机叶片、机械密封环、永久性磨具等机械构件。用耐高温而且不易传热的氮化硅陶瓷来制造发动机部件的受热面，不仅可以大幅度提高燃气温度、节省燃料、提高热效率，又可取消冷却系统、降低材料消耗。

工业上普遍采用高纯硅与纯氮在 1300℃ 反应后获得氮化硅。

$$3Si + 2N_2 \xrightarrow{\triangle} Si_3N_4$$

也可用化学气相沉积法，使 $SiCl_4$ 和 N_2 在 H_2 气氛保护下反应，产物 Si_3N_4 沉积在石墨基体，形成一层致密的 Si_3N_4 层。此法得到的氮化硅纯度较高，其反应如下：

$$3SiCl_4 + 2N_2 + 6H_2 \xrightarrow{\triangle} Si_3N_4 + 12HCl$$

氮化硅现已用来制造火箭、导弹的喷管喉口和端头，以及航天飞机的外蒙皮等。

碳化硅（SiC）是用石英砂、石油焦（或煤焦）、木屑为原料通过电阻炉高温冶炼而成。碳化硅也称碳硅石。在当代 C、N、B 等非氧化物高技术耐火原料中，碳化硅为应用最广泛、最经济的一种，又称金刚砂或耐火砂。碳化硅陶瓷的性质和用途如表 4-9。

表 4-9　碳化硅陶瓷的性质和用途

领　域	使用环境	用　途	主要性能
石油工业	高温、高压（液）	喷嘴、轴承密封	耐磨、耐热
微电子工业	大功率、散热	封装材料、基片	热导率高、绝缘性好
飞机宇宙火箭	高温	涡轮叶片、火箭喷嘴	低惯性负荷、耐热冲击压
激光	大功率	反射屏	刚度高、稳定性好
原子能	含硼高温	密封、轴套	耐放射性

3. 氧化铝陶瓷

由氧化铝制成的特种陶瓷，已用于制造内燃机上火花塞的绝缘材料、涡轮机的叶轮、耐高温（16000℃）的实验用坩埚等。高纯氧化铝陶瓷制成的致密而透明的陶瓷管，能耐 10000℃ 以上高温，不怕温度骤变，可以用于高压钠灯，能耐管内作为电离发光的钠蒸气腐蚀，能透过 90% 可见光，比普通白炽灯光效高 5～6 倍。氧化铝陶瓷是一种用途广泛的陶瓷。因为其优越的性能，在现代社会的应用已经越来越广泛，不断满足于日用和特殊性能的需要。

三、非金属功能材料

（一）功能陶瓷

功能陶瓷是精细陶瓷的最主要组成部分。由于各种功能的不断发现，在微电子工业、通讯产业、自动化控制和未来智能化技术等方面，特别是随着材料向微型业、集成化、多功能化方向的发展，功能陶瓷作为主要支撑材料的地位将日益明显。从环保和节能角度看，材料组成的无铅化、低温烧结、多层复合等新工艺均是功能陶瓷的重要发展趋势。

1. 红外陶瓷

红外陶瓷是用纯净的原料通过真空热压或高温烧结，使陶瓷小晶粒迅速扩散而融合成晶莹透明的整体而制成的。常用的红外陶瓷包括各种氧化物、氟化物、硫族化合物等。此外，还有锆钛酸铅镧等红外铁电陶瓷。新型红外陶瓷除了能透过红外线外，有的还可以透过微波、激光等射线。这种陶瓷材料可以用于制造红外-雷达或红外-激光复合制导导弹的头罩，既可以防备敌方采取各种红外对抗措施来干扰导弹制导，还可以大大提高导弹的一次命中率。

2. 金属陶瓷

金属陶瓷是把陶瓷粉末（主要是氧化铝、氧化锆等耐高温氧化物）与金属粉末（主要是 Cr、Mo、W、T1 等高熔点金属）研磨均匀混合成型后，在不活泼气体中经高温烧结而制成。金属陶瓷兼有金属和陶瓷的优点，韧而不脆，坚而耐热，不会因骤冷或骤热而脆裂，易切割。在高温下，金属陶瓷中的金属成分首先挥发并把热量带走，可降低材料的温度。另外，在金属表面涂一层气密性好、熔点高、传热差的金属陶瓷，能够防止金属或合金在高温下被氧化或腐蚀。利用金属陶瓷的这种特性，可以保护导弹和航天器安全地穿越大气层。金属陶瓷还广泛用于火箭、导弹、超音速飞机的外壳以及燃烧室的火焰喷嘴。

3. 电子陶瓷

在电子工业中能够利用电、磁性质的陶瓷，称为电子陶瓷。电子陶瓷是通过对表面、晶界和尺寸结构的精密控制而最终获得具有新功能的陶瓷。电子陶瓷在化学成分、微观结构和机电性能上，与一般的电力用陶瓷有着本质的区别。它具有高的机械强度，耐高温、高湿，抗辐射，抗电强度和绝缘电阻值高，以及抗化性能优异等。

电子陶瓷多数是以氧化物为主要成分的烧结体材料，广泛用于制作电子功能元件。利用陶瓷材料的高频或超高频和低频电气物理特性可制作各种不同形状的固定零件、陶瓷电容器、电真空陶瓷零件、碳膜电阻基体等。在电子工业中，具有光、磁、电、声等能量转换和信息传递等特性的电子陶瓷，在当代电子技术的众多领域都得到了广泛的应用。

4. 生物陶瓷

生物陶瓷（bioceramics）是指用作特定的生物或生理功能的一类陶瓷材料，它是直接用于人体或与人体直接相关的生物、医用、生物化学等方面的陶瓷材料。主要包括羟基磷灰石（hydroxyapatite 简称 HAP）、磷酸三钙（tricalcium phosphate，简称 TCP）、高密度氧化铝（α-Al_2O_3）、生物活性玻璃（Bioglass）等，生物陶瓷材料需具备以下条件：生物相容性、力学相容性，与生物组织有优异的亲和性、抗血栓、灭菌性，并具有很好的物理、化学稳定性。随着医学研究的进展，生物陶瓷已成为当今医学领域一个不可缺少的重要部分。生物陶瓷材料主要可分为生物惰性、吸收性、表面活性和医药用陶瓷等四类材料。

（1）惰性生物陶瓷　惰性生物陶瓷与体液不反应，耐腐蚀，有一定力学强度、韧性和耐磨性。用于生物四肢和关节的陶瓷，大多是高纯度氧化铝陶瓷。例如，我国用这种陶瓷制成的双杯式人工关节，为病人做下肢髋骨整形，一年多就恢复了健康。用于生物肌体内的一些陶瓷，都是匀质复合石墨陶瓷。国内有人用这种陶瓷制作人体心脏瓣膜，并在临床上的应用取得了成功。

（2）吸收性生物陶瓷　吸收性生物陶瓷中的化学成分（如钙、磷等）通过生物的新陈代谢，能与生物细胞组织里的成分相互置换，并被完全吸收。动物试验发现，植入的磷酸三钙可被完全吸收。故多孔磷酸三钙陶瓷可用于人体骨折后的接肢。磷吸收性生物陶瓷类似于人骨和天然牙的性质、结构，可依靠从体液中补充 Ca^{2+}、PO_4^{3-} 等形成新骨，能在骨骼接合界面产生分解、吸收和析出等反应，实现牢固结合人造骨、人造关节、人造鼻软骨、穿皮接头、人造血管、人造气管等。

（3）表面活性生物陶瓷　表面活性生物陶瓷的生化反应程度介于惰性和吸收性生物陶瓷之间，能在接触处有选择地发生中等程度的生化反应，并在陶瓷体表面健康地产生"胶原体"。这类陶瓷由按适当比例配制的氧化钠、氧化钙和氧化硅组成钠钙玻璃以及某种成分的磷灰石陶瓷等。近年来国外已将这类陶瓷用于口腔或颌部的修补外科手术，并有成功实例。

（4）医药用生物陶瓷　医药用生物陶瓷材料有多种：作为医用电极材料的二氧化钛、一氧化钛薄膜；掺有元素锑的二氧化锡薄膜；用等离子喷涂法在避孕器材上喷涂的二氧化锆等。用这类陶瓷做成的医用超声波换能器已用于脑病及心脏病的诊断，还可用来粉碎人体内的肾结石、胆结石或治疗某些血栓。

5. 透明陶瓷

一般陶瓷都是不透明的，但光学陶瓷可以做得像玻璃一样的透明，故称为透明陶瓷。陶瓷不透明的原因是内部存在杂质和气孔，杂质能吸收光，气孔令光产生散射。因此，制造透明陶瓷要选用高纯原料，并通过工艺手段排除气孔，克服了这两个因素就可获得透明陶瓷。

近些年陆续研究出的烧结白刚玉、氧化镁、氧化铍、氧化钇、氧化钇-二氧化锆等多种氧化物系列透明陶瓷。近期又研制出了非氧化物透明陶瓷，如砷化镓（GaAs）、硫化锌（ZnS）、硒化锌（ZnSe）、氟化镁（MgF_2）、氟化钙（CaF_2）等透明陶瓷。它们具有优异的光学性能，而且耐高温，熔点都在 2000℃ 以上，而且透明度、强度、硬度都高于普通玻璃，具有耐磨损、耐划伤等特点。

（二）非金属信息材料

最重要的非金属（或非金属的化合物）信息功能材料是半导体材料，如单晶硅、单晶锗、砷化镓等。它们是制造晶体管的原料，而晶体管是构造集成电路的基本元件，集成电路又是当今微电子技术的核心，而微电子技术则是电子计算机及一切信息技术的基础。由此可见，半导体材料的发明对信息技术的发展起到了非常重要的作用。

1. 半导体材料的能带结构

金属都是导体，一块金属可看作是一个巨大的分子。例如一块金属钠（Na）是由 N 个钠原子形成的巨大分子，如果是 1 摩尔（1mol）Na，也就是阿伏伽德罗常数 N_A（$6.023×10^{23}$）个钠原子。Na 的电子层结构为 $1S^2 2S^2 2P^6 3S^1$，它的外层 3S 轨道上只有一个电子，而在 1mol Na 中就有 N_A 个 3S 轨道，它们的能量是一样的。因此由 N 个能量相同的 3S 轨道可以组成一个 3S 能带（图 4-11）。同理也可组成 1S、2S 和 2P 能带。因为一个原子轨道最多只能填放 2 个电子，由 N 个原子轨道形成的能带最多只能填放 $2N$ 个电子；已经填满电子的能带叫满带，尚未填满电子的能带叫导带、而没有电子的能带叫空带。根据能带理论，具有导带的固体才能导电，因此是导体。Mg 原子中 1S、2S 也是满带，好像不能导电，但从图 4-11 中，Mg 的能带结构中可见，它的 3S 与 3P 能带有交叠，仍有导带存在，所以 Mg 可以导电。

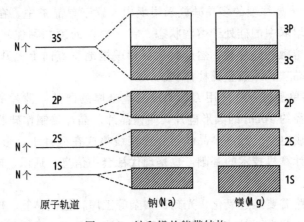

图 4-11　钠和镁的能带结构

绝缘体的能带结构中有满带和空带，而且它们之间的能量间隙比较大，Eg（能量间隙）≥5eV（电子伏特），因此不能导电。半导体的能带结构与绝缘体很相似，也只有满带和空带，但能量间隙较小，Eg≤3eV，故电子容易从满带被激发到空带，此时，空带获得了电子变为导带，而满带失去了部分电子，产生了空穴，也变成导带，所以可以导电。例如锗的 Eg 为 0.72eV，硅为 1.1eV，砷化锌为 1.4eV。图 4-12 是导体、半导体和绝缘体的能带结构示意图。

2. 硅

硅的资源极为丰富，地壳中的元素含量除了氧外，第二位就是硅。欲制备半导体材料硅，用的原料是石英砂，即二氧化硅（SiO_2），把石英砂和焦炭一起放进电

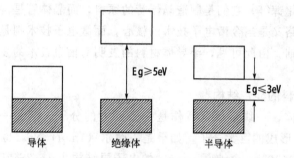

图 4-12　导体、绝缘体和半导体的能带结构特点

炉中加热，二氧化硅被焦炭还原得到硅。化学反应式如下：

$$SiO_2 + C \xrightarrow{\triangle} Si + CO_2$$

这样得到的硅是粗硅，硅的含量不超过98%，所以必须精制，提高硅的纯度。

（1）硅的精制

① 多晶硅　把粗硅放入反应器中，通入氯化氢气体，氯化氢气与硅作用生成三氯甲硅烷，这是一种挥发性液体。将三氯甲硅烷液体进行蒸馏，得到高纯度的三氯甲硅烷，再用氢气还原，可以得到高纯度的硅。这种高纯度硅就是多晶硅。

② 单晶硅　将高纯度的多晶硅放入坩埚内，置于单晶炉中，在1400℃高温下加热使硅熔化。坩埚中的硅处于熔融状态，将一根棒的顶端黏住一颗硅的小晶体，使这颗小晶体与熔融的硅接触，然后将这根棒缓慢地垂直向上提升，这叫拉单晶，此时的硅称为单晶硅，一般呈圆柱体状。

③ 晶片　将单晶硅圆柱体用刀切割成几毫米厚的薄片，薄片的上下两面经打磨抛光，制成直径约10cm的圆形硅片，叫做晶片。晶片是制作硅芯片的原料。

（2）硅与集成电路　把许多晶体管和连接线集成在硅片上，形成了集成电路。集成电路不仅是计算机技术的基础，也是现代社会中信息、通讯、电视、遥控等微电子技术的基础。

制作集成电路需要经过氧化、光刻、掺杂等工序，把晶体管、电阻、电容等元件集成在芯片上。首先要对硅晶片的表面进行氧化，形成一层二氧化硅薄膜，起绝缘和阻挡作用，接着是光刻工序在晶片的表面按特定设计的要求产生没有二氧化硅的窗口，然后通过没有二氧化硅的窗口掺进杂质元素。使形成P型和N型半导体，并用铝膜作为连接线和引出线。因制作集成电路的硅晶片的纯度达到超纯状态，故对生产集成电路的车间，洁净程度要求极为严格。

（3）晶体管　超纯的单晶硅是很好的半导体材料，但如果对单晶硅掺进杂质得到掺杂半导体材料，其性能受掺杂的元素种类和数量的控制，则应用更为广泛。制造晶体管就需要掺杂半导体材料。

3. 锗、硒和砷化镓

锗是制造半导体的主要材料，用来制造晶体管、整流管（二极管）和晶体放大管（三极管）。锗晶体管体积小，耐震动和撞击，耗电少，成本低，寿命长。广泛应用于电子计算机、雷达、火箭、导弹、导航控制设备、电子通信以及自动化设备中，尤其在晶体管、整流器和光电池器件制造业中，锗仍占有头等重要的地位。

硒作为半导体材料，比锗和硅要早得多。由于硒整流器有耐高温、轻盈、电稳定性好等优点，能经受超负荷，硒整流器元件几乎全部代替了氧化亚铜整流器并在整流器、照相曝光材料、太阳能电池及静电复印机中有着重要的应用。

砷化镓是由镓和砷在高温和一定的砷蒸汽压下人工合成的晶体，是目前做半导体光源最适合、最有发展前途的材料。砷化镓半导体光源的优点是发光颜色种类多。现在已经制备出红色、绿色、黄色、橙色等发光二极管，这种二极管具有结构简单、强度高、惯性小、发光响应时间快等长处，并且比白炽灯泡更为经久耐用。砷化镓太阳能电池是目前各种类型太阳能电池中效率最高的一种，效率高达 23%～26%，而且抵抗辐射的能力比硅太阳能电池强一倍，能在比较高的温度环境下工作。

4. 掺杂硅半导体材料

（1）P 型半导体　单晶硅是金刚石型结构，每个 Si 的配位数是 4，即每个 Si 与邻近 4 个 Si 形成 4 个 Si—Si 单键，故每个硅原子的外层有 8 个电子。若往单晶硅中掺元素镓（Ga），由于 Ga 的价层只有 3 个价电子，当它取代了 Si 的位置后，Ga 外层变得只有 7 个电子了，其中必有一个 Ga—Si 键只有一个电子，即产生了一个空穴，如图 4-13（a）所示。这时邻近的 Si 上的价电子可迁移到空穴中，而又留下一个空穴，电子迁移的结果相当于空穴在移动。利用这种空穴迁移而实现导电的材料称为 P 型半导体。

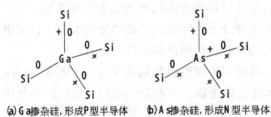

(a) Ga掺杂硅，形成P型半导体　　(b) As掺杂硅，形成N型半导体

图 4-13　半导体

+—电子；O—空穴

（2）N 型半导体　若在单晶硅中掺杂砷（As），由于 As 的价层有 5 个价电子，当它取代了 Si 的位置后，成键后的 As 价层有 9 个价电子，见图 4-13（b）所示。多出的一个电子可以被激发到空带而导电。这种由电子迁移而导电的材料称为 N 型半导体。

（3）P—N 结　单晶硅可以通过掺杂不同的元素而形成 P 型或 N 型半导体。若在单晶硅片上，一端掺镓，另一端掺砷，则掺镓的那一面形成 P 型半导体，而掺砷的那一面形成 N 型半导体。P 型和 N 型半导体的结合处称为 P—N 结，它具有一种特殊的功能，能使电流只能单向导通，故 P—N 结实质上是一个整流器，它能将交流电转变为直流电，使电流从 P—N 结的 P 区流向 N 区。利用 P—N 结可以做成晶体管，P—N—P 或 N—P—N 晶体三极管都可以将光信号转变为电信号输出，并且还能把光电流放大。

5. 光导纤维

新型信息材料主要包括：能高度灵敏地获取信息的敏感元件材料、高速处理信息的半导体材料和高密度存储信息的记录材料。光导纤维是重要的新型信息材料之一。

光导纤维是能高质量传导光的玻璃纤维，简称光纤。它通常由光学玻璃或石英玻璃做成，其直径粗的大约 $150\mu m$，细的只有几十微米，主要用于通信。其原理为：图像和声音等信号变为带有数字信息的电脉冲后，被转换成光的强弱信号；由激光器光源发出的光波携带所需传输的信息，以光纤为媒体传送给对方；对方通过光电转换装置将光波上携带的信息转换为电的数字符号，再转变为原来的图像和声音等，即实现了通信的功能。光纤通信有容量大，速度快，传输衰减少，抗干扰性能好，通信质量高，能防窃听，体积小，重量轻，耐腐蚀，价格便宜，便于铺设等许多优点。

（三）新型非金属能源材料

1. 太阳能转换材料

太阳能是一种辐射能，具有即时性，必须即时转换成其他形式的能量才能利用和储存。将太阳能转换成不同形式的能量需要不同的能量转换器，集热器可通过吸收面可以将太阳能转换成热能；利用光伏效应，太阳能电池可以将太阳能转换成电；通过光合作用，植物可以将太阳能转换成生物质能等。

太阳能转换材料主要分为晶体硅和非晶体硅两大类。目前市场上大量生产的太阳能电池的主要材料是由晶体硅制作的半导体材料。

（1）单晶硅 单晶硅太阳能电池的性能稳定，转换效率高，体积小，重量轻，非常适合作太空航天器上的电源。非晶硅光电池也已经广为使用。非晶硅有许多优点：可以自由裁剪；可以根据需要掺杂，如掺入磷化氢或硼化氢；制作工艺过程能自动控制；可以制成很薄的薄膜（而晶体硅却至少要达到几百微米的厚度），制作成本可降低。非晶硅是一种直接能带半导体，它的结构内部有许多悬键，也就是没有和周围的硅原子成键的电子，这些电子在电场作用下就可以产生电流。图 4-14 为单晶硅材料制成的太阳能电池板。

（2）非晶硅 非晶硅光电池材料主要有硫化物、硒化物、碲化物、碲化镉等。在仿照叶绿素的光合作用原理制成的太阳能电池中有采用二氧化钛的格莱泽电池、有含铁有机物二茂铁、卟啉和 C_{60} 按顺序制成棒状分子排列在金属电极上形成薄膜，制成的光合作用式太阳能电池。目前光电转化率最高的光电材料是 GaAs-GaSb，它的转化率达 33%。

图 4-14　单晶硅太阳能电池板

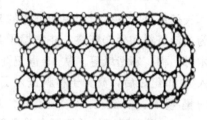

图 4-15　储氢碳纳米管

2. 非金属储氢材料

前面讲到储氢金属能源材料主要有储氢合金与稀土储氢材料，目前，重要的非金属储氢材料有储氢碳纳米管（图 4-15）。

碳纳米管是用碳电弧法制备 C_{60} 时发现的一种新纳米材料。它是圆筒形结构，管直径一般为几个纳米到几十个纳米，管壁厚度仅为几个纳米，像铁丝网卷成的一个空心圆柱状"笼形管"，它非常微小，5 万个碳纳米管并排起来才有人的一根头发丝大小。碳纳米管具有独特的孔腔结构和大的比表面积，韧性高，强度为钢的100 倍、密度只有钢的六分之一，导电性极强，兼具金属和非金属的性质。由于其性能奇特，被科学家称为未来的"超级纤维"。

3. 非金属高能燃料材料

1kg 氘化锂通过热核反应放出的能量相当于燃烧 2 万多吨优质煤。每千克铍燃烧后释放热量达 61700kJ；每克硼烷燃烧时，产生热量高达 77.55kJ；铯离子作为宇宙火箭的推进剂，它在磁场的作用下加速到 150km/s，从喷管喷射出去，同时给离子火箭以强大的推动力，把火箭高度推向前进。其单位质量产生的推力要比液体或固体燃料高出上百倍。二硝酰胺铵（ADN）是一种稳定的白色离子物质，分子结构式为 $NH_4^+[N(NO_2)_2]^-$，它是一种能量高、化学热稳定性好的新型高能燃料材料，可大幅度提高推进剂的能量。

第四节　高分子材料

化学是制造和研究物质的科学。通过调节原子和分子在物质中的组合配置，控制物质的微观性质、宏观性质和表面性质，就可能使物质满足某种使用要求而作为材料来应用。人们常用的棉花、蚕丝、羊毛、毛皮等是天然材料，但天然材料受到自然条件和资源等限制，随着社会经济的发展和科学技术的日益进步，天然材料无论在数量、质量、品种、性能利用途等各方面都无法满足人类对材料日益增长的需求，故发展合成高分子材料成为当今社会发展的必然。目前，高分子材料已与金属材料、无机非金属材料一样，成为科学技术、经济建设中的重要材料。

一、高分子概述

天然高分子是生命起源和进化的基础。人类社会一开始就利用天然高分子材料作为生活资料和生产资料，并掌握了其加工技术。如利用蚕丝、棉、毛织成织物，用木材、棉、麻造纸等。从 19 世纪开始，人类开始使用改造过的天然高分子材料，进入 20 世纪之后，高分子材料进入了大发展阶段。在 1907 年，Leo Bakeland 发明了酚醛塑料，标志着人类应用合成高分子材料的开始；1920 年 Hermann Staudinger 提出了高分子的概念并且创造了 Makromolekule 这个词；20 世纪 20 年代末，聚氯乙烯开始大规模使用；20 世纪 30 年代初，聚苯乙烯开始大规模生产；20 世纪 30 年代末，尼龙开始生产。

随着工业企业现代化的发展，设备的集群规模、自动化程度以及连续生产的要求也越来越高，传统的以金属修复方法为主的设备维护工艺技术已经远远不能满足高新设备的需求，对此需要研发新技术和材料，以便解决更多问题，满足新设备运行环境的维护需求。因此，20 世纪后期，以美国福世蓝（1st line）公司为代表的研发机构，研发了以高分子材料和复合材料技术为基础的高分子复合材料，它是以高分子复合聚合物与金属粉末或陶瓷粒组成的双组分或多组分的复合材料，它是在高分子化学、有机化学、胶体化学和材料力学等学科基础上发展起来的高技术学科。它可以极大解决和弥补金属材料的应用弱项，可广泛用于设备部件的磨损、冲刷、腐蚀、渗漏、裂纹、划伤等修复保护。高分子复合材料技术已发展成为重要的现代化应用技术之一。在经历了 20 世纪的大发展之后高分子材料对整个世界的面貌产生了重要的影响。塑料是 20 世纪人类最重要的发明。高分子材料在文化领域和人类的生活方式方面也产生了重要的影响。

高分子是由 1000 个以上的原子通过共价键结合形成可达几万至几百万的大分子，它是生命存在的形式。所有的生命体都可以看作是高分子的集合。高分子材料是指以高分子化合物为基础的材料。高分子材料按特性分为橡胶、纤维、塑料、高分子胶黏剂、高分子涂料和高分子基复合材料等。按来源分为天然、半合成（改性天然高分子材料）和合成高分子材料。按其组成分为有机高分子和无机高分子。有机高分子以碳为主兼有少量氮、氧等原子；无机高分子的主链原子是除碳以外的其他原子，如过渡金属、硅、磷、氮和硼等。按用途又分为普通高分子材料和功能高分子材料。功能高分子材料除具有聚合物的一般力学性能、绝缘性能和热性能外，还具有物质、能量和信息的转换、传递和储存等特殊功能。已实用的有高分子信息转换材料、高分子透明材料、高分子模拟酶、生物降解高分子材料、高分子形状记忆材料和医用、药用高分子材料等。

存在于自然界中的高分子称为天然高分子，如淀粉、纤维素、棉、麻、蛋白质、核酸、酶等。用化学方法合成的高分子称为合成高分子，如聚乙烯、聚氯乙烯、聚丙烯酸酯、聚酰胺等都是常见合成高分子。合成高分子的命名，一种是在单体前加"聚"字，如聚乙烯、聚苯乙烯等；另一种是在简化的单体名称后面加"树脂"两字，如酚醛树脂，它是由甲醛和苯酚缩聚得到的。又如脲醛树脂、环氧树脂等。

制备合成高分子的原料，最初大多来源于农业和林业的副产品，如含淀粉的薯类、植物种子等，可从中提炼得到乙醇、丁醇、丙酮；含纤维的木屑、甘蔗渣、椰子壳、芦苇等可从中得到纤维素、糖醛；含非食用油脂的蓖麻油、桐油、松节油可从中得到对苯二甲酸、癸二酸、癸二胺。20世纪50年代后，石油化工兴起，煤被石油和天然气取代，成为合成高分子工业原料的主要来源。由于石油中有用成分高，使生产合成高分子的成本降低。

从农林副产品、煤、石油中得到的是有机小分子化合物，把它们作为单体通过聚合反应便可得到合成高分子。具体的合成方法主要有加成聚合、缩合聚合和共聚合等3种。加成聚合含有重要的单体分子，如乙烯、氯乙烯（CH_2＝$CHCl$）都可通过加成聚合反应得到聚合物（图4-16），没有任何其他产物。

$$nCH_2\!\!=\!\!CH_2 \longrightarrow \text{{\Large(}}CH_2-CH_2\text{{\Large)}}_{\overline{n}}\text{（聚乙烯）}$$

$$nCH_2\!\!=\!\!CHCl \longrightarrow \text{{\Large(}}CH_2-CHCl\text{{\Large)}}_{\overline{n}}\text{（聚氯乙烯）}$$

图 4-16　聚乙烯和聚氯乙烯的合成

含有双官能团或多官能团的单体分子，通过分子间官能团的缩合反应把单体分子聚合起来，同时生成水、醇、氨等小分子化合物，称为缩合聚合反应，简称缩聚反应。例如：聚酰胺（又称尼龙-66）是用己二胺和己二酸作为单体，这两种单体分子之间通过脱水缩合，形成肽键，两端的氨基和羧基具有活性，可以继续与单体分子缩合，最终形成长链状大分子聚合物，即聚酰胺（图4-17），也叫尼龙-66（数字是表示参与缩合的两种单体分子中所含碳原子的数目）。

$$nH_2N-(CH_2)_6-NH_2 \ + \ nHOOC-(CH_2)_4-COOH \longrightarrow$$

己二胺　　　　　　　己二酸

$$H-\text{[}NH-(CH_2)_6-\overset{H}{N}\overset{O}{C}-(CH_2)_4-\overset{O}{C}\text{]}OH \ +(2n-1)H_2O$$

聚酰胺（尼龙-66）

图 4-17　尼龙-66 的合成

合成高分子有线型链状不带支链、线型链状带支链和体型网状三种结构型式（图4-18）。

无规线团　直线形　螺旋形　　片状
(a) 线型链状不带支链　　(b) 线型链状带支链　　(c) 线型网状

图 4-18　合成高分子的几种结构

线型长链状结构可呈蜷曲、弯折或呈螺旋形，加热可熔化，也可溶于有机溶剂，并容易结晶。合成纤维和大多数塑料都是线型高分子。带支链的线型长链状结构在很多性能上与线型长链高分子相似，但支链使高分子的密度减小，结晶能力降低。体型网状结构具有不熔化不溶解、耐热性高和刚性好的特点，适合做工程和结构材料。

高分子具有可揉性、不均一性、晶态与非晶态共存、热塑性和热固性等性质。合成高分子的主链都是由碳原子以共价单键结合起来的，由于单键可以自由旋转，使线型长链状高分子自然地处于卷曲状态，使很多分子链纠缠在一起，因而合成高分子具有可揉性。当有外力作用在分子链上，卷曲的分子链可以被拉直，但外力一旦除去，分子链又恢复到原来的卷曲状态，因此合成高分子具有一定的弹性。不均一性又称多分散性，通过聚合反应得到的合成高分子不是均一的，而是不同聚合度的合成高分子的混合物，因而分子量是不确定的。合成高分子呈自然的蜷曲状态，难于形成排列整齐的周期性晶态结构，但在局部范围内，分子链有可能排列整齐，形成结晶态。因此，在合成高分子中往往有晶态和非晶态部分，常用结晶度来衡量整个合成高分子中晶态部分所占的比例。晶态高分子的耐热性和机械强度一般要比非晶态高分子高，而且还有一定的熔点，所以要提高合成高分子的这些性能，就要设法提高合成高分子的结晶度。

若把合成高分子加热到一定温度，它不会马上熔化变成液体，而是先经历一个软化过程再变为液体，液体冷却后硬化变成固体，再次加热，它又能软化、流动，再次变为液体。合成高分子的这种性质称为热塑性。线型长链状高分子都具有热塑性，加热软化后可以加工成为各种形状的塑料制品，也可制成纤维，加工非常方便，并且可以多次重复操作。

常见的有聚乙烯、聚丙烯、聚苯乙烯、聚甲基丙烯酸甲酯（俗称有机玻璃）、聚氯乙烯、尼龙、聚碳酸酯、聚氨酯、聚四氟乙烯、聚对苯二甲酸乙二醇酯等都是热塑性塑料。热塑性塑料中树脂分子链都是线型或带支链的结构，分子链之间无化学键产生，加热时软化流动，冷却变硬的过程是物理变化。

单体进行聚合反应时，先形成线型长链高分子，在某种条件下分子链之间发生交联，便由线型转变为体型网状高分子。体型网状高分子加热后不会熔化、流动，当加热到一定温度时，体型高分子的结构遭到破坏，这种性质称为热固性。故体型高分子一旦加工定型后，不能通过加热重新回到原来的状态，这种性质称为合成高分子的热固性。

常见的有环氧树脂，酚醛塑料，聚酰亚胺，三聚氰氨甲醛树脂等都是热固性塑料。热固性塑料的树脂固化前是线型或带支链的，固化后分子链之间形成化学键，成为三度的网状结构，不仅不能再熔融，在溶剂中也不能溶解。

高分子材料在加工之前，要先进行合成，把单体合成为聚合物进行造粒，然后才进行熔融加工。高分子材料的合成方法有本体聚合、悬浮聚合、乳液聚合和溶液聚合。这其中引发剂起了很重要的作用，偶氮引发剂和过氧类引发剂都是常用的引发剂，高分子材料助剂往往对高分子材料性能的改进和成本的降低也有很明显的作用。

高分子材料的加工成型不是单纯的物理过程，而是决定高分子材料最终结构和性能的重要环节。除胶黏剂、涂料，一般无需加工成型而可直接使用外，橡胶、纤维、塑料等通常须用相应的成型方法加工成制品。一般塑料制品常用的成型方法有挤出、注射、压延、吹塑、模压或传递模塑等。橡胶制品有塑炼、混炼、压延或挤出等成型工序。纤维有纺丝溶体制备、纤维成型和卷绕、后处理、初生纤维的拉伸和热定型等。

在成型过程中，聚合物有可能受温度、压力、应力及作用时间等变化的影响，导致高分子降解、交联以及发生其他化学反应，使聚合物的聚集态结构和化学结构发生变化。因此加工过程不仅决定高分子材料制品的外观形状和质量，而且对材料超分子结构和织态结构甚至链结构有重要影响。

二、合成塑料、合成橡胶及合成纤维

1907 年世界上第一个合成高分子材料酚醛塑料诞生，二次大战后合成高分子材料蓬勃兴起，推动包括塑料、合成纤维、合成橡胶等合成高分子工业迅速发展。重要的合成高分子材料包括塑料、橡胶和纤维。

1. 合成塑料

塑料是以合成树脂或化学改性的天然高分子为主要成分，再加入填料、增塑剂和其他添加剂，在一定的温度和压力下可塑制成型的合成高分子材料。其分子间次价力、模量和形变量等介于橡胶和纤维之间。通常塑料根据加热后的情况可分为热塑性塑料和热固性塑料。

但若按用途可分通用塑料和工程塑料。通用塑料以"四烯"为代表，即聚乙烯、聚氯乙烯、聚丙烯和聚苯乙烯，它们的产量大、用途广、价格低廉。四烯的产量约占全部塑料产量的 80％，尤其以聚乙烯的产量最大。乙烯单体在比较低的压力下使用催化剂，聚合得到的聚乙烯是线型高分子，排列比较规整，较易结晶。因此结晶度、强度、刚性、熔点都比较高，适合做强度、硬度较高的塑料制品，如瓶、管、棒等。若在高压下用自由基引发加聚反应，得到的高压聚乙烯是支链化程度较高的合成高分子，分子排列的规整性和紧密程序受到影响，其结晶度和密度降低，所以低密度聚乙烯性软，熔点低，只适合做食品包装袋、薄膜、奶瓶等软塑料制品（图 4-19）。

工程塑料是指可以作为工程材料和代替金属用的塑料，要求有优良的机械性能、耐热性和尺寸稳定性。目前工程塑料主要有聚甲醛、聚酰胺、聚碳酸酯塑料等。例如聚甲醛的力学和机械性能与金属铜、锌相近，

图 4-19　各种塑料薄膜

可做汽车上的轴。由于其绝缘性能，抗腐蚀性特别好，能耐高温和低温，可在－200～250℃范围内长期使用，因此在宇航、冷冻、化工、电器医疗器械等工业部门都有广泛的应用。

2. 合成橡胶

橡胶是一类线型柔性高分子聚合物。其分子链间次价力小，分子链柔性好，在外力作用下可产生较大形变，除去外力后能迅速恢复原状。有天然橡胶和合成橡胶两种，天然橡胶的主要成分是聚异戊二烯；合成橡胶的主要品种有丁基橡胶、顺丁橡胶、氯丁橡胶、三元乙丙橡胶、丙烯酸酯橡胶、聚氨酯橡胶、硅橡胶、氟橡胶等等。

天然橡胶具有优良的回弹性、绝缘性、隔水性及可塑性等特性，并且经过适当处理后还具有耐油、耐酸碱、耐热、耐压、耐磨等性质，具有广泛用途。例如日常生活中使用的雨鞋，医疗卫生行业所用的外科医生手套，交通运输上使用的各种轮胎，工业上使用的耐酸碱的手套，气象测量用的探空气球，科学试验用的密封设备，国防上使用的防毒面具，甚至连火箭、人造地球卫星和宇宙飞船等高精尖科学技术产品都离不开天然橡胶。

由于橡胶在工业、交通运输业和国防上的重要地位，促使缺乏天然橡胶资源的国家率先研究开发合成橡胶。合成橡胶是由人工合成的高弹性聚合物，也称合成弹性体，是三大合成材料之一。如用异戊二烯作单体进行聚合反应得到的合成橡胶称为异戊橡胶，它的性能基本上与天然橡胶相同。由于异戊二烯只能从松节油中获得，原料来源受到限制，于是用来源丰富的丁二烯来代替异戊二烯合成橡胶，这样研究开发了一系列合成橡胶，如顺丁橡胶、丁苯橡胶、丁腈橡胶和氯丁橡胶等。

特种橡胶是具有特殊的性能（如耐油、耐化学腐蚀、高弹性等），并在特殊条件下使用的橡胶。硅橡胶是以硅氧原子取代主链中的碳原子形成的一种特殊橡胶。它柔软、光滑，适宜做医用制品，能耐高温，可以承受高温消毒而不变形。若将氟原子引入硅橡胶中，则可以得到氟硅橡胶，它是一种高弹性材料。硅硫橡胶能耐高温、低温，丁腈橡胶和聚硫橡胶耐油性好。硫磺是橡胶的硫化剂，凡能使橡胶分子由线型结构转变为体型结构，并获得弹性的物质都可称为橡胶的硫化剂。其化学反应如图 4-20 所示。

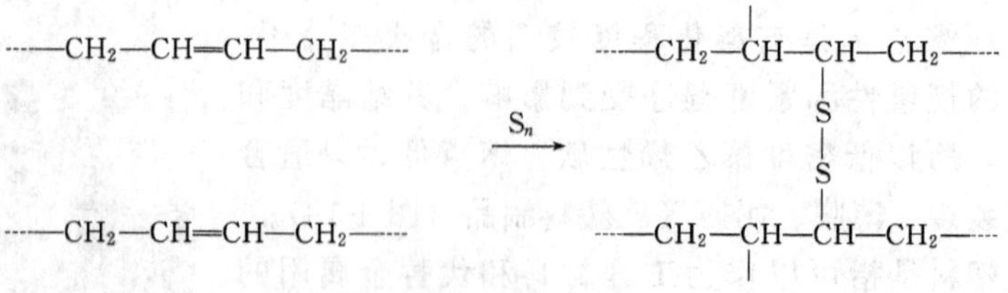

图 4-20 橡胶的硫化示意

硫化的作用是使线型橡胶分子之间通过形成硫桥而交联起来，从而转变为体型结构，使橡胶失去塑性，同时获得高弹性。

3. 合成纤维

纤维是强度较高的一类材料，可分为天然纤维和化学纤维。前者是指蚕丝、棉、麻、毛等；后者是以天然高分子或合成高分子为原料，经过纺丝和后处理制得。纤维的次价力大、形变能力小、模量高，一般为结晶聚合物。常见的合成纤维包括尼龙、涤纶、腈纶聚酯纤维，芳纶纤维等。

化学纤维又可分为人造纤维和合成纤维。人造纤维是以天然高分子纤维素或蛋白质为原料，经过化学改性而制成的，如黏胶纤维（人造棉）、醋酸纤维（人造丝）等。合成纤维是由合成高分子为原料，通过拉丝工艺获得的纤维。

聚酯纤维（商品名涤纶或的确良）主要用于织衣料，也可做运输带、轮胎帘子线、过滤布、缆绳、渔网等。涤纶织物牢固、易洗、易干，做成的衣服外形挺括，抗皱性特别好。涤纶的分子链结构中含有刚性基团酯基，它使分子排列规整、紧密，结晶度较高，不易变形，受力变形后也容易恢复，这是涤纶抗皱性好的原因。

聚酰胺纤维，最常见的是尼龙-6 和尼龙-66。尼龙主要用于制造渔网、降落伞、宇航服、丝袜及针织内衣等。聚酰胺分子链中存在酰氨基，分子链之间各酰氨基可通过氢键的形成，使分子链之间的作用力大为增加，保证了织物的强度。芳纶纤维亦称 Kevlar 纤维，是芳香族聚酰胺类纤维，因其抗拉强度强和高韧性被用作绳索（如图 4-21 所示）。

图 4-21　芳纶纤维绳

三、功能高分子材料

塑料、纤维和橡胶三大高分子合成材料已经成为国民经济建设与人民日常生活所必不可少的重要材料。尽管高分子材料因普遍具有许多金属和无机材料所无法取代的优点而获得迅速的发展，但目前工业上已大规模生产的高分子材料还只能是一般条件下使用的高分子物质，即所谓通用高分子，它们存在着机械强度和刚性差、耐热性低等缺点，而现代工程技术的发展，则向高分子材料提出了更高的要求，因而推动了高分子材料向高性能化、功能化和生物化方向发展，这样就出现了许多性能优异的新型高分子材料。

高分子材料的结构决定其性能，对结构的控制和改性，可获得不同特性的高分子材料。由于它具有独特的结构和易改性、易加工特点，使其具有其他材料不可比拟、不可取代的优异性能，从而广泛用于科学技术、国防建设和国民经济各个领域，并已成为现代社会生活中衣食住行用各个方面不可缺少的材料。多数天然材料通常由高分子材料组成，如天然橡胶、棉花、人体器官等；人工合成的化学纤维、塑料和橡胶等也是如此。一般称在生活中大量采用的，已经形成工业化生产规模的高分子为通用高分子材料，而称具有特殊用途与功能的高分子为功能高分子材料。

1. 高分子分离膜

高分子分离膜（polymeric membrane for separation），是由聚合物或高分子复

合材料制得的具有分离流体混合物功能的薄膜。膜分离过程就是用分离膜作间隔层，在压力差、浓度差或电位差的推动力下，借流体混合物中各组分透过膜的速率不同，使之在膜的两侧分别富集，以达到分离、精制、浓缩及回收利用的目的。具有省能、高效和洁净等特点，因而被认为是支撑新技术革命的重大技术。膜分离过程主要有反渗透、超滤、微滤、电渗析、压渗析、气体分离、渗透汽化和液膜分离等。用于制备分离膜的高分子材料有许多种类，目前应用较多的是聚砜、聚烯烃、纤维素酯类和有机硅等。膜的形式也有多种，一般用的是平膜和空中纤维。推广应用高分子分离膜有巨大的经济效益和社会效益。例如，利用离子交换膜电解食盐可减少污染、节约能源；利用反渗透进行海水淡化和脱盐，要比其他方法消耗的能量都小；利用气体分离膜从空气中富集氧可大大提高氧气回收率等。

2. 高分子磁性材料

高分子磁性材料主要可分为两大类，即结构型和复合型。所谓结构型是指不添加无机类磁粉而制成的高分子磁性体，目前具有实用价值的主要是复合型。它是人类在不断开拓磁与高分子聚合物（合成树脂、橡胶）新应用领域的同时，而赋予磁与高分子传统应用以新的涵义和内容的材料之一。早期磁性材料源于天然磁石，以后才利用磁铁矿（铁氧体）烧结或铸造成磁性体。现代工业常用的磁性材料有三种，即铁氧体磁铁、稀土类磁铁和铝镍钴合金磁铁等。它们的缺点是既硬且脆，加工性差。为了克服这些缺陷，将磁粉混炼于塑料或橡胶中制成的高分子磁性材料便应运而生了。这样制成的复合型高分子磁性材料，因具有密度小、容易加工、成尺寸精度高和复杂形状的制品，还能与其他元件一体成型等特点，而成为越来越受到人们关注的高分子材料。

3. 光功能高分子材料

光功能高分子材料是指能够对光进行透射、吸收、储存、转换的一类高分子材料。目前，这一类材料已有很多，主要包括光导材料、光记录材料、光加工材料、光学用塑料（如塑料透镜和接触眼镜等）、光转换系统材料、光显示用材料、光导电用材料、光合作用材料等。光功能高分子材料可以制成品种繁多的线性光学材料，像普通的安全玻璃、各种透镜、棱镜等；利用高分子材料曲线传播特性，又可以开发出非线性光学元件，如塑料光导纤维、塑料石英复合光导纤维等；而先进的信息储存元件光盘的基本材料就是高性能的有机玻璃和聚碳酸酯。此外，利用高分子材料的光化学反应，可以开发出在电子工业和印刷工业上得到广泛使用的感光树脂、光固化涂料及胶黏剂；利用高分子材料的能量转换特性，可制成光导电材料和光致变色材料；利用某些高分子材料的折光率随机械应力而变化的特性，可开发出光弹材料，用于研究力结构材料内部的应力分布等。

四、生物医用高分子材料

生物医用材料（biomedical materials）又称生物材料（biomaterials），它是对生物体进行诊断、治疗和置换损坏的组织、器官或增进其功能的材料。近年来人们将生物技术应用于研制生物材料，在材料结构及功能设计中引入生物支架——活性细胞，利用生物要素和功能去构建所希望的材料，从此提出了组织工程的概念。

组织工程是利用生命科学与工程学的原理与技术，在正确认识哺乳动物的正常及病理两种状态下的组织结构与功能关系的基础上，研究开发用于修复、维护、促进人体各种组织或器官损伤后的功能与形态的生物替代物的一门新兴学科。组织工程的产生对相关的生物医用材料提出了新的挑战。因此大力研究和开发新一代生物相容性良好并可被人体逐步降解吸收的生物医用材料，是 21 世纪生物医用材料发展的重要方向。

1. 分类

生物医用材料按材料组成和性质可分为医用金属材料、医用高分子材料、生物陶瓷材料和生物医学复合材料。按材料在生理环境中的生物化学反应水平，又可分为生物惰性医学材料、生物活性材料、可生物降解和吸收的生物材料。表 4-10 列出了一些常用生物医用材料的实例。

表 4-10   生物医用材料实例

材料名称	应用实例	材料名称	应用实例
心血管植入物	心脏和瓣膜,血管移植物,起搏器	体外循环装置	氧合器,透析器
整形和重建植入物	丰乳,上颌骨重建	导管	导尿管,脑积液导管
矫形外科假体眼系统	隐形眼镜,人工晶体	药物释放控制装置	片剂或胶囊涂层
牙齿植入物	义齿		

2. 常用生物医用材料

医用材料具有生物相容性，生物材料相容性是指材料与人体之间相互作用后产生的各种复杂的生物、物理、化学等反应的一种概念。这里主要介绍生物降解和控制释放材料。

（1）生物降解材料　生物可降解材料主要是指那些在植入人体并经过一段时间后，能逐渐被分解或破坏的材料。被植入的这种异物在完成使命后，会自动分解成为无毒无害的物质，并从体内排出。聚乳酸（PLA）是一种重要的脂肪族聚酯类生物降解材料，无毒、无刺激，具有良好的生物相容性，在生物医学领域被广泛用作组织工程、人体器官、药物控制释放、仿生智能等材料。例如，甘油磷脂胆碱有良好的生物相容性和生物降解性，从蛋黄中提取的天然甘油磷脂胆碱作为侧链引入到 PLA 结构中，获得了可完全降解的侧链型磷脂高分子材料。

（2）控制释放材料　控制释放是指药物以恒定速度，在一定时间内从材料中释放的过程。常用的材料有天然和合成高分子。以天然高分子丝素蛋白为例，丝素蛋白无毒、无刺激，与人体有较好的组织相容性；加入药物后丝素蛋白膜仍具有良好的强度、柔软性、稳定性。体外释药实验表明：丝素蛋白膜厚度大，释药速率减慢，可延缓释药时间。水溶性小的药物可用水溶性聚合物 PEG（聚乙二醇）分散到丝素溶液中成膜，加 PEG 后，释放药物速率增快。

第五节 复合材料

一、定义、分类及命名

复合材料使用的历史可以追溯到古代。从古至今沿用的稻草增强黏土和已使用上百年的钢筋混凝土均由两种材料复合而成。20 世纪 40 年代，发展了玻璃纤维增强塑料（俗称玻璃钢），从此出现了复合材料这一名称。随后陆续发展了碳纤维、石墨纤维、硼纤维、芳纶纤维和碳化硅纤维。这些高强度、高模量纤维能与合成树脂、碳、石墨、陶瓷、橡胶等非金属基体或铝、镁、钛等金属基体复合，构成各具特色的复合材料。

关于复合材料的定义，过去常说："复合材料就是由两种或两种以上单一材料构成的，具有一些新性能的材料。"这反映了复合材料的一定内容，比较容易理解和接受。但现从科学的角度看，尚不够完善，不够确切。现认为复合材料定义应为："由两个或两个以上独立的物理相，包含黏结材料（基体）和粒料、纤维或片状材料所组成的一种固体产物"。上述定义中说的物理相，可以是连续的，也可以是不连续的。连续的物理相可以是一个、两个或两个以上。这种连续的物理相在复合材料中又常称做基体材料。不连续的物理相也可以是一个、两个或两个以上，它们多是粒料、纤维、片状材料或它们的组合。对于这些不连续的物理相，因它们是分散于连续的物理相中，所以也称为分散相。又因为它们多数能对基体材料起一定的增强作用，所以又把它们称为增强材料。

复合材料可从不同的角度对其进行分类，例如可按构成的原料、按形态和形状、按性能以及按复合效果不同原则进行分类。

（1）根据构成原料在复合材料中的形态，可分为基体材料和分散材料。

（2）根据复合材料的形态和形状可分为颗粒状、纤维状及层状三类。

（3）按复合性质分类，可分为合体复合（物理复合）和生成复合（化合复合）两种。

（4）按复合效果可分为结构复合材料和功能复合材料两大类。

复合材料的命名，最先使用一些通俗、形象的名称。如我国 20 世纪 50 年代开始出现的玻璃纤维复合材料，当时曾称为"玻璃钢"。现在，复合材料常根据增强材料与基体材料的名称来命名。将增强材料的名称放在前面，基体材料的名称放在后面，再加上"复合材料"。如碳纤维和环氧树脂构成的复合材料称为"碳纤维环氧树脂复合材料"。为书写简便，也可仅写增强材料和基体材料的缩写名称，中间加一斜线隔开，后面再加"复合材料"。如上述碳纤维和环氧树脂构成的复合材料，也可写做"碳/环氧复合材料"。有时为突出增强材料或基体材料，视强调的组分不同，尚可简称为"碳纤维复合材料"或"环氧树脂复合材料"。碳纤维和金属基体构成的复合材料叫"金属基复合材料"，也可书写为"碳/金属复合材料"。碳纤维和碳构成的复合材料叫"碳/碳复合材料"。

二、复合材料的发展和应用

由于金属材料、陶瓷材料和合成高分子材料这三类材料都有其缺点，如金属材料易腐蚀，合成高分子材料易老化、不耐高温，而陶瓷材料缺韧性、易碎裂。如果将这三种不同的材料通过复合工艺组合成为新的复合材料，使它既能保持各自的优良性能，又能克服其不足。将增强体与基体结合在一起，能发挥两者各自长处。如金属、陶瓷、合成高分子都可以作为基体，掺入增强体后便成为复合材料。克服单一材料的缺陷，扩大材料的应用范围。由于复合材料具有重量轻、强度高、加工成型方便、耐化学腐蚀和耐候性好等特点，已逐步取代木材及金属合金，广泛应用于航空航天、汽车、电子电气、建筑、健身器材等领域，在近几年更是得到了飞速发展。

随着科技的发展，树脂与玻璃纤维在技术上不断进步，生产厂家的制造能力普遍提高，使得玻纤增强复合材料的价格成本已被许多行业接受，但玻纤增强复合材料的强度尚不足以和金属匹敌。因此，碳纤维、硼纤维等增强复合材料相继问世，使高分子复合材料家族更加完备，已经成为众多产业的必备材料。目前全世界复合材料的年产量已达 550 多万吨，年产值达 1300 亿美元以上。全世界复合材料的生产主要集中在欧美和东亚地区。据世界主要复合材料生产商 PPG 公司统计，2000年欧洲的复合材料全球占有率约为 32％，年产量约 200 万吨。美国复合材料的年产量达 170 万吨左右。而亚洲的日本则因经济不景气，发展较为缓慢，但中国尤其是中国内地的市场发展迅速，使亚洲的复合材料仍将继续增长，2000 年的总产量约为 145 万吨，2005 年总产量达 180 万吨。

从应用上看，复合材料在美国和欧洲主要用于航空航天、汽车等行业。2000年美国汽车零件的复合材料用量达 14.8 万吨，2003 年欧洲汽车复合材料用量约为10.5 万吨。而在日本，复合材料主要用于住宅建设，如卫浴设备等，此类产品在2000 年的用量达 7.5 万吨，汽车等领域的用量仅为 2.4 万吨。但从全球范围看，复合材料在汽车工业的应用潜力仍十分巨大。例如，为降低发动机噪声，增加轿车的舒适性，正着力开发两层冷轧板间黏附热塑性树脂的减振钢板；为满足发动机向高速、增压、高负荷方向发展的要求，发动机活塞、连杆、轴瓦已开始应用金属基复合材料。为满足汽车轻量化要求，必将会有越来越多的新型复合材料将被应用到汽车制造业中。与此同时，随着近年来人们对环保问题的日益重视，高分子复合材料取代木材方面的应用也得到了进一步推广。例如，用植物纤维与废塑料加工而成的复合材料，在北美已被大量用作托盘和包装箱，用以替代木制产品；而可降解复合材料也成为国内外开发研究的重点。

另外，纳米技术逐渐引起人们的关注，纳米复合材料的研究开发也成为新的热点。以纳米改性塑料，可使塑料的聚集态及结晶形态发生改变，从而使之具有新的性能，在克服传统材料刚性与韧性难以相容的矛盾的同时，大大提高了材料的综合性能。最近，美国麻省理工学院的研究人员锦上添花，成功地研发出复合材料纳米化的设计模型。通过该模型，人们有望获得纳米复合材料具有其组成物质所没有的、全新的材料特性。它能够耐高温、抗辐射，并承受超强的机械负载，最终目标是将这些纳米复合材料用于包括核电站、燃料电池、太阳能和碳存储等能源应用领域。

参考文献

[1] 汪官锋，彭林辉.浅论材料发展史与国防科技发展史的联系 [J].科技信息.2008，04：59-60.

[2] 干福熹，王阳元等.信息材料 [M].天津：天津大学出版社，2000，12.

[3] 雷永泉.新能源材料 [M].天津：天津大学出版社，2000，12.

[4] 杨大智.智能材料与智能系统 [M].天津：天津大学出版社，2000，12.

[5] 俞耀庭.生物医用材料 [M].天津：天津大学出版社，2000，12.

[6] 吴人洁.复合材料 [M].天津：天津大学出版社，2000，12.

[7] 周祖福.复合材料学 [M].武汉：武汉工业大学出版社，1995，11.

[8] 马如璋，蒋民华，徐祖雄.功能材料学概论 [M].北京：北京工业出版社，1999.

[9] 张留成.材料学导论 [M].保定：河北大学出版社，1999.

[10] 上官倩芡，蔡泖华.碳纤维及其复合材料的发展及应用 [J].上海师范大学学报（自然科学版），2008，37（3）：276-278.

[11] 张运法.当代几种前沿功能材料 [J].中国教育技术装备.2010，9：86-87.

[12] 南策文，王晓慧，陈湘明等.信息功能陶瓷研究的新进展与挑战 [J].中国材料进展.2010，29（08）：30-35.

[13] 林志伟.功能陶瓷材料研究进展综述 [J].广东科技，2010，14：1-5.

[14] 陈义镛.功能高分子 [M].上海：上海科学技术出版社，1998.

[15] 江波等.功能高分子材料的发展现状与展望 [J].石油化工动态，1998，6（2）：23-27.

[16] 肖云.生物医学材料研究进展 [J].武汉生物工程学院学报，2007，3（3）：183-185.

第五章 化学与营养

第一节 化学与生命

纵观生命现象、生物种类、生物个体的表现，真可谓无奇不有。在广阔的地球表面，无论是在大气层中漂浮的细菌、真菌和植物的孢子以及在海洋深处邀游的鱼虾类生物，还是陆地上南北两极的企鹅和北极熊等，到处都是生命表现形式的存在，其外观千差万别、形式各异，充满了地球上的海洋、陆地和天空。据《诗经》记载的动、植物有 300 多种，《自然系统》记载的已多达 9000 多种。据统计，到目前为止，动物约有 85 万种，植物约有 40 万种，共约 125 万种；也有的记载约 200 万种甚至更多。尽管世界上的生物种类繁多、千奇百怪，但是组成生命最基本的分子却基本相同。

科学家们在认识生命的过程中先后经历了个体形态水平、细胞水平直至现在的分子水平三个层次。今天的生命科学正朝着两个方向发展，其一是从更宏观的角度，即从群体或群落乃至全球生物圈去认识生命；其二是从更微观的角度，从分子或原子去认识生命，从 DNA（脱氧核糖核酸）水平和蛋白质水平去揭示生命现象的本质，诠释生命的奥秘。

一、生命的起源

地球约有 47 亿年的历史，据化石分析，距今约 35 亿年以前，地球上才有了生命，首先出现的是原核蓝藻类；约 15 亿年以前，出现了真核藻类；约 5 亿年以前，地球上才产生了多细胞形式的生命形式；2.3 亿年以前，地球上产生了第一批古老的哺乳动物，如恐龙；5000 万年前，产生了现代哺乳动物；500 万年的时候，人和猿在进化上开始分离，各自走上了不同的进化道路。经过漫长的岁月，生命终于完成了从无到有、从单一到多样、从简单到复杂、从低级到高级的演化过程。

生命体实质是大气圈、水圈和地表岩石圈运动及物质作用的结果。地球形成初期的第一代大气的化学成分主要是氢和氦。但随着地球上火山爆发，内部物质不断冲出地壳、散落大气圈、水团和地表层，以及宇宙外部恒星传入的元素积累，地球的第二代大气"原始大气"产生了。如果存在生命体，那也一定是还原型的，无需氧的原始生物体。细菌、蓝藻属原核生物中许多都是厌氧的，地球大气团能出现游离氧，那还是蓝藻等生命体所创造的奇迹。根据地质学上红色页岩的出现，说明地球约在 20 多亿年前，大气由还原型的变成了氧化型的，大气中出现了游离氧分子，并且在大气的平流层，构筑了臭氧层。它有效地阻遏了太阳和宇宙辐射，更好地保护了生命，扩大了生命生存空间，使得生命从海洋中扩展到陆地上。

二、生命早期的化学进化过程

生命的化学进化过程，大体经历了由无机小分子→有机小分子→生物大分子→生物多分子体系→原始生命等阶段。将无机物人工转变为有机物，在 19 世纪初期前还是一条绝对不可逾越的鸿沟。从 1828 年德国化学家武勒从无机物氰酸铵制成尿素，随后人工合成有机物质的大发展，人类才彻底消除了这条绝对界线。

原始大气的主要成分是甲烷、氨、氮、硫化氢、氰化氢、水蒸气和二氧化碳等。这些气体在宇宙射线、紫外线辐射、闪电、局部高压等外界高能作用下，可自然合成一系列有机化合物，如氨基酸、核苷酸、单糖等分子。而这些有机小分子物质，又可通过雨水作用，经湖泊和河流最后汇集于原始海洋。经日积月累，原始海洋中不断聚集了大量形形色色、各种各样有机化合物和无机盐类，从而构成了生命的"原始汤"。原始海洋里的环境条件比较起陆地和大气中要温和得多，更适合这些与生命现象密切相关的蛋白质、核酸等比较脆弱的生物大分子物质的产生和稳定存在。1953 年，美国芝加哥大学的米勒模拟地球原始大气合成了 11 种氨基酸，随后不少人对生命体中的重要生物有机分子和高分子进行了模拟原始地球条件的合成实验获得成功。这表明，在地球上生命原始阶段的无机物质向有机物质的化学进化过程是完全成立的。

构成生物体的有机大分子，最基本的可分为蛋白质、核酸和高分子烃类化合物；凡是由小分子、单分子单体组成的多分子，称为聚合物，它与原来的单体性质不相同。组成蛋白质多肽链的单体都是氨基酸，但由于氨基酸结构及排列方式的不同，组成了体内 10 万多种性质、功能各不相同的蛋白质。在原始地球上，由于海洋中存在富集的有机小分子，所以被人们形象地称为形成生命的"原始汤"，这些"汤"中的有机小分子，只要经过脱水缩合就可以进一步形成聚合物。如氨基酸可以脱水缩合生成肽，核苷酸脱水缩合形成核酸（如图 5-1 所示）。

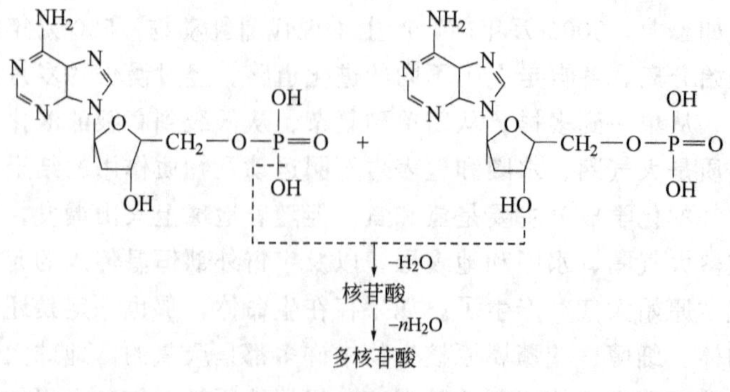

图 5-1 核酸的形成

但是，这些有机小分子在水溶液中是不容易脱水缩合而产生聚合物的。生命大分子的形成均需要借助外力（如热或化学催化作用等），并在适宜的环境中通过有机小分子的聚合或脱水缩合而产生的。氨基酸、多肽、蛋白质大分子具有多种作用和功能，是生命体的基本结构物质之一；而核苷酸、核酸大分子是高度有序，能传递遗传信息的物质；糖类则可为生命活动提供能量；如果把两种或三种或更多的生命大分子束缚在一起，使它们发生相互联系和作用，就成为一种具有固定结构的生物大分子体系，才体现出有生命的迹象。最开始人们假设这种简单多分子体系有多种，如"团聚体"、"微球体"、"团聚体内的团聚体"、"超循环组织"、"阶梯式过渡"模式等等，现在比较认同的主要有前苏联科学家奥巴林的"团聚体"和美国科学家福克斯的"微球体"两种模式。

"团聚体"有一些类似细胞的特性，就可吸纳氨基酸、催化剂和酶等。当"团聚体"吸纳糖后，再吸纳酶。在其内部可形成淀粉；让其吸纳核苷酸和相应的分解酶或合成酶等，其内部就可以发生复杂的生物化学反应。因此，奥巴林称"团聚体"为前细胞生命模型，并认为它是原始海洋中经过比较简单的非生物途径起源的，是由有机物质组织起来的一种生成物，它是导致生命体系诞生的出发点，这种生成物必然朝着完善、有序的方向进化。"团聚体"中所发生的化学反应，取决于一定条件和其内、外物质浓度之差别及对吸纳物质的选择性和前后次序，其内的化学反应是高度有序。"团聚体"并不是一个简单的静态热力学平衡系统，由于团聚体存在有选择性的物质吸纳进入和有秩序性的物质推出，它不仅扮演把各种反应维持在一个平衡的独立体系，而且在不同光照、温度、酶的作用下，"团聚体"的生化反应表现出多种多样的类似生命活动的现象，也体现了生命起源中非细胞形态的大分子、多分子体系构成及所能表现出的类似生命现象的活动的过程。

"微球体"是由在干燥的条件下制造的类蛋白质形成的微球体，把多种氨基酸混合物在无氧情况下加热到 $160\sim170℃$，并保持数小时后变成浓稠而黏滞的相对分子量较高的聚合流体物质（称之类蛋白），然后再把它放入 1% 的氯化钠溶液中，随着温度的降低，这种混合液变得混浊，并形成无数直径为 $0.5\sim3.0\mu m$ 的"微球体"。它经过一定的缓冲溶液处理之后，在 pH 为 $3.5\sim5.5$ 时还显示出双层膜并具有某些生物学特性，如膜对物质的选择通透性，在温度或溶液浓度变化中还能膨大、缩小或生出芽状突起。微球体与微球体之间还可合并，形成更大的"微球体"。前面所说的"团聚体"是由天然生物活性的蛋白质胶体聚合物产生的，或者是由蛋白质-糖，蛋白质-核酸等组合产生的，而"微球体"则主要是简单氨基酸聚合产生的类似多肽的物质生成的，这更接近当时原始地球的客观条件。比较"团聚体"而言，"微球体"更稳定，并可以用收集细菌的方法通过离心收集"微球体"；也能用染色细菌的方法把微球体分为革兰氏阴性和革兰氏阳性。在原始地球条件下，氨基酸还是较易产生和较丰富的，它们是可以通过聚合、缩合过程而形成类似蛋白的物质，并且很可能进而形成独立的多分子体系，形成一种非细胞形态的生命进化过程的单元-类蛋白微球体。

另外，在生物体中，核酸为主要的遗传物质，它是通过酶来合成的，而蛋白质则是其功能和结构的载体，是依靠核酸的编码信息生物合成的。核酸通过转录、翻译等步骤形成生物体内所需的蛋白质。因此，在生命的进化过程中蛋白质和核酸都是同时存在和非常重要的。我国科学家赵玉芬和曹培生在第 11 届国际生命起源大会上，用严密的理论和大量的实验结果，从化学模型、数学模型和动力学模型三个方面证明了氨基酸和磷的化合物——磷酰化氨基酸是生命起源的种子，具有生物活性，能同时产生蛋白质和核酸。

第二节　营　养　素

营养是指生物从外界摄入食物，在体内经过消化、吸收、代谢，以满足其自身生理功能和从事各种活动需要的必须生物学过程。食物是生物为了生存和生活所必需的各种营养物质。营养素是指人类通过摄入食物获得其生理和生活必需的各种营养成分。人体必需的营养素近 50 种，按传统方法大致分为水、蛋白质、脂肪、糖类、维生素和矿物质六大类，而根据中国营养学会 2000 年编写的《中国居民膳食营养素参考摄入量》一书则分为能量、宏量营养素（蛋白质、脂类、糖类）、微量营养素（矿物质、维生素）以及其他膳食成分（膳食纤维、水和植物化学物等）。

营养素的基本功能是提供能量、构建机体和修复组织、调节代谢，以维持正常生理功能。同一种营养素可能具有多种生理功能，如蛋白质既可构成机体组织，又可供给能量。反过来，不同营养素也可能具有同一种生理功能，如蛋白质、脂肪和糖都可以供能。

一、水

水是生命的摇篮和基础。水不仅孕育了生命，其本身就是生物体必不可少的组成部分。人体内的液体称为体液，包括细胞内液和细胞外液。体液均为胶体状溶液，包括水和各种化学物质。成人的体液约为体重的 60%。水在生物的成长、发育和生理功能方面起着极其重要的作用，是体内新陈代谢、物质交换、生化过程中必不可少的媒介。水可以携带细胞的代谢产物，通过肾脏、皮肤以尿和汗的形式排出体外。水还起着重要的机械作用，如维持细胞的膨压，对器官组织间具有润滑保护作用等。由于水具有高比热，使得水成为维持恒定温度的调节剂。体重 60kg 的成年人，每天通过呼吸及皮肤大约蒸发 1000mL 水，使机体散发约 2260kJ 的热量。如果没有水的蒸发，如此巨大的热量滞留体内，将会使体温迅速上升而对机体产生严重不良的影响。

水也是一种优良的极性溶剂，人体内的一切化学反应都是在水溶液中进行的。它为生命提供了一个合适的介质环境。溶液的 pH（酸碱度）大小和离子环境，决定了其中各种化学物质在溶液中所进行的各种物理、化学反应的方向、速度和程度。水是介质，也是参与者或反应者。如在植物细胞的光合作用与蛋白质的水解反应中，水是反应物；在氧化、聚合与葡萄糖酵解反应中，水又是生成物。细胞中脱氧核糖核酸（DNA）分子中含水量低于30%时，其双螺旋结构即行解体，而20%的水是维持细胞单位膜双层结构必不可少的。水是极性分子，因而每个水分子带负电的氧都和它周围的另一些水分子的带正电的氢相吸引而形成氢键。氢键很脆弱，只能维持$10^{-10} \sim 10^{-11}$s便很快断裂，但断裂得快，形成得也快。其总的结果是水分子总是以不稳定的氢键连成一片。水的这一特性使水分子有较强的内聚力和表面张力。由于内聚力，水可以在植物的根、茎、叶的导管中形成连续的水柱，从而可以从参天大树的根部一直上升至树梢。由于较大的表面张力，以至水蝇等昆虫都可在水的表面上奔跑行走。由于水分子的极性，它可以在活细胞中结合到纤维素、淀粉和蛋白质等多种极性分子上，促使其水化，使得细胞原生质成为溶胶状，这对生命正常的代谢活动具有重要意义。

二、糖类

糖类是生物体中重要的生命有机物之一，也是自然界分布最广、含量最丰富的一类有机化合物。它是人体能量的主要来源，在人类的生命过程中起着非常重要的作用。

（一）糖类的组成和分类

糖类是由碳、氢、氧三种元素组成的一大类化合物。因最早发现的糖类氢与氧的比例和水一样，故曾被称为碳水化合物（后来发现有些糖类物质并不存在这种比例）。地球上的许多生物通过光合作制造多种有机物，而其中最主要的是糖类。糖类是维持动、植物生命最经济、最广泛的热能来源。我国居民膳食中糖类占80%，每天所摄取的热量中大约有70%来自糖类。

糖类按其化学结构可分为单糖、双糖和多糖。单糖可分为五碳糖，六碳糖等。核糖和脱氧核糖是五碳糖，它们是组成核酸的必需物质；葡萄糖和果糖是六碳糖。葡萄糖的化学式是$C_6H_{12}O_6$。糖类的分子结构见图5-2。单糖是最简单的糖类，可直接被机体吸收和利用，如葡萄糖、果糖和半乳糖等。葡萄糖存在于植物性食物中。果糖大量存在于水果和蜂蜜中，是最甜的一种糖，其甜度为蔗糖的1.75倍。半乳糖是乳糖的水解产物，存在于动物的乳汁中。

动物在细胞内通过酶催化使葡萄糖氧化取得极大部分能量：

$$C_6H_{12}O_6(s) + 6O_2(g) \longrightarrow 6CO_2(g) + 6H_2O(l) + 2804kJ$$

双糖由二分子单糖缩合而成。常见的双糖有蔗糖，乳糖和麦芽糖。蔗糖在甘蔗、甜菜中含量很高。我们食用的白糖、红糖和砂糖都是蔗糖。乳糖是葡萄糖和半乳糖的缩合物，是动物细胞中最重要的双糖。存在于动物的乳汁中，其甜度大约只有蔗糖的1/6。麦芽糖是由二分子葡萄糖缩合而成。谷类种子萌芽时含量较多，在麦芽中含量最高。

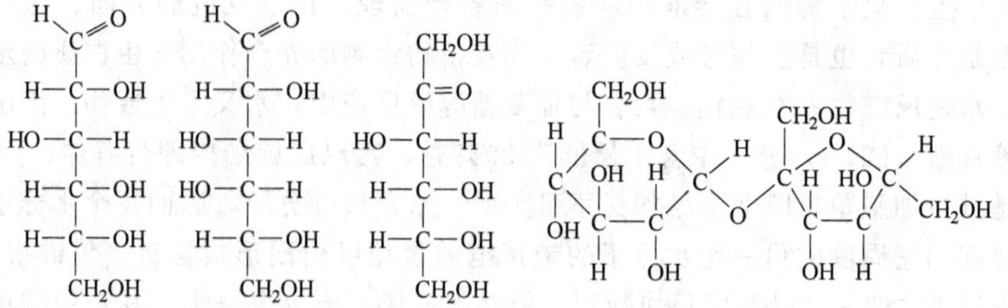

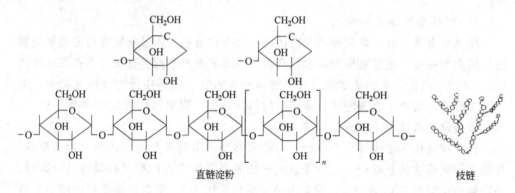

葡萄糖　　　　　半乳糖　　　　　果糖　　　　　　　　蔗糖

图 5-2　糖的分子结构

　　多糖是由许多同类或不同类的单糖分子聚合而成的，但主要是由葡萄糖分子组成的，无甜味。多糖主要有淀粉（分子结构见图 5-3）、糖原和膳食纤维。淀粉主要存在于谷、薯、豆类和水果中。淀粉在消化酶、酸和高温下可分解成糊精。糊精在肠道中有利于乳酸杆菌的生长，能减少肠内其他细菌的腐败作用。糖原是动物在体内储存糖类的一种形式。在人体内，葡萄糖以糖原的形式储存，也称为动物淀粉。糖原主要存在于肝脏和肌肉中，所以有肝糖原和肌糖原之分。膳食纤维是不能为人体消化、吸收和利用的多糖，包括纤维素、半纤维素和果胶等。在植物细胞中，最重要的多糖是植物淀粉和纤维素。

直链淀粉　　　　　　　　　　　　　　　　　枝链

图 5-3　淀粉的分子结构

（二）糖类的代谢

　　在人日常生活中摄入的糖类主要是淀粉，淀粉被人食用后，在各段消化管内，经过多种酶的作用，最后分解为单糖，其中主要是葡萄糖（表 5-1）。

表 5-1　消化淀粉的酶及其水解状况

消化部位	口腔	胃	十二指肠	小肠
酶的种类	α-淀粉酶	α-淀粉酶	α-淀粉酶	糊精酶、蔗糖酶、乳糖酶
水解状况	糖苷键断裂	淀粉继续水解	继续水解	单糖

　　葡萄糖在小肠中被吸收到体内后，发生下列三种变化：一是通过有氧氧化或无

化学与人类生活

氧酵解生成能量；二是在肝脏、骨骼肌等组织合成糖原；三是转变成脂肪。肝糖原可作为能量的暂时储备。血液中的葡萄糖浓度即血糖浓度是相对稳定的。当血糖的浓度因消耗而逐渐降低时，肝糖原即可转变成葡萄糖，以补充血糖。肌糖原则可为肌肉活动提供能量。

健康成人空腹时血糖水平为 $3.89\sim6.11$mmol/L。空腹血糖$\geqslant7.0$mmol/L 或餐后血糖$\geqslant11.1$mmol/L 称为高血糖。血糖浓度超过 $8.89\sim10.00$mmol/L 时，就会超过肾近端小管的重吸收能力而从尿中排出，出现糖尿。尿中开始出现葡萄糖的血糖水平称为肾糖阈。糖尿病是一种内分泌疾病，其主要原因是血中胰岛素绝对或相对不足，导致血糖过高，出现糖尿，进而引起脂肪和蛋白质代谢紊乱。其主要症状是"三多一少"，即多饮、多食、多尿、体重减轻。血糖低于 $3.33\sim3.89$mmol/L 称为低血糖。若血糖过低时，脑细胞的功能就会因为缺乏能量而受到影响，出现头晕、心悸、四肢无力，严重时出现昏迷，称为低血糖休克。糖类在体内储备量很少，因此必须每日数次进餐予以补充。

（三）糖类的生理功能

糖类在人体内的主要生理作用是供能，它来源最广泛，是机体最直接、最经济的能量来源。占人体总能量的 $60\%\sim70\%$，它在体内消化、吸收及利用比其他热源物质迅速，而且完全。即使是在缺氧的情况下，仍能通过酵解作用为机体提供部分能量。它不但是肌肉活动时最有效的燃料，而且是心脏、脑、红细胞和白细胞必不可少的能量来源。人体内作为能量的糖类主要是葡萄糖和糖原，糖原具有保肝和解毒作用。当肝脏内糖原充足时，可使肝脏对病原微生物感染引起的毒血症和某些化合物如酒精、砷等有较强的解毒能力，从而起保护肝脏的作用。人脑重量只占体重 2%，但其能耗量却占人的能耗总量的 20%，其中 80% 来自葡萄糖。

糖类也是组织细胞的主要组成成分，如核糖和脱氧核糖。糖与脂类形成的糖脂是组成神经组织与细胞膜的重要成分；糖与蛋白质结合的糖蛋白是某些具有重要生理功能的物质如抗体、酶、激素以及肝素的重要组成部分。

糖类对脂肪代谢有调节作用，因为脂肪在体内代谢所产生的乙酰必须与草酰乙酸结合进入三羧酸循环才能彻底氧化，而草酰乙酸是由葡萄糖代谢产生的。因此如果糖摄入过少，则脂肪代谢不完全，从而产生过多的酮体积聚而引起酮血症。由于糖的充分代谢使酮体得到进一步的分解代谢，而消除了酮体的积累，因此，糖具有抗生酮的作用。

糖类还有节约蛋白质的作用。若体内有足够的糖时，人体首先利用它作为能量来源，就可以减少蛋白质作为能量的消耗，使更多的蛋白质参与组织的构成。如果采取过度节食减肥不仅会造成体内酮体的大量积累，而且还会使蛋白质大量分解而危害心脏。

此外，在糖类物质中还有一类不溶于水、功能特别的物质膳食纤维，它是一种不被肠道消化的多糖，虽不产生热量，也不提供特殊的营养元素，但它有其不容忽视的生理功能。膳食纤维在口腔里可增加咀嚼时间，刺激、唾液分泌，减少附在牙齿上的食物残渣，有利于预防牙周病和龋齿。膳食纤维在肠道中吸附胆酸，粪便排出的胆酸，则由血中的胆固醇经肝转化予以补偿，从而可降低血清中胆固醇，预防动脉硬化和冠心病。膳食纤维能延缓胃排空，增加饱腹感，防止摄入热能过多，控制体重。同时它也减慢糖类的消化和吸收，降低血糖，减少糖尿病患者对口服糖尿病药物和胰岛素的需求，并使病人产生饱腹感，也能预防和治疗糖尿病。膳食纤维可以刺激肠道蠕动，缩短粪便在结肠中停留的时间；可吸收水分，稀释和增加粪便体积，使其变软，防止便秘。还可使便量增多，增加对结肠中有害物质的稀释和吸收作用，有助于预防结肠癌。

（四）糖类的来源

世界卫生组织规定，每人每日糖量以每千克体重为 0.5g 左右最佳。若体重为 60kg 成年人，每人每日则为 30g。

多种食物中均含有糖类（表 5-2），其中含糖量最多的是谷类和根茎类食物。谷类、根茎类食物中富含有淀粉。而单糖和双糖除了一部分存在于天然食物中，大部分存在于加工的成品中。红糖含丰富的葡萄糖以及铁、锰、锌等元素，是营养较丰富的食糖之一。中药中的人参、党参、黄芪中富含多糖，具有扶本固正，增强免疫力的作用，有助于延缓衰老。

表 5-2　一些常见食物中糖类的含量（每 100g 食物中所含的糖类克数）

食物名称	含量/g	食物名称	含量/g
白糖	99	马铃薯	15.8
蜂蜜	79.5	香蕉	16.4
大米	76.3	苹果	13.0
富强粉	72.9	荔枝	13.3
巧克力	65.9	西瓜	6.0
赤豆	44.1	梨	9.9
鲜枣	23.2	橘	12.8

三、脂类

脂类是机体内的一类不溶于水而溶于有机溶剂的有机大分子物质，它是油脂和类脂的总称。脂是由高级脂肪酸与丙三醇脱水形成的化合物，它包括油和脂肪（图 5-4）。油是由不饱和高级脂肪酸与丙三醇（甘油）脱水形成的化合物，通常呈液态，主要存在于植物中；脂肪是由饱和高级脂肪酸与丙三醇（甘油）脱水形成的化合物，通常呈固态，主要存在于动物内。若组成中的高级脂肪酸相同，则为简单甘油酯，若不相同则为混合甘油酯。

图 5-4　油和脂

类脂是指类似油脂的一类物质的统称。由于它们在物态及物理性质方面与油脂类似，因此叫做类脂化合物。它包括磷脂（卵磷脂、脑磷脂、肌醇磷脂）、糖脂（脑苷脂类、神经节苷脂）、脂蛋白（乳糜微粒、极低密度脂蛋白、低密度脂蛋白、高密度脂蛋白）和类固醇（胆固醇、麦角固醇、皮质甾醇、胆酸、维生素 D、雄激素、雌激素、孕激素）等，它曾作为脂肪以外的溶于脂溶剂的天然化合物的总称来使用。在脑、心脏、肝脏，磷脂含量较多，重要的有卵磷脂和脑磷脂。卵磷脂由 1 分子甘油、2 分子脂肪酸、1 分子磷酸和 1 分子胆碱组成，它与脂肪的吸收和代谢有关，有抗脂肪肝的作用。脑磷脂和卵磷脂结构的不同之处在于 1 分子的胆碱换成 1 分子的胆胺，它是组成各种器官组织的重要成分。血小板在血管损伤时释放的磷脂可以促进血液凝固过程。胆固醇（$C_{27}H_{45}OH$）以自由状态或作为脂肪酸酯的醇的成分，存在于几乎机体所有的组织中，尤其是在脑、神经和肾上腺中。动物体内几乎所有细胞都能合成胆固醇，尤以肝脏合成速度最快、数量最多。血浆胆固醇 60％～80％ 由肝脏合成，其次是小肠等器官。

脂类涉及范围很广，其化学结构有很大差异，生理功能各不相同。

（一）脂类的代谢

正常人一般每日从食物中消化吸收 60～150g 的脂类，其中甘油三酯占 90％ 以上，此外还有少量的磷脂、胆固醇和一些游离脂肪酸。食物中的脂类在成人口腔和胃中不能被消化，其消化与吸收主要在近乎中性环境，又有胆汁酸盐供应的小肠中进行。在小肠上段，由胆汁中的胆汁酸盐降低油脂的表面张力使其乳化，将不溶于水的脂类分散成水包油的小胶体颗粒，这增加了酶与脂类的接触面积，有利于脂类的消化和吸收。食物中的脂肪由分泌入小肠的胰脂肪酶进行催化分解，最终生成 1 分子一酰甘油和 2 分子游离脂肪酸；磷脂在小肠腔内经胰磷脂酶和磷酸酶催化，水解为甘油、脂肪酸、无机磷酸和胆碱等；胆固醇酯可在胆固醇酯酶的作用下水解生成胆固醇及脂肪酸。这些脂类的消化产物与胆汁乳化成混合体积很小的微粒（直径 20nm），极性增强，可被肠黏膜细胞吸收。由此可见，食物中的脂类的吸收与糖的吸收不同，大部分脂类通过淋巴直接进入体循环，而不通过肝脏。因此食物中脂类主要被肝外组织利用，肝脏利用外源的脂类是很少的。

脂肪分解后得到的脂肪酸可经氧化产生大量的 ATP（腺嘌呤核苷三磷酸），所以脂肪在体内的主要生理功能就是储能和供能。脂肪在肝脏中更能生成酮体，在长期饥饿、糖供应不足时，代替葡萄糖，为脑、肌肉组织的主要能源。胆固醇在体内可转化为胆汁酸、类固醇激素、维生素 D_3。

由于脂类不溶于水，体内的脂肪、磷脂和胆固醇及其酯在血液中与载脂蛋白结合，以乳糜微粒、极低密度脂蛋白、低密度脂蛋白和高密度脂蛋白形式由血液运输，而游离脂肪酸则由血液中清蛋白运输。

动物体内的脂类可分两大类。一类是细胞结构的组成成分称组织脂，磷脂和少量的胆固醇酯都属此类。组织脂的含量是比较恒定的，不受食物和机体活动的影响。另一类是储存备用的称为储脂，它是随食物营养情况而变动的，主要是脂肪，其含量可随个体营养状况和能量消耗的影响而变动。动物储存脂肪的组织主要为皮下组织、腹腔大网膜、肌间结缔组织等脂肪组织。这对于一切生物都大抵相同，例如当植物种子萌发时，储脂即减少，同时糖类增多，这说明部分储脂已转变成糖类。在动物方面，当需要能量时，储脂一部分可直接进行氧化，另一部分则回到血液变为血脂，并由血液转移到肝脏，在肝脏中进行代谢（如合成磷脂，脱饱和与分解氧化）及变为组织的组织脂。机体的脂肪可转变为糖类，糖类和蛋白质的生糖氨基酸也可变为脂肪。

（二）脂类的生理功能

1. 脂类的生理功能

脂肪的主要功能是储能与供能，是含能最高的营养素。1g 食物氧化分解时所释放的热量称为该食物的热价（kJ/g）。糖、蛋白质和脂肪在体内氧化时，其热价分别为 17.15kJ/g、17.99kJ/g 和 39.75kJ/g，所以脂肪是人体内一种浓缩的能源。一旦营养缺乏，脂肪又可转化为糖以供人体需要。脂肪还为人体提供必需脂肪酸，人体少了必需脂肪酸，就会出现各种生理障碍。脂肪是构成机体组织的成分。皮下脂肪和包裹在脏器周围的脂肪有隔热、保温、支撑保护、缓冲外力等作用。故内脏下垂多发于瘦人，而胖人则怕热耐寒。脂肪可增强和改善饮食的感官性状，可使食品、菜肴更具风味，食品的煎、炒、烹、炸都少不了它。此外，由于脂肪在胃中停留时间较长，因此食用高脂肪食物后不易饥饿。

生物膜（细胞膜和细胞器膜）的主要组成成分是磷脂、糖脂和胆固醇。生物膜的磷脂包括甘油磷脂和鞘磷脂两类。磷脂具有亲水部分和疏水部分，从而利于形成脂质双分子层结构，构成疏水性的"屏障"，分隔细胞水溶性成分和细胞器，维持细胞正常结构与功能。神经组织也含有大量类脂，它们对维持神经兴奋的传导起着重要作用，而脂蛋白则直接参与血液成分的构成。

脂类可刺激胆汁分泌，是脂溶性维生素的载体，能促进维生素 A、维生素 D、维生素 E、维生素 K 的吸收。胆固醇是体内许多重要激素的原料，它在体内经代谢后转化进一步合成皮质激素、孕酮、雄性激素及雌性激素等。人体每天约有250mg胆固醇用于合成上述激素。这些激素对促进和维持生殖细胞成熟和性发育，调节糖、脂肪、蛋白质及水和电解质的代谢，对应激反应、免疫功能均有重要作用。如胎盘不能正常地分泌孕酮，就容易发生流产。胆固醇是血浆脂蛋白的组成成分，与载脂蛋白结合的胆固醇可携带大量的三酰甘油和胆固醇酯在血浆中运输。

正常人100mL血浆中胆固醇总量为150～200mg。据最近报道，具有杀伤癌细胞的白细胞是依靠体内的胆固醇而生存的。胆固醇是血管收缩与扩张的调节器，它可以固定在构成血管内壁的肌肉细胞里相应的接收器上，刺激其形成，并释放一氧化氮气体刺激血管壁扩张，从而保护血管。如果血液内胆固醇含量太低，血管壁细胞释放的一氧化氮就少，久而久之，血管壁会变硬，严重者形成栓塞并导致动脉硬化等疾病。由此可见，胆固醇是人体不可缺少的营养物质，其重要性不言而喻。

但如果血液中胆固醇浓度过高，则可对许多脏器产生危害，特别是可以沉积在血管内壁形成斑块，促使动脉粥样硬化，心力衰竭、心脏病突发等，也可诱发胆结石。因此一些胆固醇含量高的食品，如蛋类、动物内脏，应适度控制。在正常情况下，人体中胆固醇大部分可自行合成并自动调节，使其维持在一定水平。当机体因某些原因（如体力活动少、肥胖症、精神过度紧张等）使调节功能失控时，体内胆固醇水平就会失去平衡。所以，如果血脂不高，没有必要过分限制食用含胆固醇较多的食物。只要膳食平衡，多选用富含膳食纤维的蔬菜、水果、杂粮等能降血脂的食物，一般不会出现胆固醇水平过高。但血脂高的人则应在医师或营养师的指导下合理进食。

2. 必需脂肪酸及其功能

必需脂肪酸是指人体不可缺少又不能自身合成，必须由食物供给的多种不饱和脂肪酸。不饱和脂肪酸包括亚油酸（十八碳二烯酸）、亚麻酸（十八碳三烯酸）、花生四烯酸（二十碳四烯酸）。必需脂肪酸的主要生理功能有如下。

（1）是组织细胞的组成成分　参与磷脂的合成，并以磷脂的形式出现在线粒体膜和细胞膜中，对维持细胞膜的完整性和生理功能有重要作用；磷脂也是神经组织的主要组成成分。

（2）是合成人体内前列腺素的原料　前列腺素广泛存在于体内，其作用非常广泛而复杂。如患湿疹的婴儿血中饱和脂肪酸降低，可能是必需脂肪酸缺乏的原因，常用豆油、花生油或用前列腺素配合治疗。

（3）对机体具有保护作用　必需脂肪酸能促进胆固醇代谢，防止胆固醇在肝脏和血管壁上沉积，对预防脂肪肝及心血管疾病有着重要作用；能防止放射线辐射所引起的皮肤损害，对皮肤有保护作用。

必需脂肪酸在体内代谢过程中，易氧化产生过氧化脂质，后者对人体健康不利，所以在日常生活中，既要防止动物脂肪摄入量过多，也要防止植物脂肪过剩。国际粮农组织和世界卫生组织专家们推荐：婴儿亚油酸供热应占总热能的3％；孕妇和乳母亚油酸供热应占总热能的4％～5.7％。我国营养学会认为亚油酸的供给量应占总热能的 1%～2%。

（三）脂类的来源

人类膳食脂肪主要来源于动物的脂肪组织、肉类和植物种子。动物脂肪含饱和脂肪酸和单不饱和脂肪酸相对较多。动物油的脂溶性维生素含量较高，且色香味优于植物油，但消化率低于植物油，牛油和羊脂的消化率更差。植物油熔点和凝固点较动物油低，不饱和脂肪酸和必需脂肪酸的含量较高，容易被人体消化吸收。亚油酸普遍存在于植物油中，亚麻酸在豆油中较多，有的植物油含有维生素 E，能延长油储存时间。供给人体脂肪的动物性食物主要有猪油、牛脂、羊脂、肥肉、奶脂、蛋类及其制品；植物性食物有菜油、大豆油、芝麻油、大豆、花生、芝麻、核桃仁、瓜子仁等。奶油是从全脂鲜牛乳中分离的，脂肪量 20% 左右。黄油是将奶油进一步离心搅拌制得，脂肪含量约为 85%，易被人体吸收利用。奶油和黄油中，胆固醇和饱和脂肪酸的含量也较高。含磷脂丰富的食品有蛋黄、肝脏、大豆、麦胚和花生等，含胆固醇丰富的食物有动物脑、肝及肾等内脏和蛋类，肉类和奶类也含有一定量的胆固醇。一些常见食物的脂及含量见表 5-3。

表 5-3　一些常见食物中脂肪的含量（g/100g）

食物名称	含量/g	食物名称	含量/g
植物油	100	鲫鱼	5.1
肥猪肉	90.8	带鱼	7.4
瘦猪肉	28.8	巧克力	27.7
猪肝	4.5	牛奶	4.0
瘦牛肉	6.2	鸡蛋	11.6

脂肪的摄入量通常以占总热量的百分比计。我国合理的膳食热能分配为：糖类、脂肪与蛋白质提供的热量分别占总热能的 55%～65%、20%～30%、10%～15%。中国居民膳食指南建议膳食脂肪的摄入量占总热量的比例在 20%～25%，儿童青少年为 25%～30%，其中饱和脂肪酸、单不饱和脂肪酸、多不饱和脂肪酸的比例为 1:1:1 为宜。目前随着人们生活水平日益提高，脂肪摄入量有升高的趋势。当摄取热能超过消耗的需要，可引起超重或肥胖甚至高血压、高血脂、动脉粥样硬化、冠心病、糖尿病、胆结石、乳腺癌等疾病。因此，脂肪摄入量不宜过高。

四、蛋白质

现代科学已证明，蛋白质是生命的基础，也是一切生命活动的载体。一切重要的生命现象和生理机制都与蛋白质相关，所以没有蛋白质就没有生命。

1. 分类及其结构

根据组成成分，蛋白质分为单纯蛋白质和结合蛋白质。胃蛋白酶、核糖核酸酶等一般水解酶属于简单蛋白质。这些酶只由氨基酸组成，此外不含其他成分。转氨酶、乳酸脱氢酶及其他氧化还原酶等均属于结合蛋白质。这些酶除了蛋白质组分外，还含有对热稳定的非蛋白的小分子物质，前者称为酶蛋白，后者称为辅因子。酶蛋白与辅因子单独存在时，一般无催化能力，只有二者结合成完整的分子时，才具有活力，此完整的酶分子称为全酶。例如，全酶包括酶蛋白质和辅基（或辅酶）两部分，辅基与酶蛋白结合较牢固。辅基可以是有机化合物，如糖类、脂肪和核酸；也可以是金属离子或金属配位化合物，如铜（Ⅱ）是铜蓝蛋白的辅基，血红素是血红蛋白的辅基等。蛋白质根据其形状又可以分为纤维状蛋白质和球蛋白质。纤维状蛋白质大多呈丝状，不溶于水，是人和动物皮肤、毛发、羽毛、结缔组织及骨骼等的组成成分，具有保护和支撑作用；球蛋白质呈球状或椭圆状，大多溶于水或盐、酸、碱的溶液，许多具有生物活性的蛋白质如酶、转运蛋白、蛋白质类激素、免疫球蛋白等都属于球蛋白。

尽管蛋白质的种类繁多，结构各异，但都是由基本单位氨基酸连接而成。氨基酸是一种含氮有机物，其分子结构中既有氨基（—NH₂），也有羧基（—COOH）。蛋白质是由许多氨基酸分子相互连接而成的，连接两个氨基酸的键称为肽键（—CO—NH₂—）。肽键中的氨基酸因脱水缩合而基团不全，称为氨基酸残基。蛋白质就是由许多氨基酸残基组成的多肽链。多肽链的两端分别称为氨基末端（N端）和羧基末端（C端）。

在蛋白质分子中，从N端到C端的氨基酸排列顺序称为蛋白质的一级结构（图5-5）。蛋白质分子中某一段肽链的空间结构称为蛋白质的二级结构，包括α-螺旋、β-折叠和β-转角和无规则卷曲（图5-6）。

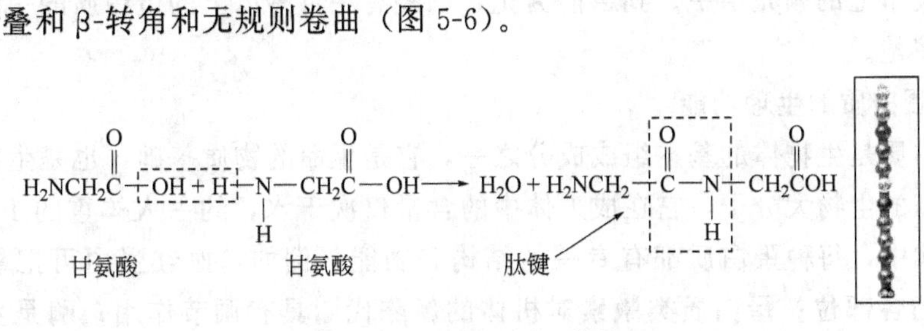

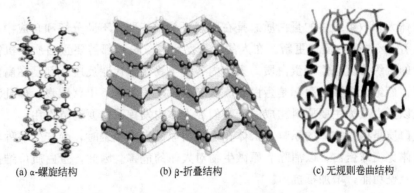

图 5-5　蛋白质的一级结构

(a) α-螺旋结构　　　　(b) β-折叠结构　　　　(c) 无规则卷曲结构

图 5-6　蛋白质的二级结构

1962 年诺贝尔奖获得者肯裘和伯鲁兹通过 X 射线研究发现，蛋白质在二级结构基础还能进一步盘曲，折叠成高度的三维空间构象。这就是蛋白质三级结构（图 5-7），也就是蛋白质整条肽链中全部氨基酸残基的相对空间位置。保证蛋白质三级结构稳定的重要因素之一是二硫键。它是由两个共价结合的硫原子构成的，可以把两条分立的肽链或同一个肽链中的两个部位连接在一起。这个专一的三级结构（亚单元）可以彼此互相作用形成更复杂的分子。例如，血红蛋白是由四个三级结构的亚单元组成的。每一条多肽链都有其完整的三级结构，称为亚基。亚基与亚基之间呈特定的三维空间排布，并以共价键相连接，就构成了蛋白质的四级结构（图 5-8）。

图 5-7　蛋白质的三级结构　　　　图 5-8　蛋白质的四级结构

单独的亚基一般不具有生物活性，只有完整的四级结构的蛋白质分子才有生物活性。1965 年我国首次人工合成了具有生物活性的牛胰岛素，显示了我国在蛋白质合成技术上的领先水平。到目前为止，已经有一百种以上的蛋白质的一级结构已全部搞清楚。

2. 蛋白质的生理功能

蛋白质是生物体的基本组成成分之一，它是生命的物质基础，也是生物体中含量最丰富的生物大分子，它在成人体中的含量仅次于水，约占人体重的 1/5。在所有生物体中，每种蛋白质都有专一的结构和功能。例如，血红蛋白可把氧气输送到机体的各部位；蛋白质类激素对机体的新陈代谢具有调节作用；酶是生物体中各种复杂反应的催化剂；球蛋白具有免疫作用；核蛋白具有遗传和生物变异作用等。

人体大多数组织中的蛋白质总是在不断更新中，即在不断分解和合成中，平均每日约有 3% 的蛋白质被更新。在人的生长发育各阶段，都需要蛋白质。机体受到创伤后的组织修复也需要蛋白质。人体内各种生物化学代谢反应，都是在酶的催化下进行，而绝大多数的酶都是蛋白质。胰岛素、生长激素、甲状腺素、催乳素等激素都是以蛋白质为主要原料构成的，它们在人体内发挥了重要调节作用。

蛋白质是构成抗体的原料。人体在遭到病原微生物侵袭时，会产生一种与之相应的抗体免疫球蛋白，以消除病原微生物对人体的危害。因此，蛋白质可维持人体的正常免疫功能，增加抵抗力。

血浆蛋白构成血浆胶体渗透压，可以调节毛细血管内外的水分交流，维持血容量，调节体液的平衡。营养不良时，血浆蛋白浓度降低，血液内的水分就会过多地渗透到周围组织中去，形成水肿。

蛋白质还是体内运送各种物质的载体，如运送氧气和二氧化碳的血红蛋白，运输脂肪的载体脂蛋白，运送铁的铁蛋白等。在某些特殊情况下，如长期不能进食或消耗量极大时，由于体内的糖原和脂肪大量消耗，蛋白质还能提供能量，以维持机体最基本的生理功能。

蛋白质是人和动物不可缺少的营养物质。美国著名学家安德尔·戴维丝指出："摄取充足的蛋白质，会使你年轻美丽，精力充沛，耐力持久，生命充满健康的阳光。"成人每摄取 60～80g 蛋白质，才能满足生理需要，保持身体健康。

3. 蛋白质的基本单位

氨基酸是组成蛋白质的基本单位，存在于自然界的氨基酸有 300 多种，但组成人体蛋白质的氨基酸仅有 20 种（见表 5-4）。氨基酸的分类方法有很多，根据氨基酸分子中所含氨基和羧基数目的不同，分为中性氨基酸（一氨基一羧基）、酸性氨基（一氨基二羧基）和碱性氨基酸（二氨基一羧基）。按其在水中的溶解可分其亲水性氨基酸和疏水性氨基酸；按氨基的位置不同又可为 α-氨基丁酸、β-氨基丙氨酸等；若根据其化学结构则可分为以下四大类。

表 5-4　人体内的氨基酸

名　称	英文缩写		结　构　式
非极性氨基酸			
甘氨酸(α-氨基乙酸)Glycine	Gly	G	CH_2-COO^- 下 $^+NH_3$
丙氨酸(α-氨基丙酸)Alanine	Ala	A	$CH_3-CH-COO^-$ 下 $^+NH_3$
亮氨酸(γ-甲基-α-氨基戊酸)* Leucine	Leu	L	$(CH_3)_2CHCH_2-CHCOO^-$ 下 $^+NH_3$
异亮氨酸(β-甲基-α-氨基戊酸)* Isoleucine	Ile	I	$CH_3CH_2CH-CHCOO^-$ 下 $CH_3 \; ^+NH_3$
缬氨酸(β-甲基-α-氨基丁酸)* Valine	Val	V	$(CH_3)_2CH-CHCOO^-$ 下 $^+NH_3$
脯氨酸(α-四氢吡咯甲酸)Proline	Pro	P	(环状结构) N^+-COO^-，H H
苯丙氨酸(β-苯基-α-氨基丙酸)* Phenylalanine	Phe	F	(苯环)$-CH_2-CHCOO^-$ 下 $^+NH_3$
蛋(甲硫)氨酸(α-氨基-γ-甲硫基戊酸)* Methionine	Met	M	$CH_3SCH_2CH_2-CHCOO^-$ 下 $^+NH_3$

名　称	英文缩写		结　构　式
非极性氨基酸			
色氨酸[α-氨基-β-(3-吲哚基)丙酸]* Tryptophan	Trp	W	CH_2CH—COO^- ; $\overset{+}{N}H_3$
非电离的极性氨基酸			
丝氨酸(α-氨基-β-羟基丙酸)Serine	Ser	S	$HOCH_2$—$CHCOO^-$; $\overset{+}{N}H_3$
谷氨酰胺(α-氨基戊酰胺酸)Glutamine	Gln	Q	H_2N—$\overset{O}{\overset{\|}{C}}$—$CH_2CH_2CHCOO^-$; $\overset{+}{N}H_3$
苏氨酸(α-氨基-β-羟基丁酸)* Threonine	Thr	T	CH_3CH—$CHCOO^-$; $OH\ \overset{+}{N}H_3$
半胱氨酸(α-氨基-β-巯基丙酸)Cysteine	Cys	C	$HSCH_2$—$CHCOO^-$; $\overset{+}{N}H_3$
天冬酰胺(α-氨基丁酰胺酸)Asparagine	Asn	N	H_2N—$\overset{O}{\overset{\|}{C}}$—$CH_2CHCOO^-$; $\overset{+}{N}H_3$
酪氨酸(α-氨基-β-对羟苯基丙酸)Tyrosine	Tyr	Y	HO—⟨⟩—CH_2—$CHCOO^-$; $\overset{+}{N}H_3$
酸性氨基酸酸性氨基酸			
天冬氨酸(α-氨基丁二酸)Aspartic acid	Asp	D	$HOOCCH_2CHCOO^-$; $\overset{+}{N}H_3$
谷氨酸(α-氨基戊二酸)Glutamic acid	Glu	E	$HOOCCH_2CH_2CHCOO^-$; $\overset{+}{N}H_3$
碱性氨基酸			
赖氨酸(α,ω-二氨基己酸)* Lysine	Lys	K	$\overset{+}{N}H_3CH_2CH_2CH_2CH_2CHCOO^-$; NH_2
精氨酸(α-氨基-δ-胍基戊酸)Arginine	Arg	R	H_2N—$\overset{\overset{+}{N}H_2}{\overset{\|}{C}}$—$NHCH_2CH_2CH_2CHCOO^-$; NH_2
组氨酸[α-氨基-β-(4-咪唑基)丙酸]Histidine	His	H	CH_2CH—COO^- ; $\overset{+}{N}H_3$

（1）脂肪族氨基酸　包括甘氨酸、丙氨酸、缬氨酸、亮氨酸、异亮氨酸、丝氨

酸、苏氨酸、半胱氨酸、蛋氨酸（甲硫氨酸）、天冬氨酸、天冬酰胺、谷氨酸、谷氨酰胺、精氨酸、赖氨酸等 13 个氨基酸和两个氨基酸的酰胺衍生物。

（2）芳香族氨基酸　即苯丙氨酸和酪氨酸。

（3）杂环氨基酸　包括组氨酸和色氨酸。

（4）杂环亚氨基酸　即脯氨酸。

这 20 种氨基酸是构成蛋白质的基本氨基酸，在体内代谢过程中还会产生一些氨基酸，如乌氨酸、瓜氨酸、胱氨酸等。在这 20 种氨基酸中，结构有长链、中链、短链和支链之分，其存在形式有单纯和复合之分，对机体的作用有必需和非必需之分。人体内不能自身合成，必需由食物供应的氨基酸，称为营养必需氨基酸。它共有 8 种（见表 5-4 中带"＊"的氨基酸），分别是异亮氨酸、亮氨酸、赖氨酸、蛋氨酸、苯丙氨酸、苏氨酸、色氨酸和缬氨酸。其余 12 种氨基酸体内可以合成，不一定需要食物供应，称为非必需氨基酸。组氨酸和精氨酸虽能在体内合成，但合成量不多，因此有人将这两种氨基酸也归为必需氨基酸。含必需氨基酸较丰富的食物有瘦肉、干酪、蛋类、牛奶、豆类和谷物等。此外，苦瓜、苦菜、苦杏仁、百合、茶叶、荞麦等中氨基酸的种类较多，含量较高。不同蛋白质食物中所含必需氨基酸的种类和数目比例都不相同，这对衡量其营养价值的高低起着重要作用。

氨基酸的功能主要有：合成相应的蛋白质（如肌蛋白、血红蛋白、脂蛋白、核蛋白等），满足人体生长和发育的需要；维持血容量的相对恒定；合成多种抗体、补体物质，参与人体免疫功能；转化为脂类或氧化供能。

在正常情况下，人体内有部分氨基酸要分解为氨，然后在肝脏合成尿素随尿排出体外。如果体内的氨基酸过多，氨的生成就会相应增多，使肝脏合成尿素也相应增多（尿素比氨的毒性作用更大）。给肾脏造成很大的负担。而且一旦尿素的排泄不畅，就会转变成尿酸，在关节周围的组织生成结晶，不断积聚，造成痛风的可能性非常大。如果肝功能减退，氨在肝脏的处理减少或出现障碍，就会引起氨的蓄积中毒。因此，使用氨基酸时，应当慎重权衡利弊。

4. 蛋白质互补作用

经研究发现，当人体从食物中摄入蛋白质，经消化吸收后，其氨基酸的含量组成越接近人体合成蛋白质的需要时，它们在人体内的利用率就越高。所以必需氨基酸相互间有一定比例，这种比例如在人体内能最有效合成蛋白质时，称为必需氨基酸的模式。因此食物蛋白质营养价值取决于必需氨基酸的模式。

单一食物蛋白的氨基酸组成不可能完全符合人体需要的模式比例，可能有某一种或几种必需氨基酸含量缺乏或相对不足，造成其氨基酸比例不当，影响机体对该蛋白质食物的吸收利用。但将多种食物蛋白混合食用，它们之间就可以相互取补充各自必需氨基酸的不足，以提高整个膳食蛋白的营养价值，这种作用称为蛋白质的互补作用。日常生活中，玉米、小麦、大豆混合制成的窝窝头、杂合面，五谷杂粮煮成的腊八粥，用面筋、香干、木耳、香菇、卷心菜煮成的素什锦、菜包子，婴儿食品中加鱼粉和肉食品等，都是蛋白质互补的例子。另外，动、植物性食物蛋白混合食用比单纯植物蛋白混合食用更好。

为了使蛋白质的互补作用得以充分发挥，应注意食物品种多样化，要荤素膳配，如米、豆与畜、禽、鱼、蛋、奶等互相搭配着吃。因合成组织蛋白质所需的氨基酸必须同时到位，才能充分充分发挥氨基酸的互补作用。

5. 蛋白质的来源

蛋白质普遍存在于所有的动、植物食品中，但其含量各不相同。在畜（牛、羊、猪）、禽（鸡、鸭、鹅）和水产品（龟、虾、贝）中一般为 $10\%\sim20\%$；蛋类中为 $12\%\sim14\%$；鲜乳类中为 $3\%\sim3.5\%$；干豆类中为 $20\%\sim40\%$，其中大豆类（黄豆、青豆、黑豆）中含量较高，为 $30\%\sim40\%$，赤豆、蚕豆等中稍低；坚果类（花生、核桃）含 $15\%\sim30\%$；粮谷类（大米、面粉）中为 $6\%\sim12\%$；薯类中为 $2\%\sim3\%$；水果与蔬菜中含量则很低。因此，人类摄取的蛋白质资源一是肉禽蛋奶等所提供的动物蛋白；二是粮豆菜果等提供的植物蛋白。我国人口多、耕地少，粮食问题尚未完全解决，要解决蛋白质营养的需求，还需要开发利用植物蛋白质资源。

以植物蛋白为主的食品结构有很多优点，这已为举世所公认。发达国家为了控制动物食品摄入过多所产生的"文明病"，也在致力于开发利用植物蛋白质资源。开发利用植物蛋白主要有下列途径。

（1）开发利用以大豆为主的油料蛋白　这是现阶段资源潜力最大、最有可能解决蛋白质问题的主要途径，是世界各国开发利用植物蛋白资源的热点。目前我国的膳食结构是以粮食为主，为满足人体蛋白质需要，在成人每日所需 80g 蛋白质总量中，应该包括 20g 大豆和油料蛋白。

（2）谷类蛋白质的氨基酸强化　谷类蛋白质缺少赖氨酸等必需氨基酸，所以在人体内的利用率低，营养价值较低。对营养价值低的谷类蛋白进行氨基酸强化，非常有益于人体的健康，因此开发强化食品是缓解蛋白质资源紧张的重要措施。

（3）利用遗传工程等现代生物科学成就，提高和优化合用植物中的蛋白质　利用遗传工程等生物科学创造适合人类营养需要的动植物新品种。目前已出现的这类食物新资源有高蛋白高赖氨酸玉米、高蛋白小麦、无腺体（无毒）棉籽、快速育成的肉牛、瘦肉型猪等。

（4）大力开发其他蛋白质新资源　例如，1924～1925 年已在匈牙利和英国登记专利的叶蛋白；又如用烃类培养的单细胞蛋白，包括石油酵母蛋白。此外，野生的山产与海产动、植物，也都有进一步开发的价值。

五、维生素

维生素是指生物的生长和代谢所必需的一类微量小分子有机化合物，它是人体生长和健康所必不可少的营养素。据不完全统计，现被列为维生素的物质约有 30 余种，其中被认为对人体的发育和健康至关重要的有 20 余种。它们的结构各不相同，有些是醇、脂，有些是胺、酸，还有些是酚和醛。各种维生素的化学结构以及性质虽然不同，但它们却有着以下共同点。

（1）维生素在人体内不能提供能量，也不参与人体细胞、组织的构成，但却参与调节人体的新陈代谢，促进生长发育，预防某些疾病，并能提高人体抵抗疾病的能力。

（2）大多数的维生素，机体不能合成或合成量不足，必须经常通过食物中获得以满足机体的需要。维生素均以维生素原（维生素前体）的形式存在于食物中。

（3）人体对维生素的需要量很小，日需要量常以 mg 或 μg 计算，但一旦缺乏就会引发相应的维生素缺乏症，对人体健康造成损害。

维生素的命名方式一般是按其被发现的先后顺序采用 A，B，C，D 等大写拉丁字母命名。对于同一族的维生素，则在英文字母右下方按发现顺序注以阿拉伯数字。后来有的维生素又以其主要的生理功能（如维生素 A 又称抗干眼病维生素等）和化学结构特征（如维生素 B_1，因其分子结构中既含有硫也含有氨基，故又称硫胺素）来命名。因此，同一种维生素会出现两个以上的名称。为了改变命名的混乱状况，国际理论及应用化学会及国际营养科学会在 1967 年与 1970 年先后提出过维生素命名法则的建议，使混乱的命名多少有些改进和明确，但由于维生素的化学名称复杂而长，国际上通常仍沿用习惯名称。例如，维生素 B_1 又名硫胺素，维生素 B_2 又名核黄素等。

维生素的种类很多，化学结构的差异很大，一般按其溶解性质分为水溶性和脂溶性两大类（见表 5-5）。水溶性维生素是指能在水中溶解的维生素，常见的有维生素 C、维生素 B_1、维生素 B_2、维生素 PP、维生素 B_6、泛酸、生物素、叶酸、维生素 B_{12} 和硫辛酸等；脂溶性维生素是指溶于脂肪及有机溶剂（如苯、乙醚及氯仿等）的维生素，常见的有维生素 A、维生素 D、维生素 E、维生素 K 等。脂溶性维生素都不溶于水，可随脂肪为人体吸收并在体内储积，排泄率不高。水溶性维生素不溶于脂肪或脂溶剂，吸收后体内储存很少，过量的多从尿中排出。

表 5-5　重要维生素的分类、主要功能和来源

分类	名　称	主要生理功能	来　源
脂溶性维生素	维生素 A(视黄醇)	合成视紫红质,防治干眼病、夜盲症、视神经萎缩,促进生长	鱼肝油、绿色蔬菜
	维生素 D(抗佝偻病)	调节钙、磷代谢,预防佝偻和软骨病	鱼肝油、蛋黄、乳类、酵母
	维生素 E(生育酚)	预防不育症和习惯性流产,抗氧剂	鸡蛋、肉、肝、鱼、植物油
	维生素 K(凝血维生素)	凝血酶原和辅酶合成,促进血液凝固	菠菜、苜蓿、白菜、肝
水溶性维生素	维生素 B_1(硫胺素)	抗神经炎,预防脚气病	酵母、谷类、肝、豆、瘦肉
	维生素 B_2(核黄素)	预防舌及口角炎,促进生长	酵母、肝、蛋、蔬菜
	维生素 PP(尼克酸、烟酸)	预防癞皮病,形成辅酶Ⅰ、Ⅱ的成分	酵母、米糠、谷类、肝
	维生素 B_6(砒哆醇)	预防皮炎,参与氨基酸代谢	酵母、肝、蛋、乳
	维生素 B_{11}(叶酸)	预防恶性贫血	肝、植物的叶酸
	维生素 B_{12}(钴胺素、辅酶)	预防恶性贫血	肝、肉、蛋、鱼
	维生素 C(抗坏血酸)	预防坏血病,还原剂,促进胆固醇代谢	新鲜蔬菜和水果
	维生素 H(生物素)	预防皮肤病,促进脂类代谢	肝、酵母

1. 维生素 A

早在 1000 多年前，唐朝孙思邈在《千金方》中记载动物肝脏可治疗夜盲症。1913 年，美国台维斯等 4 位科学家发现，鱼肝油可以治愈干眼病。1920 年英国科学家曼俄特将其正式命名为维生素 A（Vitamin A），亦名视黄醇（retinol）或抗干眼醇，它是所有 β 紫萝酮衍生物的总称，是一种在结构上与胡萝卜素相关的脂溶性维生素，有维生素 A_1（结构见图 5-9）及维生素 A_2 两种。它具有很好的多种全反式视黄醇的生物学活性，为某些代谢过程，特别是视觉的生化过程所必需。纯品为淡黄色结晶体，属脂溶性维生素，在空气中易被氧化，也易被紫外光破坏，与三氯化锑混合产生深蓝色，可以此特征鉴别维生素 A。

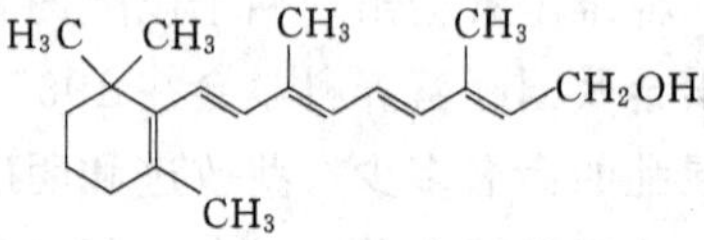

图 5-9　维生素 A_1 的结构

维生素 A 是视网膜内感光色素（视紫质）的组成成分，其主要生理功能是促进眼内感光色素的形成，维持眼睛在黑暗情况下的视力，防止夜盲症和视力减退；同时也是上皮组织细胞和骨骼细胞分化时的调节因素，能维持上皮组织和骨骼的正常生长发育，能保持组织或器官表层的健康，能增加对传染病的抵抗力，并能促进儿童生殖器功能的正常发育，有助于对肺气肿、甲状腺机能亢进症的治疗。缺乏维生素 A，可引起生殖功能衰退，骨骼成长不良、生长发育受阻以及眼部、呼吸道、泌尿道和肠道对感染的抵抗力降低等。长期缺乏维生素 A，容易被化学致癌物质所侵蚀，造成皮肤、黏膜的上皮细胞萎缩、角质化坏死，引起癌症。

维生素 A 成人日推荐量为 $1000\mu g$。维生素 A 只存在于动物的组织中，在蛋黄、奶、奶油、鱼肝油以及动物的肝脏中含维生素 A 较多。植物体中虽然不含维生素 A，但它所含的胡萝卜素在人和动物的肝脏及肠壁中胡萝卜素酶的作用下，能转变成维生素 A。所以多吃一些含胡萝卜素的胡萝卜、南瓜、苋菜、菠菜、韭菜等红、黄、绿色蔬菜和水果，也能保证足够用的维生素 A。因为维生素 A 和胡萝卜素都不溶于水，而溶于脂肪。所以将含维生素 A 和胡萝卜素的食物同脂肪一起摄入，有利于促进它们的吸收。一些常见食物中的维生素 A 如表 5-6 所示。

2. 维生素 B_1

维生素 B_1（Vitamin B_1）（结构见图 5-10）亦称"硫胺素"、"抗神经炎素"或"噻嘧胺"。维生素 B_1 是最早被人们提纯的维生素。1896 年荷兰王国科学家伊克曼首先发现，1910 年为波兰化学家丰克从米糠中提取和提纯。有特殊香味，味微苦。属于水溶性维生素。其在酸性溶液中稳定，但在中性及碱性溶液中容易分解，在碱性条件下受热时分解更快。维生素 B_1 是维生素中最早被发现的，其在动物和酵母体中主要以焦磷酸酯（或称"焦磷酸硫胺素"）的形式存在，在高等植物体中有自

表 5-6　一些常见食物中维生素 A 的含量（每 100g 食物中所含的维生素 A 毫克数）

食品名称	维生素 A 含量 /(mg/100g)	食品名称	维生素 A 含量 /(mg/100g)	食品名称	维生素 A 含量 /(mg/100g)
花茶	885	芒果	0.15	鸡	0.048
酥油	426	母鸡	0.139	冰淇淋	0.048
奶油	297	咸鸭蛋	0.134	火腿	0.046
鸡蛋	234	甘薯	0.125	韭黄	0.043
松花蛋	215	浓缩橘汁	0.122	豇豆	0.042
奶油奶酪	152	猪网油	0.089	鹅	0.042
全脂牛奶粉	141	猪板油	0.089	炼乳	0.041
鸽肉	53	蛋糕	0.086	刀豆	0.04
牛奶	24	番茄沙司	0.079	鹌鹑肉	0.04
荞麦	3	西瓜	0.075	辣椒油	0.038
地笋	1.055	野鸡	0.075	鸡爪	0.037
绿茶	0.967	海带	0.067	大豆	0.037
鸡黄蛋粉	0.776	黄豆粉	0.063	羊油	0.033
鸡蛋黄	0.438	鸡血	0.056	鸽蛋	0.033
豆瓣辣酱	0.417	牛油	0.054	鲜栗子	0.032
干蘑菇	0.273	鸭	0.052	鸡翅	0.028
紫菜	0.228	鸭肉	0.052	炼猪油	0.027
杏脯	0.157	菠菜	0.048	兔肉	0.026
哈密瓜	0.15	柿饼	0.048	黑鱼	0.026
橘子	0.15	公鸡	0.048	李子	0.025

由维生素 B_1 存在。人工提取所得的维生素 B_1 纯品通常以盐酸盐的方式保存，其为无色晶体。人从植物性食物中摄取的维生素 B_1 将会在体内转化为焦磷酸硫胺素。

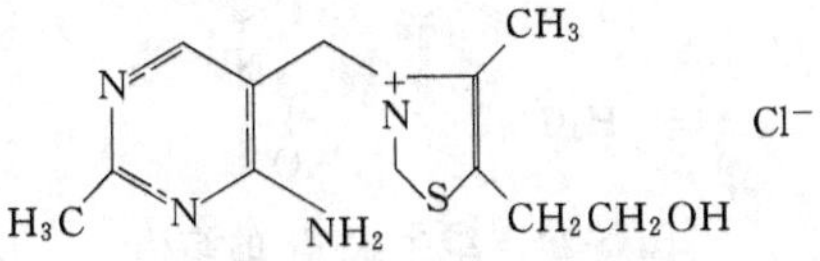

图 5-10　维生素 B_1 的结构

维生素 B_1 的主要生理功能是维持正常的食欲，肌肉的弹性和健康的精神状态。促进糖类和脂肪的代谢，在能量代谢中起辅酶作用。没有硫胺素就没有能量提供神经组织所需要的能量，防止神经组织萎缩和退化，预防和治疗脚气病。如果缺乏它，则依靠糖类代谢产生能量来维持功能的神经系统会首先受到影响，产生多发性神经炎、脚气病、下肢瘫痪、浮肿和心脏扩大等症状。

由于维生素 B_1 是水溶性维生素，多余的维生素 B_1 不会储藏于体内，而会完全排出体外。所以，必须每天补充。建议成人每日的摄取量是 1.0～1.5mg。妊娠、哺乳期每天摄取 1.5～1.6mg。在生病、生活紧张、接受手术时，要增加必要用量。维生素 B_1 的食物来源主要在谷类的谷皮和谷胚中、豆类、硬果和动物的内脏（肝、肾）、瘦肉和蛋黄等。一些常见食物中维生素 B_1 的含量如表5-7所示。

表 5-7　一些常见食物中维生素 B_1 的含量（每100g食物中所含的维生素 B_1 毫克数）

食品名称	维生素 B_1 含量/(mg/100g)	食品名称	维生素 B_1 含量/(mg/100g)
糙籼米	0.34	生花生仁	1.07
精籼米	0.15	猪肝	0.40
富强粉	0.13	瘦猪肉	0.53
标准粉	0.46	猪心	0.34
小米	0.57	鸡蛋黄	0.27
黄玉米	0.34	牛奶	0.04
黄豆	0.79	干酵母	6.56

3. 维生素 B_2

1879 年英国著名化学家布鲁斯发现牛奶的上层乳清中存在一种黄绿色的荧光色素，但都无法识别。1933 年，美国科学家哥尔倍格等从 1000 多公斤牛奶中得到 18mg 这种物质，后来人们因为其分子式上有一个核糖醇，命名为核黄素。维生素 B_2 （Vitamin B_2）（结构见图 5-11）亦称"维生素 G"。是橘黄色针状晶体，味苦，微溶于水，极易溶于碱性溶液中，且遇碱容易分解，对光不稳定。在工业上由"3,4-二甲基苯胺"与"D-核糖"合成。

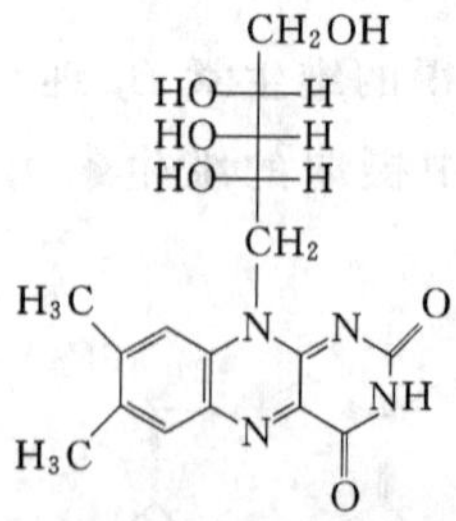

图 5-11　维生素 B_1 的结构

维生素 B_2 的主要生理功能是参与糖类、蛋白质、核酸和脂肪的代谢，可提高肌体对蛋白质的利用率，促进生长发育。参与细胞的生长代谢，是肌体组织代谢和修复的必须营养素。强化肝功能、调节肾上腺素的分泌。有保护皮肤毛囊黏膜及皮脂腺的作用。与所有其他维生素不同，轻微缺乏维生素 B_2 不会引起人体任何严重疾病。但是严重缺乏时，体内的物质代谢会发生紊乱，出现口角炎、皮炎、舌炎、脂溢性皮炎、结膜炎和角膜炎等。

建议成人每日摄取量是 1.7mg，但常处于紧张状态的人及服用避孕药、妊娠中、哺乳期的妇女需要适当应当增加维生素 B_2 的摄取量。维生素 B_2 的食物来源主要有动物内脏（肝、肾等）、瘦肉、酵母、乳类、蛋黄、豆类、糙米、硬果类和叶菜类等。一些常见食物中维生素 B_2 的含量如表 5-8 所示。

表 5-8   一些常见食物中维生素 B_2 的含量（每 100 克食物中所含的维生素 B_2 毫克数）

食品名称	维生素 B_2 含量 /(mg/100g)	食品名称	维生素 B_2 含量 /(mg/100g)	食品名称	维生素 B_2 含量 /(mg/100g)
猪肝	2.11	鲜牛奶	0.13	蚕豆	0.27
猪肾	1.11	牛奶粉	0.69	花生	0.14
鸡肝	1.63	乳酪	0.50	葵花籽	0.20
鳝鱼	0.95	酵母	3.25	干口蘑	2.53
鸡蛋	0.31	黄豆	0.25	紫菜	2.07

4. 维生素 B_6

1926 年发现某一种维生素在饲料中缺乏时，会使小老鼠诱发糙皮病，后来此物质在 1934 年被定名为维生素 B_6（Vitamin B_6）（见图 5-12），但到 1938～1939 年才被分离出来。维生素 B_6 是所有呈现吡哆醛生物活性的 3-羟基-2-甲基吡啶衍生物的总称，主要是吡哆醛、吡哆胺和吡哆醇。它为无色晶体，易溶于水及乙醇，在酸液中稳定，在碱液中易破坏。吡哆醇耐热，吡哆醛和吡哆胺不耐高温。在自然界广泛分布，其磷酸化形式是氨基酸代谢过程的辅酶，如转氨酶的辅酶。

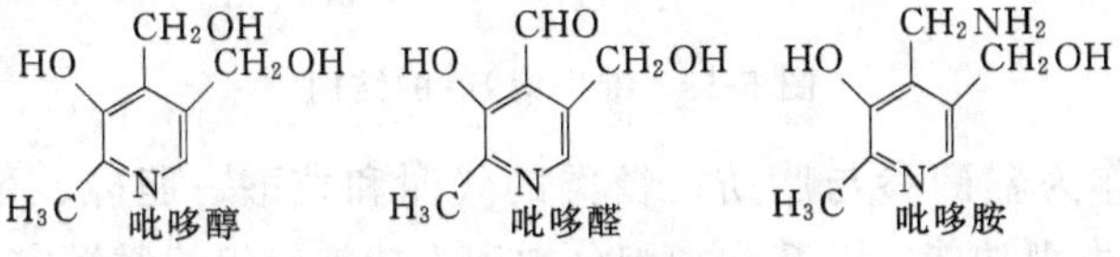

图 5-12   维生素 B_6

维生素 B_6 是肌体内许多重要酶系统的辅酶，其主要生理功能除参与神经递质、糖原、神经鞘磷脂、血红素、类固醇和核酸的代谢外，还参与氨基酸的脱羧作用、色氨酸的合成、含硫氨基酸的代谢和不饱和脂肪酸的代谢等生理过程。是动物正常发育、细菌和酵母繁殖所必需的营养物。

人体每日需要量约 1.5～2mg。缺乏维生素 B_6 时会有食欲不振、食物利用率低、失重、呕吐、下痢等症状，严重缺乏会有粉刺、贫血、关节炎、忧郁、头痛、掉发等。孕妇缺乏维生素 B_6，常造成婴儿体重不足，容易发生痉挛、贫血，生长和智力发育缓慢等现象。所以孕妇在怀孕期间应适当补充维生素 B_6，以供给胎儿

第五章 化学与营养

发育的需要。同时也可以治疗妊娠期的恶心和呕吐。维生素 B_6 也可用于受放射性照射而引起的呕吐及乘车船引起的呕吐。还可用作癞皮病及其他营养不良症的辅助治疗。在米糠中含有较丰富的维生素 B_6，用酒精溶液浸取米糠，再经过分离、提纯，可以得到较纯的维生素 B_6。在各种谷类、豆类、蛋类、肝脏和酵母中，都含有维生素 B_6，干酵母中维生素 B_6 的含量可达 $2.5\sim5mg/100g$，鸡蛋中的含量为 $0.68mg/100g$，香蕉中的含量为 $0.51mg/100g$。

5. 维生素 B_{12}

1948 年，美国的化学家雷克斯等和英国的化学家史密斯，几乎同时从肝脏中提取并精制成一种结晶物，此结晶物被证明是一种人体营养必需的物质，被命名为维生素 B_{12}（Vitamin B_{12}，结构见图 5-13）亦称钴胺素（cobalamin）或氰钴胺素（cyanocobalamin），它是所有呈现氰钴胺素生物活性的类咕啉的总称。是含钴的复杂有机化合物，属水溶性维生素，为深红色结晶，有吸湿性，遇氧化还原性物质能使之失效，对酸、碱及光照不稳定，因此，在加工含维生素 B_{12} 的食物时，加醋或碱会使其受到损失。维生素 B_{12} 可从抗菌素发酵液中提取或由丙酸菌发酵而制得，它是唯一需要一种胃壁细胞分泌物（内因子）帮助才能被吸收的一种维生素。

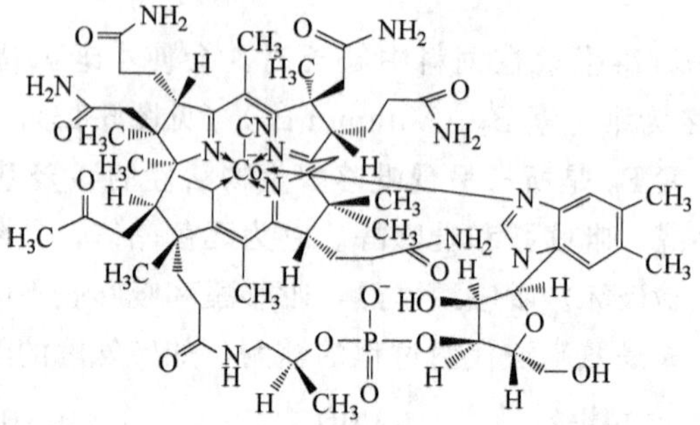

图 5-13　维生素 B_{12} 的结构

维生素 B_{12} 作为辅酶参与脂肪、糖类的代谢和核酸、胆碱、蛋氨酸的合成过程，具有广泛的生理功能，尤其为细胞分裂和维持神经组织髓鞘完整所必需。其主要参与以下两种代谢过程：一是维生素 B_{12} 参与四氢叶酸循环利用，若维生素 B_{12} 缺乏，会引起四氢叶酸循环利用障碍导致叶酸缺乏；二是参与甲基丙二酸-琥珀酸的异构化反应，使甲基丙二酰辅酶 A 变为琥珀酰辅酶 A 而进入三羧酸循环而彻底氧化分解为糖。若维生素 B_{12} 缺乏，甲基丙二酰辅酶 A 积聚，导致异常脂肪酸合成，影响正常神经髓鞘脂质合成，出现神经系统症状。维生素 B_{12} 缺乏的主要表现是巨幼红细胞贫血和高同型半胱氨酸血症，如恶性贫血（红血球不足）等。也可引起恶心，食欲不振，体重减轻，唇、舌及牙龈发白，牙龈出血，头痛，记忆力减退，痴呆等。

人体对维生素 B_{12} 的需要量极少，人体每天约需 $12\mu g$，人在一般情况下不会缺

化学与人类生活

少。由于自然界中的维生素 B_{12} 主要是由细菌合成，因此一般植物性食物中基本不含维生素 B_{12}。膳食中的维生素 B_{12} 通常来源于动物性食品。它在动物的肝脏中含量最多，其次为心脏、肾脏、肉、奶和蛋。因此不吃肉食可造成维生素 B_{12} 缺乏。老年人和胃切除患者胃酸过少也可引起维生素 B_{12} 的吸收不良。

6. 维生素 C

维生素 C（结构见图 5-14）又叫抗坏血酸，它的发现过程也就是坏血病的发展过程。从 13 世纪至 20 世纪初人们发现航海员很容易得坏血病死去，但如果饮食中增加水果和蔬菜这种病就会慢慢好转，起初人们并不知道这是为什么。1912 年波兰裔美国科学家卡西米尔·冯克提出了维生素的理论，并认定自然食物中有四种物质可以防治夜盲症、脚气病、坏血病和佝偻病，这四种物质分别称为维生素 A、维生素 B、维生素 C 和维生素 D。

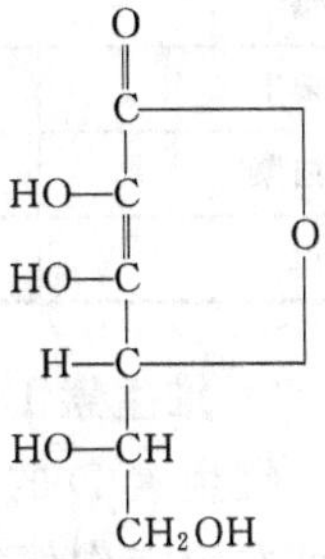

维生素 C 为无色晶体，味酸，易溶于水和乙醇，属于水溶性维生素，其水溶液呈酸性。性质不稳定，不耐热，易被空气氧化，对光稳定性差。在酸性溶液中稳定，在中性或碱性溶液中易被氧化分解。铁、铜等金属离子能够加速其氧化速度。因此，维生素 C 在储存、腌渍和烹调中都易破坏。

图 5-14　维生素 C 的结构

维生素 C 在体内的主要功能是：参加体内氧化还原过程，维持结缔组织的正常代谢，促进人体各种支持组织的生长发育，增强人体对疾病的抵抗能力；能增强细胞间质的黏度，促进细胞间质中胶原（即细胞间黏合物）的形成，有助于防御癌细胞侵袭与扩展；维持牙齿、骨骼、血管和肌肉的正常功能；增强肝脏的解毒能力；对体内胆固醇的代谢有调节作用。当人体中缺少维生素 C 时会发生坏血病，出现牙龈出血、牙齿松动、骨骼脆弱、黏膜及皮下易出血、伤口不易愈合等症状。维生素 C 除用于治疗坏血病外，也用于治疗长期发热的慢性传染病、职业性中毒和外伤等。近年来，科学家们还发现，维生素 C 能阻止亚硝酸盐和仲胺在胃内结合成致癌物质亚硝胺，从而降低癌症的发病率。

人需依赖食物供给维生素 C，据测定，成年男子每天约需摄取维生素 C 65mg，成年女子每天约需摄取维生素 C 60mg。维生素 C 主要来自新鲜蔬菜和水果，其中辣椒、猕猴桃、橘子、柠檬、番茄中含量最为丰富。只要每天多吃蔬菜，就能满足人体的需要。但需注意新鲜蔬菜不要长时间在水中浸泡，以免维生素 C 受损失。在加工过程中应尽量避免使蔬菜跟铜器接触。植物体内的维生素 C 易与空气中的氧气发生氧化作用，当温度较高时，这种作用越强烈。因此，在炒青菜时最好用急火快炒，有利于保护维生素 C 不受破坏。一些常见食物中维生素 C 的含量见表 5-9。

表 5-9　一些常见食物中维生素 C 的含量（每 100g 食物中所含的维生素 C 毫克数）

食品名称	维生素 C 含量/(mg/100g)	食品名称	维生素 C 含量/(mg/100g)
猕猴桃汁	150～400	南瓜	4.14
红辣椒	159	黄瓜	4.12
绿辣椒	89	沙田柚	12.3
苦瓜	84	山楂	8.9
生板栗	60	鲜枣	5.4
草莓	35	广柑	5.4
白萝卜	11～30	芹菜	6.0
大白菜	20	油菜	5.1
冬瓜	16	鸭梨	4.0

7. 维生素 D

维生素 D 的发现是人们与佝偻症抗争的结果。早在 1824 年，就有人发现鱼肝油可在治疗佝偻病中起重要作用。1918 年，英国的梅兰比爵士证实佝偻病是一种营养缺乏症。但他误认为是缺乏维生素 A 所致。1926 年，化学家卡尔从鱼肝油中提取得到维生素 D。1930 年，Gottingen 大学的 A. Windaus 教授确定了维生素 D 的化学结构（图 5-15）。维生素 D_2 和维生素 D_3 的化学特性分别在 1932 年和 1936 年被确定。

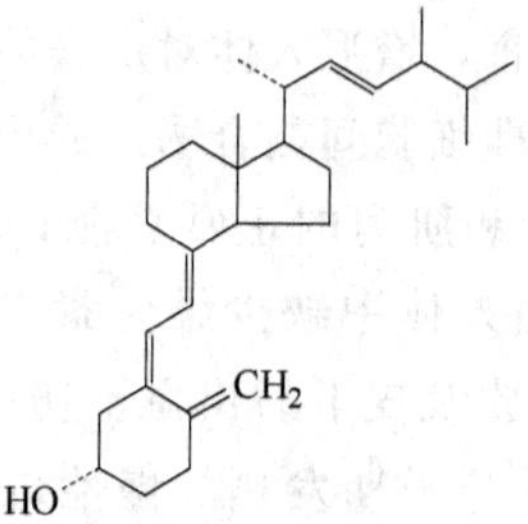

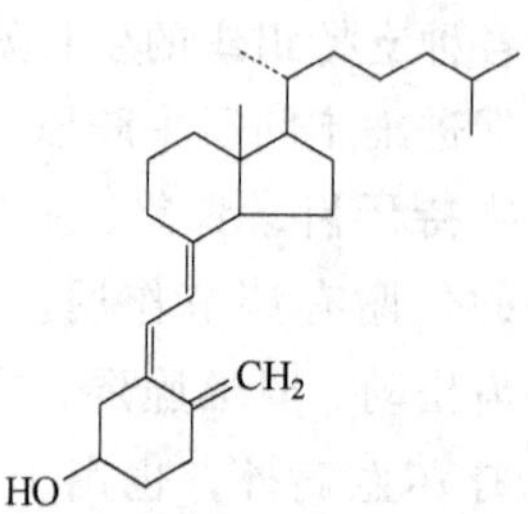

图 5-15　维生素 D 的结构

维生素 D 亦称"抗软骨病维生素"，为类固醇化合物。已确知的有维生素 D_2、维生素 D_3、维生素 D_4 和维生素 D_5。这四种维生素的分子具有共同的核心结构，仅支链不同。其中维生素 D_2 和维生素 D_3 的生理活性较高。它们分别由麦角固醇和 7-脱氢胆固醇经紫外线照射转化而成，均已从鱼肝油中分离出来。维生素 D 为无色晶体，不溶于水而溶于油脂及脂溶剂，性质稳定，不易被酸、碱或氧化剂所破坏。

维生素 D 的主要功能是：促进肠内钙和磷的吸收，调节体内钙、磷代谢，维持血液中钙、磷正常浓度，从而促进骨骼、牙齿的正常钙化，使牙齿、骨骼正常发育。同时还可维持血液中柠檬酸盐的正常水平，防止氨基酸通过肾脏损失。如果体内缺少维生素 D，即使饮食里含有足够的钙和磷也不能正常地被吸收，骨骼也不能正常地钙化。就会出现骨骼软弱、易变形，在机体的压力下造成"O 形"腿、鸡胸，导致幼儿患上佝偻病；成人患上软骨病。但摄取维生素 D 过多，使钙在肠内的吸收过多，会在心脏、肾小管等软组织内不规则地沉积而钙化，引起过度口渴、体弱、便秘、血钙过多等综合征。因此，要坚持户外活动或者经常进行日光浴，并适当食用含维生素 D 的食物，就不必另外补充维生素 D。

成年人的每日摄取维生素 D 的量是 5μg，但妊娠期和哺乳期女性应当增加 1 倍左右的摄入量。维生素 D 在牛奶、肝、肾、脑、皮肤组织中都含有，但鱼肝油和蛋黄中含量最丰富，而植物体内不含维生素 D。

8. 维生素 E

1922 年，人们发现一种脂溶性膳食因子对大白鼠的正常繁育必不可少。1924年这种因子被命名为维生素 E（结构见图 5-16），1936 年，维生素 E 被分离出结晶体，1938 年被人工合成。科学家们发现，小白鼠如果缺乏维生素 E，则会出现心、肝和肌肉退化以及不生育；大白鼠如果缺乏维生素 E，则雄性永久不生育，雌性不能怀足月胎仔；猴子缺乏维生素 E 会出现贫血、不生育、心肌异常。因为维生素 E能促进人体内黄体激素的分泌，具有抗不育活性，所以又称"抗不育维生素"或"生育酚"。它是不溶于水的脂溶性维生素，对酸、碱、热都比较稳定，即使在高温下加热也不易被破坏，但可以被紫外线破坏。

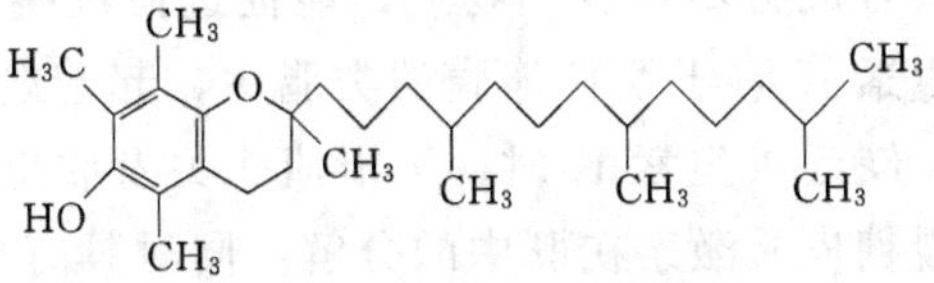

图 5-16　维生素 E 的结构

维生素 E 的主要生理功能有：促进垂体促性腺激素的分泌，促进精子的生成和活动，增加卵巢功能，卵泡增生，黄体细胞增大并增强孕酮的作用，可防止生殖器官受损而造成的不易受精或引起习惯性流产。具有抗氧化作用，能清除体内的自由基并阻断其引发的链反应，保护保护神经系统、骨骼肌、视网膜以及机体细胞免受自由基的毒害。改善脂质代谢，抑制细胞膜脂质的过氧化反应，抑制血小板在血管表面凝集和保护血管内皮的作用，促进毛细血管及小血管的增生，改善周围循环，防止形成动脉粥样硬化。稳定细胞膜和细胞内脂类部分，减低红细胞脆性，防止溶血。缺乏时会出现肌肉萎缩、不育、流产等症。多吃含维生素 E 的食物、可以增强人体对外来致癌物质的抵抗力，延长正常组织细胞的寿命，增强体质，有效地预防癌症的发生。

成人每日摄取维生素 E 量是 8~10mg，它在植物油料、豆类、谷芽、麦芽、麦皮、鸡蛋、牛肝、羊肉、核桃、葵花子、芝麻、丝瓜、南瓜、金柄、芹菜等中含量极高。应经常食用这些食物。一些常见食物中维生素 E 的含量见表 5-10。

表 5-10　一些常见食物中维生素 E 的含量 ［每 100g 食物中所含的维生素 C 质量（mg）］

食品名称	维生素 E 含量 /(mg/100g)	食品名称	维生素 E 含量 /(mg/100g)	食品名称	维生素 E 含量 /(mg/100g)
棉籽油	90	全牛奶	0.036	番茄	0.40
玉米油	87	青豆	2.1	苹果	0.31
花生油	22	蛋	2.0	鸡肉	0.25
甘薯	4.0	牛肝	1.40	香蕉	0.22
鲜奶油	2.4	胡萝卜	0.45	土豆	0.06

9. 维生素 K

维生素 K 亦称"凝血维生素"，是含有萘醌类结构并具有一定生物活性的一类化合物。它是 1929 年丹麦化学家达姆从动物肝和麻子油中发现并提取得到。为黄色晶体，熔点 52～54℃，呈油状液体或固体，不溶于水，能溶于油脂及醚等有机溶剂。维生素 K 化学性质较稳定，能耐热、耐酸，但易被碱和紫外线分解。它在人体内能促使血液凝固。维生素 K 分为两大类：一类是脂溶性维生素，即从绿色植物中提取的维生素 K_1 和肠道细菌（如大肠杆菌）合成的维生素 K_2；另一类是水溶性的维生素，由人工合成即维生素 K_3 和维生素 K_4。最重要的是维生素 K_1 和维生素 K_2。

维生素 K 对人体的主要功能是：参与并促使体内凝血酶原等凝血因子的生成，是四种凝血因子在肝内合成必不可少的物质。能促进血液凝固，缺乏维生素 K 的人凝血时间延长。维生素 K 溶于线粒体膜的类脂中，起着电子转移作用，可增加肠道蠕动和分泌功能。缺乏维生素 K 时，平滑肌张力及收缩减弱。它还可影响一些激素的代谢，如延缓糖皮质激素在肝中的分解，同时具有类似氢化可的松作用。注射维生素 K 可增加甲状腺的内分泌活性等。在临床上维生素 K 缺乏常见于胆道梗阻、脂肪痢，长期服用广谱抗菌素以及新生儿中，使用维生素 K 可予纠正。

成年人每日摄取维生素 K 的量是 70～140mg。人类维生素 K 的来源有二方面：一是由从肠道细菌合成（维生素 K_2），占 50%～60%；二是从食物中来（维生素 K_1），占 40%～50%。绿叶蔬菜含量高，其次是奶及肉类，水果及谷类含量低。牛肝、鱼肝油、蛋黄、乳酪、优酪乳、优格、海藻、紫花苜蓿、菠菜、甘蓝菜、莴苣、花椰菜、豌豆、香菜、大豆油、螺旋藻、藕中均含有。

总而言之，维生素是人体为了维持正常的生理功能而必须从食物中获得的一类微量物质，在人体生长、代谢、发育过程中发挥着重要的作用。一旦缺乏就会引发相应的维生素缺乏症，对人体健康造成损害。但过多摄入维生素也会给身体带来意想不到的危害。

因此，在通常情况下，只要饮食平衡，人体即可摄取每日所需要维生素，无需额外补充。但是，在实际生活中，由于食物烹饪、饮食习惯等原因，对一些特定的人群，如儿童、饮食不规律者、减肥者、素食者、孕妇、饮食受限的老年人、食物过精过细的人等，可以适当补充维生素。但是千万不可把维生素类药物当做补品而盲目过量服用，必要时要在医生指导下服用。

六、矿物质（无机盐）

矿物质也称无机盐，它是人体代谢中的必需物质。由于人类生命与自然界环境之间的物质交换能量转换都是通过化学元素来实现。因此，人体组织中几乎含有自然界存在的各种元素，而且与地球表层元素组成基本一致。到目前为止，发现人体内存在81种元素，其中20余种是构成人体组织、维持生理功能、生化代谢所必需的。在这些元素中，一部分在人体内含量较多，占人体质量的99.95%，被称为常量元素；另一部分在人体内含量极少，仅占人体质量0.05%，被称为微量元素。通常又将其中占人体体重0.01%以上，每人每日需要量在100mg以上的元素称为常量元素或宏量元素；含量低于此量者称为微量元素。

1. 常量元素

常量元素包括O、C、H、N、Ca、P、K、S、Na、Cl、Mg共11种（见表5-11），约占人体质量的99.95%，它们都是元素周期表中前20号元素（表5-10）。其中O、C、H、N构成机体有机物和水分，约占人体总质量的95%；其他各种元素称为矿物质或无机盐，总量小于体重的5%，其中含量较多的为钙、镁、钠、钾、磷、硫、氯等7种。这些元素在人体内的含量，以及人们对它们的需要均不同。矿物质对身体的生理作用主要有以下几个方面。

表 5-11 11种常见必需元素在人体中所占质量分数

元素	质量分数/%	元素	质量分数/%	元素	质量分数/%
O	65.00	Ca	1.50	Na	0.15
C	18.00	P	1.00	O	0.15
H	10.00	K	0.35	Mg	0.05
N	3.00	S	0.25		

① 构成机体组织的重要成分，如骨骼和牙齿等硬组织，大部分是由钙、磷、镁组成，而软组织含钾较多。

② 在体液中与蛋白质一起调节细胞膜的通透性，控制水分、维持正常的渗透压和酸碱平衡（磷、氯、硫为酸性元素，钠、钾、镁为碱性元素），维持神经肌肉兴奋性。

③ 构成机体某些特殊功能物质的重要成分，如血红蛋白中的铁，甲状腺素中的碘，谷胱甘肽过氧化物酶中的硒等。此外，还可构成酶的成分或激活酶的活性等。

这些元素对生命活动是极其重要的，有的元素是单独参与，但更多的是相互协同、互相制约。以下介绍几种常量元素。

（1）**钠** 成人体内所含钠离子总量约为6200～6900mg，占体重的0.15%。其中约45%存在于细胞外液中，约45%存在于骨骼中，仅有10%存在于细胞内。正常人血浆钠浓度为135～140mmol/L。它的主要生理功能是调节体内水分、维持细胞内外渗透压平衡、酸碱平衡和血压正常，增强神经肌肉兴奋性。

人体钠的来源主要是食物，几乎所有食物都含有钠。但钠的主要来源是食盐，所以人体一般很少缺钠。但是，大量出汗，长期呕吐、腹泻、受伤部位渗出大量液体、肾上腺皮质功能减退糖尿病酸中毒等，以及大量利尿，可出现钠的缺乏。当血浆钠含量低于135mmol/L时，即为低钠症。会使渗透压降低，细胞肿胀，出现恶心、呕吐、视力模糊、心率加速、血压下降等症状。据研究，由于摄入大量钠可诱发高血压或使高血压恶化。因此提倡把低钠饮食作为预防高血压发展的综合措施之一，也就是说每天摄盐量最好不超过5g。对心脏病、肾病患者，更应限制食盐摄入量。

（2）钾　钾是人体内主要的阳离子之一，正常成人每千克体重含钾2g，其中98%存在于细胞内液中，2%存在于细胞外液。它的主要生理功能是参与糖、蛋白质的代谢，调节细胞内外的酸碱、电解质及渗透压平衡，降低血压，维持心肌和神经肌肉的正常功能及神经肌肉的应激性。胰岛素的分泌、肌酸磷酸化作用、糖类代谢以及蛋白质合成都离不开钾，钾还和许多酶的反应密切相关。

人体钾的来源主要是食物。它广泛分布于各类食物中，肉类、鱼类、家禽、各种水果和蔬菜都是钾的良好来源，其中蔬菜和水果是钾的最好来源。一般日常膳食中不会缺钾。成年人每日需要的钾为1875～5625mg，当血清钾浓度过低时会出现横纹肌（骨骼肌）麻痹，而平滑肌（如胃、肠）和心肌也同样受钾缺乏影响。肾脏在很大程度上维持钾的摄入和排出。钾的排出量与氮的排出量有关，每排出1g氮约排出2.7mg钾。酸或碱中毒时，使大量钾从尿中排出，容易出现钾缺乏。此外，严重腹泻、呕吐、服用利尿剂或肾上腺皮质激素也可以导致钾缺乏。钾缺乏可引起神经肌肉、消化、心血管、泌尿、中枢神经等系统发生功能性或病理性改变。钾缺乏的临床表现有心跳不规则、心电图异常、肌肉衰弱或麻痹、恶心、呕吐、肠麻痹等。当血钾低于3.5mmol/L时，可出现倦怠、精神萎靡、烦躁不安；当血钾低于2.7mmol/L时，可发生心律不齐等症状，严重时意识模糊、昏迷甚至死亡。研究表明，钠能升高血压，钾能降低血压。多吃水果、蔬菜有助于降低中风的发生。高血压患者尤其应多食水果、蔬菜。

（3）镁　镁是人体细胞内主要的阳离子之一，其含量仅次于钾和磷，在细胞外液中仅次于钠与钙居第三位。在人体内约25g，其中60%～65%是以磷酸盐和碳酸盐的形式存在骨骼和牙齿内，27%存在于软组织中，2%存在于体液内。镁几乎参与人体内所有的新陈代谢过程。其主要的生理功能有：能激活体内多种酶系统、参与骨骼和牙齿的构成、维持神经和肌肉的正常兴奋性、维持核酸结构的稳定性、参与体内蛋白质的合成。镁还会影响钾、钠、钙离子细胞内外移动的"通道"，并有维持生物膜电位的作用。

缺镁使人产生疲劳感，心动过速，易激动、抑郁，肌肉痉挛，对高血脂症、高血压、糖尿病及心脑血管病均有影响。国外研究证明，镁长期摄入不足者，可使心血管疾病和肿瘤发病率显著增加。

成年人对镁的需要量每日大约 300～700mg。镁广泛存在于各种食物中，食物中以绿色蔬菜含镁量最高，镁离子在整个肠道均可吸收。但一些不良饮食和生活习惯使人体缺镁日益严重，如经常大量食用富磷食物（如肉、鱼、蛋、虾等），其过多的磷化合物可抑制肠道中镁的吸收。谷物外层含镁十分丰富，精加工的白米、白面外观虽好，但其纤维素、微量元素已丧失殆尽，其中镁的损失达 95%。绿色蔬菜在各种加工过程中，镁的损失达 90% 以上。软水中缺镁，一些"纯水"在除去有害物质的同时，也除去了镁等营养元素。酒、咖啡和茶水中的咖啡因也会使食物中的镁在肠道吸收困难，造成镁排泄增多。人们只有多吃绿色蔬菜，最好生吃或空腹吃新鲜菜汁、要常喝硬水、自来水、矿泉水等，低盐饮食，少喝或不喝酒，不宜喝大量咖啡和浓茶、多吃富镁食品（如各种麦制面粉、胡萝卜、莴苣、豆类、果仁等）；适量食用肉、鱼、蛋、虾类等富磷食物。有肥胖、高血压、糖尿病、冠心病者应另补食镁制剂。

（4）钙　人体中钙的含量仅次于 N、O、C、H，正常成人体内共有 1000～1200g 钙，约为人体重的 2%，其中 99% 以上的钙存在于骨骼中。骨骼中有两类磷酸钙：一类是不定形或非晶相体，此类磷酸钙在人体幼年时期占优势，含有水合磷酸三钙和次磷酸钙；另一类是粗糙的结晶相，通常是以羟基磷灰石化 $[Ca_{10}(PO_4)_6(OH)_2]$ 的形式存在。身体中的钙除了绝大部分集中在骨骼及牙齿外，还有 1% 的钙存在于软组织、组织液和血液中，这些部位称为混溶钙池。

钙的主要生理功能有：构成骨、牙的重要部分。骨骼不仅是人体的重要支柱，而且还作为钙的储存库，在调节体内钙平衡方面有重要作用。钙担负调节正常细胞生理功能的作用。钙与磷脂结合，能维持细胞膜的完整性和通透性，能降低毛细血管和细胞膜的通透性，防止渗出，控制炎症和水肿；与蛋白质结合，在细胞间起粘连作用；与细胞内核酸结合，能维持染色体结构的完整；心肌和肌肉的收缩，神经兴奋性，神经递质的合成、分泌及其作用等都受血液中钙的浓度调节。体内许多酶需要钙激活。钙、镁、钾、钠保持一定比例是促进肌肉收缩、维持神经肌肉应激性所必需的。钙对心肌有特殊的影响，它与钾拮抗，有利于心肌收缩。钙参与血液凝固过程，血液中的钙离子可刺激血小板释放出一些物质，如 5-羟色胺、二磷酸腺苷等，使受损血管收缩，血小板聚集形成血栓，钙离子是凝血因子Ⅳ，而且它参与血液凝固的每一个环节。在钙离子和其他凝血因子的共同作用下，血液中的可溶性纤维蛋白原转变为不溶性纤维蛋白，并网络血细胞，形成血凝块而使血液发生凝固。

当血钙降低时，神经兴奋性会显著增加，可出现烦躁、多动、失眠、手足发麻、肌肉痉挛、腰腿酸痛等症状，严重者甚至可造成死亡。低钙状态可使皮肤和黏膜对水的渗透性增加，使皮肤弹性降低，出现原因不明的皮肤瘙痒、水肿和皮肤荨麻疹。

钙的吸收与膳食中含钙的质和量以及钙的吸收率等多种因素有关。钙能与食物中的某些化合物结合形成不溶性的化合物而不被肠道吸收，随粪便排出体外。所以在混合膳食中，钙在小肠内的吸收率大约只有 20％，婴幼儿吸收稍多一些，也只有 25％左右。因此，在选择食品和了解人体需要量之前，有必要了解影响钙吸收的种种因素和补钙的基本措施。某些食物中钙的含量见表 5-12。

表 5-12　某些食物中钙的含量（每 100g 食物中所含钙的毫克数）

食物名称	含量/mg	食物名称	含量/mg
大米	10	紫菜	229
标准粉	38	雪里蕻	235
鸡蛋	55	豆腐	277
核桃	109	芝麻酱	870
牛奶	120	海带	1119
猪排骨	178	小虾皮	2000
青菜	163		

中国营养学会建议钙的每日供给量：成人不分性别 800mg，孕妇 1000～1500mg，乳母 1500mg。儿童 2 岁以下为 600mg，3～9 岁为 800mg，10～12 岁为 1000mg，13～15 岁为 1200mg。

（5）磷　磷也是人体含量较多的元素之一，稍次于钙排列第六位，成人体内约含有 600～900g，约占人体 1％。人体内的磷 85％存在于骨骼和牙齿，主要形式为无定性的磷酸钙和结晶的羟基磷灰石，其余 15％分布在软组织和体液中，不同软组织磷的含量也不相同。脑组织含磷量较高，可高达 4.4g/kg，肌肉组织含磷量为 1.0g/kg，各软组织平均含磷为 2.0g/kg。软组织中的磷主要以有机磷、磷脂和核酸的形式存在。骨组织中所含的磷主要以无机磷的形式存在，即与钙构成骨盐成分。血浆（清）中既含有有机磷，又含无机磷，其中血液、尿及组织液中的磷是以易溶性 $H_2PO_4^-$、HPO_4^{2-} 存在。

磷是所有细胞中的核糖核酸、脱氧核糖核酸的构成元素之一，对生物体的遗传代谢、生长发育、能量供应等方面都是不可缺少的。磷也是生物体所有细胞的必需元素。它的主要生理功能有：是骨骼和牙齿的重要构成材料（钙/磷比值约为 2：1），是促成骨骼和牙齿的钙化不可缺少的营养素。能保持体内 ATP 代谢的平衡，在调节能量代谢过程中发挥重要作用。同时，它是组成核苷酸的基本成分，而核苷酸是生命中传递信息和调控细胞代谢的重要物质核糖核酸（RDA）和脱氧核糖核酸（DNA）的基本组成单位。另外，它还参与体内的酸碱平衡的调节，参与体内脂肪的代谢。

磷摄入或吸收的不足可以出现低磷血症，引起红细胞、白细胞、血小板的异常，软骨病；因疾病或过多地摄入磷，将导致高磷血症，使血液中血钙降低导致骨质疏松。通常引起缺磷的原因是摄取了一些可排除体内已有的磷的食物，这种情况发生在过多地服用"抗酸"剂所致，缺磷的症状一般是虚弱、厌食性不适等。

成年人每天摄取 800～1200mg 磷就能满足人体的需要。因为磷在食物中分布很广，几乎人类所有的食物都含磷，无论动物性食物或植物性食物都主要是其细胞，而细胞都含有丰富的磷。特别是谷类和含蛋白质丰富的食物。在最常见的食物中，含磷较丰富的食物有牛肉、鱼、鸡蛋、牛奶、花生、谷物以及水果和蔬菜等。

2. 微量元素

人类对微量元素的认识过程经历了一个漫长的历史时期。从公元前四世纪《庄子》一书关于瘿病（甲状腺肿）是由缺碘所致的记载算起，至今已有几千年的历史。但对于微量元素研究的长足发展还是从1983年瑞典召开的"微量元素对健康的影响"国际会议开始的。在距今仅20多年时间内，由于众多科学家的共同努力，人们对微量元素在生命过程中发挥的巨大作用有了较深入的认识。

（1）微量元素在人体内的分布 通过大量研究发现：在人体中的含有的微量元素中，既有金属也有非金属，既有重金属也有轻金属。现已查明的35种微量元素在人体中分布见表5-13。

表 5-13 人体内35种微量元素分布[1]

元素	人体含量/g	占人体重/%	元素	人体含量/g	占人体重/%
铁	4.0	0.0057	锌	2.300	0.0033
铷	1.200	0.0017	锶	0.14	2×10^{-4}
铜	0.100	1.4×10^{-4}	铝	0.100	1.4×10^{-4}
铅	0.080	1.1×10^{-4}	锡	0.030	4.3×10^{-5}
碘	0.030	4.3×10^{-5}	镉	0.030	4.3×10^{-5}
锰	0.020	2.9×10^{-5}	钡	0.016	2.3×10^{-5}
砷	<0.100	$<1.4\times10^{-4}$	锑	<0.090	$<1.3\times10^{-4}$
镧	<0.050	$<7.0\times10^{-5}$	铌	<0.050	$<7.0\times10^{-5}$
钛	<0.015	$<2.1\times10^{-5}$	镍	<0.010	$<1.4\times10^{-5}$
硼	<0.010	$<1.4\times10^{-5}$	铬	<0.006	$<8.6\times10^{-5}$
钌	<0.006	0.006	铊	<0.006	$<8.6\times10^{-5}$
锆	<0.006	$<8.6\times10^{-5}$	钼	<0.005	$<7.0\times10^{-5}$
钴	<0.003	$<4.3\times10^{-6}$	铍	<0.002	$<3.0\times10^{-6}$
金	<0.001	1.4×10^{-6}	银	<0.001	$<1.4\times10^{-6}$
锂	$<9.0\times10^{-4}$	1.3×10^{-6}	铋	$<3.0\times10^{-4}$	$<4.3\times10^{-7}$
钒	$<1.0\times10^{-5}$	1.4×10^{-8}	铀	$<2.0\times10^{-5}$	$<2.9\times10^{-8}$
铯	$<1.0\times10^{-5}$	1.4×10^{-8}	镓	$<2.0\times10^{-6}$	$<2.9\times10^{-9}$
镭	$<1.0\times10^{-11}$	$<1.4\times10^{-14}$			

① 按人体总重量70kg计算。

随着研究工作的深入进行和试测水平的不断提高，其他微量元素的含量也会逐步准确测出，它必将为人类进一步探讨微量元素和人类健康的关系提供可靠的基础。

（2）微量元素的生理功能　目前人们已经发现有十几种元素，它们在生命过程中发挥了巨大作用，参与体内酶及活性物的代谢，维持体内环境的平衡。在这些作用中有些微量元素是单独参加的，但更多的是相互协同和制约的。微量元素的基本生理功能如表 5-14 所示。

表 5-14　微量元素的基本生理功能

元素	主要生理功能	缺乏引起的疾病或用途
锌	参与多种酶激素的组成、活化，促进生长、发育，改善味觉，对免疫功能具有营养和调节作用	营养性侏儒症、肠原性肢体皮炎、原发性男性不育症，保护肝脏
铜	参与 30 多种活性酶的组成和活化，能影响能量代谢，对机体的防御功能有重要意义	细胞性贫血、骨骼改变、冠心病、白癜风病及女性不孕症
锰	参与精氨酸酶等多种酶的组成和激活、脂和糖代谢、遗传信息的传递以及甲状腺和性腺的分泌	对儿童贫血、侏儒症、骨骼疾病患者有治疗作用
铁	参与血红蛋白等多种活性酶的组成、激活，是血红蛋白中 O_2 的载体，改善免疫功能	缺铁性贫血、溶血性贫血及再生性贫血
碘	参与甲状腺素的合成，影响儿童智力发展及生长发育，调节能量代谢和稳定中枢神经系统	缺碘性疾病（如甲状腺肿，克汀病）及发育停滞、痴呆
硒	是构成谷胱甘肽过氧化物酶的重要成分，刺激抗体产生，增强抵抗力改善免疫功能	心血管疾病、克山病、大骨节病。对癌症有预防及治疗效果，与锗、锌有协同作用
钼	参与黄嘌呤氧化酶、醛氧化酶、亚硫酸氧化酶等的合成	心血管疾病和肿瘤。对肾结石、龋齿有预防作用
铬	参与糖和脂肪的代谢，对蛋白质的代谢起着重要的促进作用	糖尿病、冠心病、神经系统功能紊乱、儿童发育停滞和智力下降
氟	能加速骨骼的形成、增加骨骼的硬度、对牙的釉质有保护作用	骨质疏松症、易发生骨折。有预防龋齿的作用
钴	与造血功能和代谢有关，是组成维生素 B_{12} 的成分，对血红蛋白合成有重要影响	巨细胞性贫血、白血病、白内障，和锌有相互促进具有抗衰老作用
硅	能活化酶、参与糖代谢，与结缔组织弹性及结构有关	只在动物实验中已经证明会引起发育不全
镍	能激活肽酶，促细胞生成，具有刺激生血功能	降血糖、可治疗贫血和肝硬化
锡	与黄色酶有关，能促进生长、蛋白质和核酸合成	发育不良，严重者发生侏儒症
钒	刺激造血功能，抑制胆固醇合成，可能影响生长发育	对出血性和再生障碍性贫血及抗动脉硬化有作用
锶	和钙的作用相似，影响神经肌肉的兴奋性和骨骼的发育成长，促进钙化	预防龋齿、心血管疾病及骨质疏松症，和钙有协同作用

微量元素在体内含量很少，但有极重要的生理作用。目前认为，维持机体正常生命活动不可缺少而又必须靠外界补充的必需微量元素共有 14 种，即铜、钴、铬、氟、铁、碘、锰、钼、镍、硒、硅、锡、钒和锌。

　　不同的微量元素有不同的生理功能，也有相同的生理功能（表 5-13）。微量元素的功能还与其浓度有关，在一定浓度范围内，它能维持人体组织的正常结构与功能，有利于人体的生长、健康状态、生殖功能等。但当其低于或高于机体需要的浓度时，组织功能就会减弱，甚至受到损害、中毒，严重时导致死亡。人体对于不同的微量元素有其不同的需要浓度范围，有的范围较大，有的范围则很小。但也有的微量元素目前还未能发现它们的生理功能。

　　（3）微量元素的来源　在通常情况下，人体内的微量元素可以从食物、空气和水中吸收。人体所需的微量元素主要来自于食物。通过胃肠道吸收的营养物质，一部分随血液运送到各个器官，参与体内各种酶及活性物的代谢。但它们不会像糖那样变成二氧化碳和水被机体"代谢"掉，而只是在体内从一种形式变成另一种形式存在，或者通过粪便和尿液以及汗液和毛发中排出体外。在正常情况下，人体对微量元素的摄入与排泄是平衡的。如果人体摄入不够或排泄过多而造成微量元素的缺乏，就会导致人体形态结构或生理功能发生异常，对人体代谢过程和健康带来不良影响，甚至会产生严重疾病。

　　在通常情况下，正常人体内不会造成微量元素缺乏或过量，但若不注意合理的膳食营养（如偏食等）或者疾病原因以及食品、环境的污染，就有可能引起人体的微量元素的缺乏或过量。没有哪一种天然食品能包含人体所需要的各种微量元素，所以单一食用某种食物，是无法满足人体对各种微量元素的需要。因此，人们应注意吃多种食物，这样才能既提供各种营养素，又满足人体内各种微量元素的需要，预防相关疾病的发生，以保证人体的健康。

　　随着人类工业的发展，在食品加工过程中可能会或多或少丢失一些微量元素，如经常食用纯净水和砂糖就会造成人们对微量元素的摄入不足。另外，现在市面上有不少含微量元素的强化食品和药物，正常情况下人们不能滥用，即使是特殊需要（如儿童、孕妇和患者等），也应在医生指导下根据需要食用。

　　近几十年来，随着生物化学和分子生物学等基础生命学科的迅速发展，各种先进分析技术的广泛应用，人类对微量元素的研究已从百万分之一提高到十亿分之一；从"必需"发展到"无益的或有害"；从"单一功能"发展到"多种协同"；从动物试验发展到临床试验；从单一学科发展到多学科协同攻关。因此，我们有理由相信，随着研究的深入，人体中其他微量元素将不断地被发现，其生理功能也将逐步得到认识，这不但会对人类相关疾病的防治起到了积极的促进作用，还会带动与生命科学有关的化学、生物学、医学、农业科学、海洋学、地学、环境科学以及制药工业、食品工业有一个大的发展，给人类的生活带来一个翻天覆地的变化，使其健康水平跃上一个新的台阶。

3. 对人体有害的元素

有些微量元素会危害人体健康，轻则引起中毒，重则导致死亡，如汞、镉、铅、砷等；而有些元素在一定量时可维持人体正常生理活动，超过一定量时就会引起中毒，如铬、铜、锰、硒等。金属元素在空气中以气溶胶或蒸气的形式存在，由呼吸道吸入，亦可通过食物和饮水经消化系统吸收。由于金属元素特性的差异，有的对皮肤、肺或胃肠道发生局部作用，有的进入机体组织和器官，表现出系统性或全身性效应。金属在体内不容易被消除，因而易发生蓄积，产生慢性毒性效应，有的还具有致突变、致畸和致癌作用，构成对人类的潜在危险。

（1）汞　汞在水中易于被吸附沉淀，汞及其化合物属于剧毒性物质，脂溶性强，在生物体内汞易于富集。厌氧微生物可将无机汞转变成甲基汞。在微酸性的水环境中，经化学物质和酶的催化作用，汞亦可能形成甲基汞。甲基汞分子结构中的C—Hg键结合很牢固，不易破坏。水体一旦被其污染，就难以恢复。脂溶性引入毒性很强的烷基汞进入生物体后可迅速与酶蛋白的巯基牢固结合，使之失去活性且不能从体内排出，这是一个不可逆的中毒反应。

汞的蒸气进入呼吸道后可被肺泡完全吸收入血，并经血液循环运至全身。积蓄在体内的汞，主要作用于神经系统、心脏、肾脏和胃肠道。经消化道、呼吸道进入体内的汞，通常广泛分布于体内各组织，以肾脏蓄积最多，其次是肝脏。积蓄在体内的汞，主要作用于神经系统、心脏、肾脏和胃肠道。血液中的汞可通过血脑屏障进入脑组织，然后在脑组织中被氧化成汞离子。由于汞离子较难通过血脑屏障返回血液，因而逐渐蓄积在脑组织中。慢性汞中毒症状有头昏、全身无力、食欲不振、牙龈出血、脱发、视力障碍等。

金属汞是一种积累性的毒物，易气化，蒸气剧毒，应避免呼吸含有汞蒸气的空气或用皮肤接触液态汞。往土壤里投加石灰、磷灰石等，有助于减轻汞污染。如果汞不慎流失地面，应马上把汞珠收集起来，或洒硫磺粉使汞生成不挥发的毒性较低的硫化汞。汞蒸气可用碘，使之生成碘化汞以清除汞害。蛋白粉和牛奶中的蛋白质可以沉淀胃里的汞，以减少汞的吸收。

（2）铅　煤和油的燃烧、铜的冶炼、钢铁生产、生铁铸造、汽油添加剂、生产酸性蓄电池、硅酸盐水泥以及使用汽油添加剂等是主要的铅污染源。汽车废气中的铅有50%降落在公路两侧数百米范围内，余下的50%则以极细的颗粒物向远处扩散。这些铅为烷基铅，其毒性比无机铅毒性大100倍。经饮水、食物进入消化道的铅有5%～10%被人体吸收，通过呼吸道吸入肺部的铅，其吸收沉淀率为30%～50%。正常人尿里含铅不超过0.08mg。人体若长期每日摄入1mg铅，则有中毒的危险；若每日摄入3.5mg铅，数月后即可现蓄积中毒。铅侵入人体后，除部分通过粪便、汗液、头发排出外，大部分形成难溶性磷酸铅，蓄积于骨骼。蓄积于骨骼的铅若在外伤、感染、发烧、患传染病、缺钙或食入酸碱性药物而使血液酸碱平衡改变时，可变为可溶性磷酸氢铅进入血液，损害骨髓造血系统、神经系统、泌尿系统和生殖系统等的功能。铅能阻碍血液的合成，导致贫血，出现头痛、眩晕、神经衰弱等症状，以及食欲不振、肚胀、便秘等消化系统症状；重者出现手足无力麻木、出冷汗、面色苍白、血压升高、腹绞痛等。儿童对铅的吸收量比成人高几倍。当儿童血铅浓度达 600mg/L 时，就会导致智力发育障碍、注意力不集中，多动、兴奋、行为异常，智力低下，学习成绩差等。妇女受到铅污染时可引起月经不调、流产、早产、死胎等。

在食品加工、储存、运输过程中使用含铅器皿会污染食物。据说古罗马贵族的生育能力很低，就是因为他们用铅作输水管，喜欢用铅制器皿盛酒和饮料、用铅丹作为着色剂加入葡萄酱中，引起了慢性铅中毒。

据世界卫生组织统计，现代生态环境中铅含量是 20 世纪的 100 倍。据报道，全世界每年从汽车尾气排放的铅已达 40 多万吨。彩色画报每页含铅高达 $2000\mu g$。一些陶瓷彩釉、儿童玩具、马口铁食品罐头用的焊锡、爆米花、化妆品等也含有铅，最近甚至发现某些加钙的食品，特别是掺有动物骨粉的食物，含有过量的铅。一些"白馒头"也多数是用含砷、铅等杂质的硫磺熏蒸而成。人们在使用过程中，它都很容易进入人体内造成慢性中毒。现代医学研究认为，每日口服大蒜 1.5g，同时服用大量维生素 C 片以及纤维素丰富的蔬菜水果，有防止铅中毒的作用。提倡用无铅餐具，也可防止铅从口入。

铅污染还会影响植物的光合作用和呼吸作用，使光合、蒸腾强度降低，以致影响其正常生长发育，造成减产。美国规定灌溉用水含铅量应小于 10mg/L。土壤增施磷肥和有机肥，使磷和铅结合，成为不容易被农作物吸收的物质。此外，土壤施石灰后增加土壤的碱性，也可以减少农作物对铅的吸收。

（3）镉　单质镉无毒性，其化合物却具有毒性。环境中镉污染主要是采矿、冶炼、合金制造、电镀、涂料制造、核反应堆、陶瓷等工业污染造成的，从汽车散热器回收铜，塑料制品的焚化等，都是引起镉污染的主要原因。进入大气的镉的化学形态有硫酸镉、硫化镉和氧化镉等，主要存在于固体颗粒物中，也有少量的氧化镉能以细微的气溶胶状态长期悬浮在大气中。水体中镉污染来自地表径流和工业废水，镉在水中的迁移能力随着 pH 升高而降低。镉的化合物即使在碱性条件下，溶解度仍很高，所以镉污染影响范围较广，水中悬浮颗粒能吸附镉，因此底泥中含镉比水中高很多倍。镉不能自行消失，也不能与微生物发生作用，是一种累积性潜在污染物。

镉是通过食物、水、空气、烟雾等经消化道、呼吸道进入人体的；液体中的镉还可通过皮肤进入人体。经呼吸道吸入的镉比消化道吸收的毒性大 60 倍左右。进入人体的镉，通过血液循环，大部分蓄积在肾脏和肝脏，少部分蓄积在胰腺、胆囊甲状腺及睾丸中。镉和某些酶的活性中心基（—SH）有很强的亲和力，也能和含羟基、氨基的蛋白质分子结合，能使许多酶系统受抑制，从而影响肝、肾器官中酶系统的正常功能。镉还会损伤肾小管，出现糖尿、蛋白尿和氨基酸尿等症状，并使尿钙和尿酸的排出量增加，阻碍钙在骨质上的正常沉积以及骨胶原的正常固化成熟，从而造成骨骼疏松、萎缩变形等。

防止镉污染的关键在于控制排放和消除镉污染源。一是要控制摄入，世界卫生组织目前暂定每人每周镉摄入量不超过 $0.4\sim0.5mg$，我国生活饮用水规定镉含量小于 $0.01mg/L$；二是要加大治理污染力度；三要把好入口关，防止镉从口入。香烟的含镉量很高，一包香烟含 $30\mu g$ 镉。如果每天吸一包香烟，则一年要摄入 $1.3mg$ 镉，长期吸烟对人的危害可想而知。此外，在污染严重地区少食动物肝及肾脏。贝壳类水生生物具有较高的镉富集能力，过量食用也具有镉中毒的危险。水垢中含镉较多，使用三个月的热水瓶中的水垢含镉量高达 $0.34mg$，因此不宜用热水瓶来盛放植物汁、啤酒等酸性饮料。急性镉中毒者，可用乙二酸四乙酸钙促使镉的排放；对慢性镉中毒患者，可用维生素 D 和钙剂等进行治疗。

第三节　营养与饮食

人类要生存在地球上，首先需要有空气、水和食物。在空气、水和食物这三大资源中，人类花费的最大精力都集中在食物上。今天，虽然我们已经基本解决了十几亿人的温饱问题，但如何吃好这是一个非常值得研究的问题。"水能载舟，也能覆舟"，营养不良会导致疾病丛生，营养失调或者营养过剩也会引起众多疾病。一个人吃得不好会生病，一个民族不讲究营养不可能强盛。

营养是决定人口质量的三要素（遗传、营养和训练）之一。从微观来看，营养水平关系到人的体能、智商和发展潜力。从宏观来看，公众营养健康状况则是关系到民族的强盛、社会经济的快速发展及国际竞争力的战略性问题。我国是世界上拥有营养不良人口数量最多的国家之一，尤其在农村地区特别是中西部贫困地区与全国平均收入水平差距拉大，食物保障低于正常水平。而在城市和经济发达地区营养结构失衡型的营养不良也大量存在。一方面脂肪、蛋白质等摄入量比例过高，甚至摄入过量，使一些"富贵病"如肥胖症、糖尿病、高血压、心血管疾病发病率迅速升高，并有年轻化的趋势；另一方面受"食不厌精，脍不厌细"古训的影响，食品加工过精过细是食物营养成分大量丢失而导致其摄入不足，导致营养失衡。营养摄入不足和营养结构失衡两类营养不良带来营养问题给社会进步和国民经济发展造成了不可低估的影响。

一、营养与人体健康

1. 合理营养

人类为了生存和繁衍。需要不断地从外界摄取各种食物，摄食是人的本能，也是生活的第一需要。一个人的健康状况取决于多种因素，如先天的遗传因子、后天的生活条件、卫生状况、饮食营养、嗜好习惯、体育锻炼、精神状态等，这些因素中最基本、最经常起作用的则是饮食营养。

合理的营养促进机体发达，以日本人为例，在 20 世纪初，日本人身高是比较矮的。但在第二次世界大战后，日本国对营养十分注意，颁布了《营养法》、《学生午餐法》等法律，使国民身体素质不断提高。1970 年与 1939 年相比，日本各阶段人群的平均身高均有提高：6 岁儿童增加了 5.4cm，12 岁少年增加了 9.3cm，15 岁少年增加了 6.2cm，17 岁男青年增加了 4.7cm。在我国，随着经济的快速发展，城乡人民生活逐步得到了改善，青少年的身体素质有明显的提高。广东省于 1991 年底对广州、湛江、汕头、韶关等 10 个市和 8 个县的 3 万多中小学生的体重和身高进行调查，得出的结果与 1979 年相比有较大的区别。据 2009 年在北京召开的全国学生常见病调查总结表彰大会披露的数据，从 20 世纪 80 年代以来，中国 7 至 17 岁青少年的平均身高男女生分别增长了 6.9cm 和 5.5cm；体重分别增长了 6.6kg 和 4.5kg。由此可见，营养的摄入及配比的科学性对于人的身高是极其重要的因素之一。

合理的营养促进智力发育，人的中枢神经系统、大脑的发育与营养密切相关，营养能为神经细胞和脑细胞合成各种重要成分提供所需的物质，促进智力发育。特别是对婴儿大脑发育尤其重要。因为，人类大脑发育最快的时期是妊娠第 3 个月至出生后 6 个月，1 岁左右胎儿脑细胞数目已达 140 亿个左右，脑重量约为 400g 左右，此后脑细胞数目不再增加，只是脑细胞的体积和重量继续快速增长，到 4 岁后大脑的重量已增至 1200g（成年人的大脑为 1300～1500g），其脑重已达到成年的 80%。10 岁儿童的大脑重量已达到成年的 95%。由于幼儿大脑的发育速度比身体的其他任何组织都要快，因此要使幼儿的脑组织正常地发育，需要有足够的营养，如果幼儿时期营养不良，将会影响脑细胞的分裂和生长，使脑细胞数目减少、体积缩小，严重地阻碍大脑的发育。幼儿时大脑发育的障碍在成年之后是无法弥补的。

合理的营养可减少疾病，营养不足或缺乏可直接或间接引起某些疾病。例如，机体缺铁导致贫血，缺碘引起甲状腺肿，维生素 D 和钙缺乏则引起佝偻病等，营养不良使机体免疫力下降、抵抗力降低、传染病的发病率增多、病程延长，影响健康，甚至还可影响内分泌功能，导致性功能障碍、孕妇容易引起早产，出现先天性畸形或死胎等。

总之，营养不良将直接影响个体发育，降低健康水平；所以，营养问题是人类生存中重要问题之一。人们常说"民以食为天"，也就是这个道理！

2. 营养不良

营养不良包含有两个方面，即营养素摄入不足和营养结构失衡。经济欠发达地区常见的营养不良多因长期食物中的能量不足，靠消耗体内的脂肪以维持每日所需能量，身体逐渐消瘦，皮下脂肪减少甚至消失。成人体重下降、肌肉萎缩；小儿体重增长缓慢或不增长，甚至下降。蛋白质缺乏常与热能不足同时存在，严重者可有营养不良性水肿。在这些地区除以上宏量营养素缺乏外，还常同时伴有多种微量营养素的缺乏，故可同时有各种相应的缺乏症状。各种营养素缺乏使患者免疫功能降

第五章 化学与营养

低，易患各种感染性疾病，死亡率增高，为发展中国家尤其是亚非拉贫穷国家的多发病；在经济发达地区，常见的营养不良表现为营养结构失衡。这种失衡是指蛋白质、脂肪等热量食物摄入过多和某些微量营养素摄入不足，同样也可以导致亚健康状态和相应的缺乏病症。营养不良的具体表现主要有以下几种。

（1）产生消瘦，皮下脂肪减少甚至消失，并有不同程度的肌肉萎缩，皮肤弹性降低。体重下降。正在成长中的小儿及少年，开始时体重停止增长，继之体重下降。

（2）体力下降，易疲倦、乏力、精神差、记忆力减退。严重的小儿患者，智力发育亦会出现滞后。

（3）发生水肿，蛋白质缺乏，轻者无水肿，严重者可有水肿，但程度不一，下肢及面部较明显，甚者会有全身水肿。

（4）免疫功能降低，营养不良严重者易患各种感染性疾病，与营养状况良好者相比较，其感染的严重度较大、死亡率也较高。

（5）合并其他营养素缺乏。营养不良者常合并程度不等的贫血、维生素 A 缺乏及锌缺乏等症。

二、营养平衡

人类依靠地球上各种生物资源，因地、因时制宜地发展富有独特风格的民族膳食，并能够以多种不同的方式和各种不同的食品构成营养，都是为了获得同一个结果，即通过膳食得到人们所需要的全部营养，而且既有足够的数量，又有适当的比例。概括起来，人体对营养的最基本要求是：供给热量和能量，使其能维持体温，满足生理活动和从事劳动的需要；构成身体组织，供给生长、发育及组织自我更新所需要的材料；保护器官机能，调节代谢反应，使身体各部分工作正常进行。

食物的营养功用是通过蛋白质、脂类、糖类、维生素、矿物质以及水和食物纤维所含有的营养成分来实现的。已知人体必需的物质约有 50 种左右。而现实没有一种食品能按照人体所需的数量和所希望的适宜配比提供营养素。因此，为了满足营养的需要，必须摄取多种多样的食品，找出最有益并且可口的食品配比。若膳食所提供的营养（热能和营养素）和人体所需的营养恰好一致，即人体消耗的营养与从食物获得的营养达成平衡，这称为营养平衡。

在"吃"上应该如何掌握平衡呢？中国营养学会专家提出膳食宝塔的结构（图 5-17），即每人每天应吃的主要食物种类。膳食宝塔各层位置和面积不同反映了各类食物在膳食中的地位和应占的比重。居层底食物谷类是 250～400g；居第二层是蔬菜 300～500g 和水果 200～400g；第三层是鱼、禽、肉、蛋等动物性

图 5-17　中国居民膳食宝塔

食物 125～225g（鱼虾类 50～100g，畜、禽肉 50～75g，蛋类 25～50g）；第四层是奶类和豆类食物，相当于 300g 鲜奶的奶类及奶制品和 30～50g 大豆的大豆及制品。第五层塔顶是烹调油不超过 25g 或 30g 和食盐不超过 6g。概括地说就是：要吃得杂、吃得广、吃得匀，不要偏食、挑食。具体要注意以下几个方面的搭配平衡。

(1) 主副平衡　谷物类主食，含有丰富的淀粉，这是一种复杂糖类，在人体内经过新陈代谢可以放出能量，维持肌体的体力活动和脑力活动。随着人们生活水平的提高，餐桌上副食的比例大大增加，人们的饭量却越来越少，主食不主，会引起能量代谢失衡。淀粉提供的能量，应占人体总能量的 2/3，人一天至少应食 300g 谷物。同时人体需要的营养是多方面的，目前市场上粮食以精米、精面为主，人们要有意识地吃些杂粮、粗粮，还要多吃低脂肪、高蛋白、多维生素的食物，这样才能保持营养的平衡。

(2) 荤素平衡　荤素平衡合理的膳食结构应该是以素食为主的荤素组合，纯素食当然很难满足人体对营养的全面需要，但过多食用动物性食物则是引发"文明病"的主要原因。荤素食物，前者含有后者较少甚至缺乏的营养成分，如维生素 B_{12} 等，常吃素者易患贫血、结核病。素食，含纤维素多，抑制锌、铁、铜等重要微量元素的吸收，含脂肪过少。常吃素，危害儿童发育（特别是脑发育），导致少女月经初潮延迟或闭经。也可祸及老人，引起胆固醇水平过低而遭受感染与癌症的侵袭。

荤食也不可过量，高脂肪与心脏病、乳腺癌、中风等的因果关系早有定论。荤素平衡，以脂肪在每日三餐热量中占 25％～30％为宜。一天的混合膳食中要有适量的动物性荤食，如禽、蛋、鱼、肉，约 300g 就够了，蔬菜最好要有 500g，其中至少有 1/3 为绿色叶菜，外加一份水果。

(3) 热量平衡　糖类、脂肪、蛋白质均能为机体提供热量，称为热量营养素。热量平衡它有两方面的含义，其一是当热量营养素提供的总热量与机体消耗的能量平衡，热量营养素供给过多，将引起肥胖、高血脂和心脏病，过少，造成营养不良，同样可诱发多种疾病，如贫血、结核、癌症等。其二是糖类、脂肪、蛋白质的摄入量的比例平衡，如它们分别给机体提供的热量为：糖类约占 70％、脂肪约占 25％、蛋白质约占 15％时。各自的特殊作用能得到充分发挥并互相起到促进和保护作用。因为，三种热量营养素是相互影响的，总热量比例不平衡，也会影响健康。糖类摄入量过多时，增加消化系统和肾脏负担，减少了摄入其他营养素的机会。蛋白质热量提供过多时，则影响蛋白质正常功能发挥，造成蛋白质消耗，影响体内氨平衡。当糖类和脂肪热量供给不足时，就会削弱对蛋白质的保护作用。

(4) 氨基酸平衡　食物中蛋白质的营养价值，基本上取决于食物中所含有的 8 种必须氨基酸的数量和比例。只有食物中所提供的 8 种氨基酸的比例，与人体所需要的比例接近时才能有效地合成人体的组织蛋白。比例越接近，生理价值越高，生理价值接近 100 时，即 100％被吸收，称为氨基酸平衡食品。除人奶和鸡蛋之外，多数食品都是氨基酸不平衡食品。所以，要提倡食物的合理搭配，纠正氨基酸构成比例的不平衡，提高蛋白质的利用率和营养价值。

（5）酸碱平衡 正常情况下人血液偏碱性，pH 值保持在 7.3～7.4 之间。人体体质的酸碱性平衡是物质正常代谢的结果，这与摄入膳食和食品的酸碱性有密切关系。食品的酸碱性决定于食品中所含的元素种类与数量。含磷、硫、氯等元素较多的食品称酸性食品，如大麦、玉米、面粉、花生、核桃、榛子、白砂糖、白米、糙米、酒类、肉类、鸡、鸭、蛋黄、鱼、虾、蟹、贝类等。含钙、钠、钾、镁等元素较多的食品称碱性食品，如各种豆类、蔬菜、水果、栗子、藕、百合、奶粉、蛋清、海带、裙带菜、茶叶、咖啡等。人们在日常饮食中，因为主食都属于酸性食品。若多食肉、禽蛋、水产等酸性食品，就容易超过所需的数量，或因长期大量食用白糖，过量饮酒等，都极易导致血液偏酸性，这样不仅会增加钙、镁等碱性元素的消耗，引起人体出现缺钙症，而且会使血液的黏度增高引起各种酸中毒。儿童发生酸中毒，易患皮肤病、神经衰弱、疲劳倦怠、胃酸过多、便秘、龋齿、软骨症等；老年人易患血压增高、动脉硬化、胃溃疡、脑溢血等病症。

在日常生活中宜多吃些蔬菜、水果等碱性食品，以控制酸性食品的比例，使酸碱性得以平衡。这样不仅可以防止因酸碱失调而造成疾病，也可有利于食品中各种营养成分的充分吸收与利用。特别是在喜庆节日、宴会、聚餐之际，人们食物中多系肉、鱼、禽、蛋等酸性食品，更应注意对碱性食物的摄取，以维护身体健康，防止染病。对患有肾病、肝病、外伤失血、失水、缺氧、感染等病时，更宜多吃水果、海菜、蔬菜以中和体内过多的酸性代谢产物。饮茶也不失为一项保持体内正常酸碱性的好方法。

（6）季节平衡 如春季由寒渐暖，阳气外泄，人的饮食应以清温平淡为宜，要多吃些时鲜绿色蔬菜，如春笋、菠菜、芹菜等；在动物性食品中，要少吃肥肉等高脂肪食物；在味道上应少食辛辣等刺激性食品，尤其少喝或不喝烈性酒类。

夏季气温升高，天气炎热，人的食欲降低，胃酸分泌减少，消化力因此减弱，一般人都厌食肥腻和油腥的食物。所以，在膳食的调配上，要尽量增加食欲，不偏食，使身体能够得到足够全面的营养。这就要精心制作和加工食品，注意食品的色、香、味。另外，夏季应少吃些肉食品，多吃一些凉拌菜及咸鸡蛋、咸鸭蛋、豆制品、芝麻酱、绿豆、西瓜、各种水果、清凉饮料等。在调味方面，可适量食用一些蒜、芥末等，既增进食欲，又可起到杀菌、清瘟的作用。

秋季空气干燥，气温渐爽，人们从暑热中渡过，食欲逐步提高。秋季又是收获的季节，食品种类丰富，不仅瓜果、蔬菜类很多，鱼、肉、蛋类也不少。因此，在膳食调配上，只要注意平衡就可以了。主食注意粗细粮搭配、干稀搭配；副食则同样要注意生熟搭配、荤素搭配。只有变换食用，才能保持人体的酸碱平衡，保证人体摄取必须的微量元素。另外，秋季在调味品上可适当用些辛辣品，如辣椒、胡椒、少量酒类等，以去春夏以来的暑湿。

冬季气温下降，严寒的天气使人们代谢率升高，皮肤血管收缩，散热也较少。为防御风寒，在膳食调配上可多增加厚味，如炖肉、烧鱼、火锅等。在调味品上，可多用些辛辣食物，如辣椒、胡椒、葱、姜、蒜等，尽量多吃一些绿色蔬菜。

为了保证营养平衡，还应注意到年龄、性别的差异。如老年人宜少食多餐，美国老年病学专家提出，老年人每天少量进餐 5 顿，比大量进餐 3 顿要好得多。特别应注意晚餐不宜吃油脂多的食物，以清淡为宜。这对动脉硬化的人尤为有利，因为这可使晚上睡眠期间减少粥样斑块的形成，从而避免脑血栓和心肌梗死的发生。过去曾认为，动脉硬化和冠心病患者不宜吃蛋类，因为蛋黄中胆固醇含量较高。其实，蛋黄中还富含卵磷脂和蛋氨酸。卵磷脂可降低血中胆固醇含量；蛋氨酸则可增高血中磷脂浓度，从而阻止胆固醇在血管壁沉着。因此，动脉粥样硬化病人大可不必限制蛋类的摄入。

少女处于生长发育的旺盛时期，身体需要大量的营养物质，特别是优质蛋白，素食中除豆类含有较多的蛋白质外，其他食物中含量较少，且植物蛋白的质量不如动物蛋白好，不易于人体消化吸收和利用。同时，植物蛋白质的氨基酸成分与人体必需氨基酸的需要相差较多。因此，长期吃素的少女必然会造成蛋白质摄入不足而影响生长发育（包括体质和智力），出现抵抗力下降，反应迟钝等情况。同时还会因蛋白质质量和数量的减少而导致荷尔蒙（激素）分泌失常，影响少女的生殖力。缺乏维生素 B_{12} 会出现月经期病症，而且还会影响骨髓的造血机能。儿童生长发育迅速，代谢旺盛，所需的能量和各种营养素相对比成年人高。注意各种营养素的合理配比，提高膳食的营养质量，也要适当补充他们容易不足或缺乏的营养素，才能全面促进儿童的生长发育。

三、饮食与防癌

1. 具有抗癌作用的食物

近代医学上的大量免疫理论证明：科学的饮食，可以使大多数人免于癌症，即使得了癌症，也可以延长生存时间。人们认识到，调节饮食结构是抗癌的重要手段，合理安排日常的膳食，对预防、控制癌症有较大的意义。现仅就日常食物中主要几种具有抗癌功能的食物作一介绍。

胡萝卜含有丰富的维生素 A，具有稳定上皮细胞、阻止细胞过度增殖的作用。同时它还含有一种"本质素"物质，有提高免疫能力、间接地消灭癌细胞的功能。据英、美癌症研究机构经过二十多年观察后发现，经常吃胡萝卜及其他富含维生素 A 的人，比起不常吃此类食物的人，得肺癌的机会要减少 40%。

苹果中不但含有维生素 C 和钾，还含有理想的纤维素。据国外学者发现，非洲人因食用的纤维素多，其肠癌的发病率远比缺乏纤维素的西方人要低。人们摄取大量含纤维素的食物以后，粪便在大肠里停留的时间会缩短，这样致癌物质浓度较低，人们患肠癌的机会也就较少。此外，苹果还含有大量的果胶，它与海藻中的藻阮酸钠一样，有助于将锶从体内排出。因此，吃苹果有益于抗癌。

蘑菇含有大量的 B 族维生素，特别是泛酸，还有铁、镁、铝、钾和磷等微量元素。美国科学工作者在动物实验中发现一种叫"牛肝菌"的蘑菇对小鼠肿瘤有很强的抑制作用。日本研究人员在蘑菇有效成分中分析出一种分子量为 288 的超强力抗癌物质，能抑制癌细胞的生长，其作用比绿茶中的抗癌物质强 1000 倍。蘑菇中还含有一种毒蛋白，能有效地阻止癌细胞的蛋白合成。对肺癌、乳癌、子宫癌和某些消化器官癌等均有疗效。

豆芽及豆芽菜有抗癌的作用，因豆芽中含有一种酶，能分解亚硝酸胺，阻止致癌物质发生作用，并能减轻抗癌药物的副作用。特别是对那些有长期吸烟嗜好的人，常吃豆芽菜可大大减少肺癌的发生。根据研究，豆芽菜对于抗癌有非常神奇的功效，因其含有大量植物性硫配糖体，它可以防止烟雾和空气中的其他污染物引发肺癌。

芦笋是一种促进人体健康的植物，也是目前民间流传较广而且令人十分感兴趣的抗癌营养物，它富含组蛋白、叶酸和大量的核酸。组蛋白似与细胞的功能有关，而叶酸与细胞内的遗传物质 DNA 的分裂与修补有关，因此人们认为叶酸可能有预防癌症的作用。芦笋对眼癌、何杰金氏病等有疗效。

番茄含有丰富的维生素 C，能刺激人体产生抗癌物质——干扰素；芹菜、韭菜含有木质素，可把人体内吞噬癌细胞的巨噬细胞的活力提高三倍；大白菜、南瓜含有微量元素钼，可阻断亚硝胺物的合成；扇贝能破坏癌细胞，扇贝的卵巢对治疗白血病特别有作用。大蒜不但具有抗氧化、抗动脉粥样硬化、抗菌、抗病毒的功能，更重要的是它还有防癌、抗癌及提高免疫力等作用。因此经常小量的食用大蒜对人体是非常有益的。但需要提醒的是大蒜宜生食，因大蒜素在高温下易被破坏，失去杀菌作用。食用大蒜最好捣碎成泥，并且先放 10～15min，让蒜氨酸和蒜酶在空气中结合产生大蒜素后再食用。

据报道，许多海洋生物体内富含核酸物质，这种物质可能具有抗肿瘤的作用。海藻中的藻阮酸钠可帮助身体把锶在未被吸收前就从体内排出。海藻中的碘在抗癌食谱中也占一定的位置，因碘缺乏可能是导致乳腺癌的一种因素。还有用磷虾制成的酱是一种富含蛋白质食品，它不仅含有各种人类必需的、比例非常适合的氨基酸，还有各种维生素和微量元素。大鼠实验结果表明：磷虾酱对二甲氨基偶氮苯诱发的肿瘤有抑制作用。海带也具有防癌和预防高血压的作用。

对 40 种蔬菜抗癌成分的分析及实验结果证明，最好的是：红薯（熟、生）、芦笋、花椰菜、卷心菜、花菜、芹菜、茄子皮、甜椒、胡萝卜、金针菇、芥菜、甘蓝、雪里蕻、番茄、大葱、大蒜、黄瓜、大白菜。

2. 饮食预防癌症

对于癌症发生的原因，目前虽已有不少线索和重大研究成果，还未完全弄清发病的根本病因。不过，许多研究已证明，引起癌症的原因与化学、物理、生物等多种因素有关，但人们的饮食不当也是致癌的主要原因之一。因此，人们应从以下几个方面注意饮食卫生，防止"病从口入"。

食物的选择不仅要符合营养、卫生要求，更应做到不吃发霉、发馊的食物，如发霉、发馊的大米、玉米、黄豆等。因为这些食物发霉时可产生黄曲霉毒素，已知肝癌与黄曲霉素有关。不要长期进食腌制品，在我国，胃癌、食道癌、鼻咽癌的发病率高，与人们日常喜食酸菜、咸菜、咸鱼、干萝卜菜腌制品等有关。据对腌菜的成分分析表明，在腌制过程中，腌的菜极易发生霉变产生二甲基、亚硝胺等强烈致癌物。人们长时期吃这些食物，就会增加致癌的机会。少吃烟熏、烧焦的食物。烟熏、烧焦的食物内含苯并芘，是一种强烈的致癌物质。通过对流行病学调查。有人认为，熏制食物与胃癌有关。冰岛癌症发病率高，据调查，该岛居民经常吃熏制食品，后来减少了熏制食品进食，胃癌发病率明显降低。少吃高脂肪饮食，因高脂肪饮食可促进结肠癌及乳腺癌的发生。据统计，结肠癌在西欧、北美发病率较高，而在亚洲、非洲发病率较低。住在美国的黑人较住在非洲的黑人发病率高。这些发病率的差别与动物脂肪摄取量关系密切一些，而与植物油摄取量无明显关系。不暴饮暴食，因过度饮食和体重过重的人易患癌症，特别在中年以后死于癌症的人数中体重过重者为多。动物实验证明，限制小鼠食量，可降低癌症的发病率。当食物的热量降低到正常数的 1/3 时，几乎可以消除全部癌症的发生。但缺乏营养，特别是蛋白质及 B 族维生素不足时，癌症发病率同样增高。

参考文献

[1] 江虎军，冯锋，杨新泉，王钦南，夏家辉. 生命科学的发展与当前的重要研究问题 [J]. 中国科学基金. 2001，4：228-232.

[2] 赵玉芬. 生命的起源与进化 [M]. 北京：科学技术文献出版社，1999.

[3] 赵丽荣. 微量元素与人体健康 [J]. 科教文汇（上旬刊）. 2009.

[4] 苗健. 微量元素与相关疾病 [M]. 郑州：河南医科大学出版社，1997.

[5] 何志谦. 人类营养学. 第2版. [M]. 北京：人民卫生出版社，2000.

[6] 周爱儒. 生物化学. 第5版. [M]. 北京：人民卫生出版社，2001.

[7] 陈仁惇. 现代临床营养学 [M]. 北京：人民卫生出版社，1996.

[8] 唐志华. 生命元素图谱与化学元素周期表 [J]. 广东微量元素科学. 2001，8（2）1-4.

[9] 葛可佑，杨晓光，程义勇. 平衡膳食合理营养促进健康 [J]. 中国食物与营养. 2008，5：58-61.

[10] 黄承任. 医学营养学 [M]. 北京：人民卫生出版社，2003.

第六章 化学与食品安全

第一节 食品安全

一、食品安全现状

食品是人类生存和发展的最基本物质,它包括有植物性食品和动物性食品两大类。由于植物性食品从作物的生长到收获,动物性食品从饲养到宰杀、以及加工、储存、运输、销售、烹调等过程,都可能使某些有害物质进入食品,致使食品的营养价值和卫生质量降低,食后对人体健康产生不同程度的危害。在食品的三要素中(安全、营养、食欲),安全性是最基本的要求,是消费者选择食品的首要标准。近年来,在世界范围内不断出现了食品的安全事件,如英国"疯牛病"和"口蹄疫"事件、比利时"二噁英"事件,国内的"苏丹红"(图 6-1)、"吊白块"、"毒米"、"毒油"、"孔雀石绿"、"瘦肉精"、"大头娃娃"、"地沟油"(图 6-2)、"三聚氰胺"(图 6-3)、"反式脂肪酸"等事件,使得我国乃至全球的食品安全形势十分严峻。日益加剧的环境污染和频繁发生的食品安全事件给人类生命和健康带来了巨大的威胁,并已成为人们关注的热点问题,无论在发展个国家还是发达国家都是一个世界性的公共卫生问题。

图 6-1 苏丹红食品

图 6-2 地沟油

造成食品安全危害的主要来源有:一是种植业和养殖业出现的源头污染,食品本身产生的危害,如重金属、农药残留、兽药残留、毒蘑菇等;二是食品生产加工、储存和使用过程中产生的污染。如加入非食品原料工业酒精配兑白酒,加入非食品添加剂的苏丹红、三聚氰胺,如吃了不按要求存放和加工过程造成细菌感染的食品等。污染食品的有害物质，按性质可分为三类。

（1）生物性污染　主要是指细菌和细菌毒素，常见的有沙门氏菌、副溶血性弧菌、葡萄球菌肠毒素、肉毒杆菌毒素、霉菌和霉菌毒素等。细菌、霉菌等微生物都会产生分解各种有机物的曲类，可以分解食品中的蛋白质、脂肪和糖类，从而导致食品感官性质恶化，营养价值降低，引起腐败、霉烂、变质，以致完全不能食用，有的还会使人体过敏致病。

图 6-3　三聚氰胺奶粉

（2）化学污染　主要是指农药、砷、锌等金属化合物以及亚硝酸盐等。它主要是由于使用了不符合卫生要求的食品添加剂或质量不合卫生要求的容器、器械、运输工具、包装材料等而引起的。如用装过有害化学物质的容器、包装材料不经洗刷处理就存放食品而造成污染。工业"三废"不合理的排放，造成环境污染，特别是工业废水中的某些有害物质往往通过食物链对人体产生危害。

（3）放射线污染　主要是指宇宙线和地壳中的放射性物质以及核试验或和平利用原子能所产生的放射性物质对食品的污染。另外，放射性物质本身也可以通过食物链，对人体产生危害，比如某些海产软体动物能蓄积半衰期较长的锶，人食后能对造血器官产生危害。

衡量食品安全状况的直接指标就是食源性疾病发病率。目前，由于监测网络体系不健全，我国尚无确切食源性疾病发病率的统计数据。但从世界卫生组织对世界各国总体情况的评估结果来看，即使在发达国家也至少有 1/3 的人患食源性疾病。由此推断，我国食源性疾病发生率也是比较高的。

目前，造成我们食物中毒的主要原因有：一是生产经营者疏于食品卫生管理，对食品加工、运输、储藏、销售环节中的卫生安全问题注意不够。此类中毒发生率最高，出现在学校食堂和饮食服务单位的食物中毒多属此类。二是滥用食品添加剂或使用非食品原料。如 1999 年 8 月 9 日，广东省肇庆市发生的因掺杂液体石蜡的食用油引起集体食物中毒事件，中毒人数多达 681 人。三是误食，主要是食用亚硝酸盐、河豚、毒蘑菇和农药、鼠药污染的食物引起的中毒。这类中毒发生的数量较多，且中毒者病情危重，死亡率极高。四是群众食品卫生知识匮乏，食品加工、储存不当，滥用农药。五是投毒。近年来，卫生部已收到多起投毒引起的食物中毒报告，均属犯罪分子故意投毒杀人。这些案例提示我们，目前对剧毒品的管理仍有疏漏。六是农药生产经营和使用管理不完善，此外，因农药使用不当造成上市农作物农药残留超过国家标准，也是引起食物中毒的一个重要原因。

食物中毒报告也是反映食品安全水平的一个重要方面。按照卫生部提供的统计数据，每年食物中毒报告例数约为 2000～2500 例，中毒人数 30000～45000 人。

二、食品安全对社会经济的影响

食品安全对社会经济和发展的影响非常大，不容忽视。首先，食品安全问题的发生会直接导致经济损失。英国发生疯牛病后因宰杀疯牛造成的经济损失高达300亿美元。据比利时农业工会统计，1999年比利时二噁英污染事件造成的经济损失达3.55亿欧元，加上与此相关的食品加工业，损失超过10亿欧元。我国到目前为止，尚没有关于食品安全事件造成经济损失的具体数据，但从近年来公布"多宝鱼"、"红心鸭蛋"、"禽流感"、"三聚氰胺"和"瘦肉精"事件的情况来看，食品安全问题造成的经济损失是非常大的。如果食品安全得不到有效保障，将会对我国食品行业乃至整个国民经济产生十分不利的影响。其次，食品安全问题已经直接制约了我国食品出口，并成为制约我国食品行业国际竞争力提高的主要因素。食品一旦出现安全问题，食品国际贸易将受到严重影响，食品行业也会受到沉重打击。目前，我国蔬菜、水产品出口增长乏力。2008年1月，我国对日本出口蔬菜14.4万吨，同比下降17.7%；出口水产品4.5万吨，同比下降12.5%。农药和兽药残留超标是我国食品出口受限的主要因素。

三、化学品污染是食品安全的隐患

影响食品安全的因素贯穿于食品生产至终端消费的全过程，化学品（农药、兽药、化肥）污染、微生物污染以及食品新技术和新资源的应用是影响食品安全的主要因素。化学品污染是食品安全隐患的重要来源。

首先，滥用和不当使用农药是致使食品中药物残留超标的主要来源。我国目前农药使用存在以下问题：①农药施用量大，据报道我国是农药生产和施用大国，占世界的1/3，每年施用140万吨。特别是蔬菜、水果更是大量使用，用量较粮食作物高出1～2倍。②农药产品结构不合理，目前我国农药品种和产量都是以杀虫剂和除草剂为主，杀菌剂相对较少。而且在杀虫剂中，有机磷酸酯类杀虫剂占70%左右，其中高毒品种又占了70%左右。相比之下，生物农药的产量只占农药总产量的5%左右，这也是我国农作物农药残留量超标长期得不到解决的一个根源。③剂型不配套。我国生产的所有农药制剂中，乳油、可湿性粉剂等剂型占到60%以上，环保型剂型如水剂、水分散性粒剂仅占10%，这同样使得农药成为影响环境质量和人体健康的主要因素。

其次，过量施用化肥是硝酸盐污染食品的源头。早在20世纪90年代，全世界氮肥使用量为8000万吨，仅我国用量就达1726万吨，占世界用量的21.6%，大大超出了世界的平均水平。硝酸盐容易还原成亚硝酸盐，亚硝酸盐进入人体后，能使细胞中携氧的低铁血红蛋白氧化成无携氧能力的高铁蛋白，从而造成组织缺氧，严重时有使人窒息死亡的危险。更严重的是亚硝酸盐和二甲胺、三甲胺作用后会生成亚硝胺，在已发现的120种亚硝胺类化合物中，75%被确证有致癌性。这种物质一旦进入蔬菜，对人体健康的影响是非常可怕的。

第三，农业环境污染直接造成了食品中重金属含量超标。比较常见的重金属污染包括汞、锡、铅、砷、铬等。许多重金属污染环境后，在食物链中进行生物富集，使食物中某些金属元素含量明显增加。人类食用后，有毒金属在人体软组织中代谢和积累过程中产生毒性，这种毒性多表现为严重的慢性中毒。

由污染导致的食物急性中毒和食源性疾病已对我国食品安全构成明显威胁，其重大食品安全事故屡有发生。虽然根据卫生部统计信息显示，近几年我国因化学污染食品导致中毒的事件以及人数呈缓慢下降趋势，但是许多低浓度化学污染物的影响是慢性和长期的，可能长达数十年甚至数代人，所以化学物质污染依然不容忽视。

四、化学家的任务

我国目前食品安全的严峻形势，为化学家特别是分析化学家提供了机遇与挑战。针对上述我国食品安全方面存在的科技"瓶颈"，化学家可从以下几个相互关联的方面开展深入的基础研究和应用研究，为提高我国食品安全的总体水平提供技术支撑。

1. 关键检测技术的研究

食源性化学污染物检测的主要对象是食品中的农药、兽药、激素、抗菌素、硝酸盐、亚硝酸盐、有害化学添加剂和重金属残留。如何开发快速、低成本检测方法与仪器，通过建立规模化的专业实验室对众多农贸集市的食品进行快速、全面的监控是目前我国食品安全研究领域的重点。因为农药、兽药残留及其他污染物不但直接影响了生态环境和食品的安全性，损害人体健康，而且对经济发展和国际贸易也会造成难以估量的损失，制约了食品安全水平与国际竞争力的提高。

如二噁英及其类似物的检测技术属于超痕量（$10^{-12} \sim 10^{-15}$）水平，而"瘦肉精"和激素等农药、兽药残留、氯丙醇的分析技术为痕量（10^{-9}）水平，这需要大型精密仪器的准确定量和现代生物手段的快速筛选技术；对于我国的输日大米和输欧茶叶，进口国要求检测的对象包括有机磷、有机氯、拟除虫菊酯、氨基甲酸酯类农药和杂环类等 5 大类 150 多种农药残留需要一次就能进行上百种农药的多残留分析技术，而我国目前尚有 70 多种农药残留没有检测标准或根本不能检测；疯牛病朊蛋白、禽流感病毒等的检测这方面的研究工作还很薄弱。另外，近年来，随着海洋环境污染和水体富营养化程度的不断加剧，我国近海赤潮的发生日趋频繁，赤潮毒素通过贝类等海洋生物体进入海洋动物食物链，不仅危及海洋渔业资源、破坏海洋生态环境，也严重影响了人类健康。由于赤潮毒素含量极微、毒性机理复杂、结构和功能多变，现有的分析方法难以适应毒素快速灵敏检测的要求。所有这些问题对于分析化学家来说也是极具挑战性的任务。

2. 食品危险性评估技术

危险性评估是对科学技术信息及其不确定性信息进行组织和系统研究的一种方法。危险性评估要求对相关信息和资料做出评价，并选择适当的模型对信息和资料作出判断。食源性化学危害物的危险性评估主要是针对人为加入的化学危害物和天然存在的毒素而言，包括食品添加剂、农药残留和其他农用化学品、兽药残留、不同来源的化学污染物以及天然毒素（霉菌毒素和鱼贝毒素）等。危险性评估是世界贸易组织（WTO）和国际食品法典委员会（CAC）强调的用于制定食品安全技术措施（法律、法规和标准及进出口食品的监督管理措施）的必要技术手段，也是评估食品安全技术措施有效性的重要手段。

3. 关键控制技术

目前，国际上公认的食品安全最佳控制模式是"从农田到餐桌"的全过程控制。在"良好农业规范（GAP）"、"良好兽医规范（GVP）"、"良好生产规范（GMP）"和"良好卫生规范（GHP）或标准卫生操作程序（SSOP）"实施的基础上，推行"危害分析和控制关键点（HACCP）"。这些先进控制技术的实施对提高食品企业素质和产品质量与安全十分有效。目前发达国家已经普遍采用 HACCP 体系，并根据 HACCP 的原理建立了符合本国实际的食品加工安全控制模式。

在我国食品企业中，HACCP 的应用起步较晚，与发达国家相比还缺乏一套适合于我国按行业区分的实施指南和系统的技术准则，实施 HACCP 的企业数量也很少。在实施 GAP 和 GVP 方面，我国的科学数据尚不充分，需要开展基础研究。虽然部分出口食品企业已应用了 HACCP 技术，但缺少覆盖各行业的指导原则和评价准则。因此需要制定这一先进技术的指导原则和评价准则，以便在我国广泛应用。

4. 食品卫生标准

加入 WTO 之后，我国食品安全的法制化管理需要尽可能快地与国际接轨。以往我国虽然也制定了一些食品安全方面的技术法规和标准体系，但随着市场经济的快速发展，人民群众对食品需求的日益增加及新的食源性有危害物质的不断涌现，这些技术法规和标准体系在整体结构与内容上与 CAC 及发达国家的标准存在较大差异，已不能够满足食品安全控制的需要。具体表现为，现行标准存在着标准体系与国际不接轨、内容不完善、技术落后、实用性不强等问题，特别是在有毒有害物质限量标准方面缺乏基础性研究，在创新性研究方面的差距更加明显。

另外，现行食品产品卫生标准的覆盖面还不够广。因此，我们必须加强食品安全标准的基础性研究，特别是要开展食品中有毒有害物质残留限量、转基因食品安全性评价及标准检测方法等方面的研究，提高标准的科学性和适用性；要建立强大的食品安全检测数据库，为标准的制定提供科学依据。在标准制定过程中，要广泛应用危险性评估等先进方法，以提高标准的科学性和合理性。要积极开展关于如何利用标准为手段，保护国内食品市场的技术性贸易措施的研究，并加强利用标准为手段打破国外技术性贸易壁垒的研究，以提高我国食品行业的竞争力。

以上这些科学和技术问题的解决对于制定控制措施，提高食品安全性十分重要。将为阐明农药及兽药在动、植物体内残留的规律，制定合理的残留限量以及养殖过程中良好生产规范的制定与实施提供强有力的理论依据和技术保障。食品安全关键检测技术的突破，可以为制定食品安全控制措施提供技术保障，确保食品流通的安全性，为经济发展与社会稳定作出贡献；致病微生物定量危险性评估和以生物学标志物为手段建立的化学污染物暴露水平与健康效应间的定量危险性评估的开展，可以显著加强所制定的食品安全标准的科学性和适用性。我国农产品生产和市场销售的特点呼唤快速和现场检测技术，对食源性疾病和危害开展主动监测和危险性评估不仅能在最后防线上保证食品安全，而且还可验证我国食品安全标准的合理性和可行性。因此，针对这些方面开展科技攻关，不仅可以解决这些技术"瓶颈"，而且能为国家食品安全控制提供科学依据和提高管理水平。

因此，无论是从化学家的社会责任感出发，还是从国家经济建设和社会需求着眼，保护消费者的健康，促进我国农业和农村经济产品结构和产业结构的战略性调整，加强食品出口贸易，积极参与国际竞争，都是我们化学家义不容辞的任务。

第二节　食品添加剂

一、食品添加剂的概况

1. 食品添加剂的定义

根据《中华人民共和国食品卫生法》的规定：食品添加剂是指"为改善食品品质和色、香、味以及为防腐和加工工艺的需要而加入食品中的化学合成或者天然物质"。在我国，食品营养强化剂也属于食品添加剂。食品卫生法明确规定，食品营养强化剂是指"为增强营养成分而加入食品中的天然的或者人工合成的属于天然营养素范围的食品添加剂"。

此外，在食品加工和原料处理过程中，为使之能够顺利进行，还有可能应用某些辅助物质。这些物质本身与食品无关，如助滤、澄清润滑、脱膜、脱色、脱皮、提取溶剂和发酵用营养物等。它们一般应在食品成品中除去而不应成为最终食品的成分或仅有残留。

联合国粮农组织（FAO）和世界卫生组织（WHO）联合组成的国际食品法典委员会（CAC）1983年规定："食品添加剂是指本身不作为食品消费，也不是食品特有成分的任何物质，而不管其有无营养价值。它们在食品的生产、加工、调制、处理、充填、包装、运输、储存等过程中，由于技术（包括感官）的目的，有意加入食品中并预期这些物质或其副产物会成为（直接或间接）食品的一部分，或者改善食品的性质。它不包括污染物或者为保持、提高食品营养价值而加入食品中的物质，"此定义既不包括污染物也不包括食品营养强化剂。中国、日本、美国规定的食品添加剂，则均包括食品营养强化剂。

2. 食品添加剂的历史

食品添加剂这一名词始于西方工业革命，但人类实际使用食品添加剂的历史久远。中国传统点制豆腐使用的凝固剂盐卤，约在公元 25～220 年的东汉时期就有应用，并一直流传至今。公元 6 世纪时北魏末年农业科学家贾思勰所著《齐民要术》中就曾记载从植物中提取天然色素予以应用的方法。作为豆制品防腐和护色用的亚硝酸盐，大约在 800 年前的南宋时就用于腊肉生产。在国外，公元前 1500 年埃及墓碑上就描绘有糖果的着色，葡萄酒也已在公元前 4 世纪进行了人工着色。这些大都是天然物的应用。随着科学技术发展、人们生活水平的不断提高和工业革命对食品和食品工业带来的巨大变化，使食品添加剂进入一个新的加快发展阶段，许多人工合成的化学品如着色剂等相继大量应用于食品加工。

我国全面、系统研究和管理食品添加剂起步较晚。尽管解放后不久便对食品加工生产中某些添加剂的使用有过一些规定，但是直到 1973 年成立"全国食品添加剂卫生标准科研协作组"，才开始全面研究食品添加剂有关问题。1977 年由国家颁布《食品添加剂使用卫生标准》和《食品添加剂卫生管理办法》，开始对其进行全面管理。1980 年组织成立"全国食品添加剂标准化技术委员会"，将食品添加剂进行标准化管理；到 1993 年成立了"中国食品科学技术学会食品添加剂分会"和"中国食品添加剂生产、应用工业协会"，从而真正把我国食品添加剂事业推向世界，走向共同发展的道路。

今天，食品添加剂已成为多学科交叉发展的一门新的学科，而其具体的生产、应用也发展成为独立的行业，并成为现代食品工业发展必不对少的基础工业之一。

3. 食品添加剂的种类

由于食品添加剂在现代食品工业中所起的愈来愈重要的作用，各国许可使用的食品添加剂品种越来越多。据报告，目前全世界使用的食品添加剂达 14000 多种。其中，美国已经批准使用的添加剂有 25000 种，日本使用的食品添加剂约 1100 种，欧洲共同体约使用 1000～1500 种。我国许可使用的食品添加剂品种，在 20 世纪 70 年代仅几十种，此后以后迅速增加，1981 年为 213 种，1986 年为 621 种，1991 年为 1044 种，到目前为止共计有 1700 多种。

食品添加剂的分类可按其来源、功能和安全评价的不同而有不同划分。按来源可分天然和人工合成食品添加剂。前者主要由动、植物提取制得，也有一些来自微生物的代谢产物或矿物；后者则是通过化学合成的方法所得。按功能作用分，食品添加剂有很多类别，各国对食品添加剂的分类方法差异很大，并且按使用功能划分也并非十分完美，因为不少添加剂具有多种功能。因此，通常只能考虑它的主要使用功能和习惯划分。多数国家与地区将食品添加剂按其在食品加工、运输、储藏等环节中的功能分为以下 6 类：①防止食品腐败变质的防腐、抗氧和杀菌剂；②改善食品感官性状的鲜、甜和酸味剂、色素、香料、香精、发色、漂白和抗结块剂；③保证和提高食品质量的组织改良剂、膨化、乳化、增稠和被膜剂；④改善和提高食品营养的维生素、氨基酸和无机盐；⑤便于食品加工制造的消泡和净化剂；⑥其他功能的添加剂有胶姆糖基质材料、酸化剂、酶化剂、酿造添加剂和防腐剂等。如

化学与人类生活

美国的"食用化学品法典（1981Ⅲ）"中又分为 45 类；联合国联合国粮食及农业组织和世界卫生组织于 1994 年则分为 40 类；欧洲共同体仅分 9 类；日本分为 25 类；我国分为 22 类。

此外，还可按食品添加剂的安全评价作不同划分。食品添加剂法规委员会（CCFA）曾在食品添加剂联合专家委员会（JECFA）讨论的基础上将其分为 3 大类，具体见表 6-1。

表 6-1　食品安全评价分类

类型		安 全 评 价
A	已制定人体每日容许摄入量（ADI）和暂定 ADI	A(1)类：毒理学资料清楚,已制定出 ADI 值或者认为毒性有限无需规定 ADI 值
		A(2)类：已制定暂定 ADI 值,但毒理学资料不够完善,暂时许可用于食品
B	进行过安全评价,但未建立 ADI 值或未进行过安全评价	B(1)类：曾进行过评价,因毒理学资料不足未制定 ADI
		B(2)类：未进行过评价
C	不安全或应该严格限制作为某些食品的特殊用途	C(1)类：根据毒理学资料认为在食品中使用不安全
		C(2)类：认为应严格限制在某些食品中作特殊应用

值得注意的是，由于毒理学及分析技术等的深入发展，某些原已被 JFCFA 评价过的品种，经再评价时，其安全性评价分类又有变化。因此，关于食品添加剂安全性评价分类情况并不是一成不变的。

二、食品添加剂的利弊

1. 食品添加剂的作用

食品添加剂大大促进了食品上业的发展，并被称为现代食品工业的灵魂。这主要是给食品工业带来许多好处，它的主要作用大致如下。

（1）有利于食品的保藏，防止食品败坏变质　食品除少数物如食盐等外，几乎全都来自动、植物。各种生鲜食品，在植物采收或动物屠宰后，若不能及时加上或加工不当，往往造成败坏变质，带来很大损失。防腐剂可以防止由微生物引起的食品腐败变质，延长食品的保存期，同时它还具有防止由微生物污染引起的食物中毒作用。抗氧剂则可阻止或推迟食品的氧化变质，可提高食品的稳定性和耐藏性。同时也对防止可能有害的油脂自动氧化产物的形成。此外，抗氧剂还可用来防止食品，特别是水果、蔬菜的酶促褐变与非酶褐变，这样对食品的保存具有一定意义。

（2）改善食品的感官性状　食品的色、香、味、形态和质地等是衡量食品质量的重要指标。食品加工后有的褪色、有的变色，风味和质地等也有所改变。适当使用着色剂、护色利、漂白剂、食用香料以及乳化剂、增调剂等食品添加剂，可明显提高食品的感官质量，满足人们的不同需要。

（3）保持或提高食品的营养价值，食品应富有营养　毫无疑问，食品防腐剂和抗氧剂的使用，在防止食品败坏变质的同时，对保持食品的营养价值具有一定意义。食品加工往往可能造成一定的营养损失，在食品加工时适当地添加某些属于天然营养素范围的食品营养强化剂，可以大大提高食品的营养价值。这对防止营养不良和营养缺乏、促进营养平衡、提高人们健康水平具有重要意义。

（4）增加食品的品种和方便性　今天，不少超级市场常有多达20000种以上的食品可供消费者选择。尽管这些食品的生产大多通过一定的包装及适当的加工方法处理，但它们大都取决于防腐、抗氧、乳化、增稠以及不同的着色、增香、调味乃至其他各种食品添加剂配合使用的结果。正是这些众多的食品，尤其是方便食品的供应，给人们的生活和工作以极大的方便。

（5）有利食品加工操作、适应生产的机械化和自动化　在食品加工中使用消泡剂、助滤剂、稳定和凝固剂等，可有利于食品的加工操作。例如，使用葡萄糖酸-δ-内酯作为豆腐凝固剂时，可有利于豆腐生产的机械化和自动化。

（6）满足其他特殊需要　例如，糖尿病人不能吃糖，则可用无营养甜味剂或低热能甜味剂，如糖精或天门冬酰苯丙氨酸甲酯制成无糖食品供应。对于缺碘地区供给碘强化食品，可防治当地居民的缺碘性甲状腺肿。

2. 食品添加剂的危害

食品添加剂除上述有益作用外，但也有一定的危害性，特别是有些品种本身尚有一定毒性。尽管早期人们往往需要足够的科学证据确定使用某种食品添加剂是否安全，今天即使除偶发事件外，也几乎不再有引起急性或失控毒性作用的食品添加剂的应用。但是我们一直关注食品添加剂可能给人们带来的各种危害，尤其是近期人们担心长期摄入食品添加剂可能带来的潜在危害。

向食品中掺杂作假是人们长期以来一直担心的问题。尽管这并非都是由食品添加剂所引起。然而，像某些食品制造者为达到欺骗顾客、推销产品、谋取经济利益的目的，有如用色素对质量低劣或腐败的食品着色，则与食品添加剂密切相关。对此，各国政府已明令禁止。我国食品添加剂卫生管理办法即规定"禁止以掩盖食品腐败或以掺杂辨假、伪造为目的而使用食品添加剂"。在食品中添加某些明显有害的物质，如一度出现的使糖果呈现五颜六色所用铜盐和铅盐的着色，当人们通过科学技术的发展认识到它的危害以后也已禁用。

食品添加剂可以保持和提高食品营养价值，但对于某些非营养食品添加剂的应用，也可导致低营养密度食品的增加，从而影响食品的营养价值。目前人们最关心的还是某些食品添加剂所具有的致癌、致畸作用有可能给人类带来的危害。尽管至今尚没有发现食品添加剂的消费直接造成人类致癌、致畸作用相联系的证据，然而这在动物试验研究中已有确认。对于像亚硝酸这样的强致癌物，据报告在饮水中给予 $50\sim100mg/kg$ 体重喂养动物，$160\sim200$ 天全部动物致癌。以如此低的剂量在如此长的时间内可使全部动物致癌，这也就无怪乎人们担心某些食品添加剂长期低剂量摄食可能要给人们带来危害。

值得指出的是，经过 JECFA、CCFAC 和各国政府的努力，一方面已将那些对人体有害，对动物致癌、致畸，并有可能危害人类健康的添加剂品种禁止使用；另一方面对那些已怀疑的品种则继续进行更为严格的毒理学检验以确定其毒理性、许可使用时的使用范围、最大使用量与残留量，以及其质量规格、分析检验方法等。由于现有大多数食品添加剂和所有新的食品添加剂均必须经过严格的毒理学试验和一定的安全性评价才得以许可使用。因此，可以认为，现用食品添加剂的危害降到了最低水平。目前国际上认为由食品产生的危害大多与食品添加剂无关。例如人们通常把与食品有关的危险分为五类，其中危害人类最大的是食品的微生物污染，其次再是营养不良（包括营养不足和营养过剩）、环境污染、食品中天然毒物的误食，最后才是食品添加剂。

3. 食品添加剂的利弊权衡

理想的食品添加剂应当是有益无害。但是，一概要求如此或绝对安全也不现实。事实上即使是食品也都并非绝对安全。某些食物成分如菠菜中的草酸盐和豆类中所含植物血球凝集素与胰蛋白酶抑制剂等即对人体有害。而营养强化剂虽为人体所需，但过量使用，有如维生素 A 和维生素 D 均可引起过剩性中毒。这就要求人们将其所带来的益处与可能的危害进行权衡。尤其是将其可能带来的危害置于可供选择的使用及与整个食品供应的总体关系中来加以考虑。

如豆类所含有害成分可通过热加工破坏，而维生素 A 和维生素 D 的过剩性中毒作用，可通过严格控制其使用范围和最大使用量而得以避免。在食品添加剂中的确也还有极少数毒性较大，对人体健康具有较大威胁的品种，这就更应仔细考察。对其是否许可使用和如何使用等作进一步的利弊权衡。当前世界各国仍许可使用的护色剂亚硝酸钠即此一例。

长期以来，亚硝酸钠被作为肉类制品的护色剂（或称发色剂）应用。它除了可使肉类制品呈现鲜艳的亮红色外，还具有防腐作用。可以抑制多种厌氧性梭状芽孢菌，尤其是肉毒梭状芽孢杆菌的产生。因而在肉制品的加工保藏中具有重要意义。然而，随着科学技术的发展，人们认识到它本身具有较大的毒性（小鼠经口，LD_{50} 为 220g/kg 体重），而且进一步发现亚硝酸盐还可以与仲胺类物质反应生成亚硝胺。后者对实验动物有很强的致癌作用，因此不少人曾一再提出要禁止使用亚硝酸钠。但是，如果禁用亚硝酸钠，对于如何能有效地防止肉糜梭菌的肉毒中毒？如何能增加肉制品风味的作用？又如何能保证新的替代品没有致癌作用？更何况至今人们并没有找到人类以低剂量在肉制品中消费引发癌症的证据。因此，只要我们在保证工艺作用有效的前提下，通过降低用量，严格控制残留量和通过其他措施（如加用抗坏血酸等来防止亚硝胺的生成），以可以减少因其使用所带来的威胁。正是基于以上的认识，目前世界各国在严格控制其使用范围、使用量和残留量的前提下仍普遍许可使用。

当然，在如何权衡食品添加剂的利弊方面，随着科学技术的发展和人们认识的不断深入，还可能会有新的发现和变化。然而，只要我们严格遵照国家有关规定使

第六章 化学与食品安全

用食品添加剂，其安全性既可得到保证。既可发挥其有益作用，又最大限度地消除其可能给人类带来的不良影响。

三、食品添加剂的安全使用

食品添加剂最重要的是安全，其次才是有效。正因为如此，各国对食品添加剂的使用都采取许可使用名单制，并通过一定的法规予以管理。要保证食品添加剂使用安全，必须对其进行卫生评价。这是根据国家标准、卫生要求，以及食品添加剂的生产工艺、理化性质、质量标准、使用效果、范围、加入量、毒理学评价及检验方法等作出的综合性的安全评价。其中最主要的是毒理学评价。通常，每种物质当以足够大的剂量进行喂饲试验时，部分产生某种有害作用。安全性评价则应鉴定这种可能的有害作用，并利用足够的毒理学资料来确定认为该物质安全的使用剂量。

毒理学评价需要进行一定的毒理学试验。在我国通常分为以下四个阶段的不同试验：①急性毒性试验；②遗传毒性试验、传统致畸试验、短期喂养试验；③亚慢性毒性试验（包括 90 天喂养试验、繁殖试验、代谢试验）；④慢性毒性试验（包括致癌试验）。

几十年前，人们认为急性毒性试验的动物研究即已足够证明食品添加剂的安全性。今天的标准则通常要求进行长期的动物研究，并测定其最大作用剂量，再根据个体和种属差异等采用一适当的安全系数（通常为 100），将动物试验所得结果推论到人，得到人的日容许摄入量（ADI），此即是指人类每日摄入某物质直至终生时不会产生可检测到对健康产生危害的量。以每公斤体重可摄入的量表示，即 $mg/kg \cdot d$，国际上最广泛应用的是由 JECFA 所制订的 ADI。

我国根据"食品安全性毒理学评价程序"对一般食品添加剂的规定如下。

（1）凡属毒理学资料比较完整、世界卫生组织已公布 ADI 或无需规定 ADI 者，要求进行急性慢性试验和一项致突变试验，首选 Ames 试验或小鼠骨筋微核试验。

（2）凡属只有一个国际组织或国家批准使用，但世界卫生组织未公布 ADI，或资料不完整者，在进行第一、第二阶段毒性试验后作初步评价，以决定是否需进行进一步的毒性试验。

（3）对于由天然植物制取的单一组分高纯度的添加剂，凡属新品种进行第一、第二、第三阶段毒性试验，凡属国外已批准使用的，则进行第一阶段毒性试验。

（4）进口食品添加剂，要求进口单位提供毒理学资料及出口国批准使用的资料，由省、直辖市、自治区一级食品卫生监督检验机构提出意见，报卫生部食品卫生监督检验所审查后决定是否需要进行毒性试验。

对于香料，因其品种繁多、化学结构很不相同且绝大多数香料的化学结构均存在于食品之中，用量又很少，故另行规定如下。

（1）凡属世界卫生组织已建议批准使用或已制定 ADI 者，以及香料生产者协会（FEMA）、欧洲理事会（COE）和国际香料工业组织（ION）四个国际组织中的两个或两个以上允许使用的，在进行急性毒性试验后，参照国外资料或规定进行评价。

（2）凡属资料不全或只有一个国际组织批准的，先进行急性毒性试验和本程序所规定的致突变试验中的一项，经初步评价后再决定是否需要进行进一步试验。

（3）凡属尚无资料可查，国际组织未允许使用的，先进行第一、第二阶段毒性试验，经初步评价后决定是否需进行进一步试验。

（4）从食用动、植物可食部分提取的单一高纯度天然香料，如其化学结构及有关资料并未提示具有不安全性的，一般不要求进行毒性试验。

在进行毒理学评价，制订出各特定食品添加剂的 ADI 值以后，便可确定该品种每人每日容许摄入的总量。这通常是其在食品中的每日最大摄入量，由此便可进一步确定该食品添加剂在具体食品中的使用或残留情况。各国多以法规的形式，如食品添加剂使用卫生标准等确定许可使用的食品添加剂品种、使用目的（用途）、范围、最大使用量和最大残留量。

值得指出的是，按照国家有关规定正确使用食品添加剂是安全的；要保证食品添加剂的安全使用，必须严格遵守。

第三节　转基因食品

一、转基因食品的概况

"转基因食品"，它是指利用分子生物学手段，将某些生物的基因转移到其他生物物种上，使其出现原物种不具有的性状或产物，以转基因生物为原料加工生产的食品就是转基因食品。它利用现代分子生物技术，将某些生物的基因转移到其他物种中去，改造生物的遗传物质，使其在性状、营养品质、消费品质等方面向人们所需要的目标转变。例如番茄非常不易储藏和运输，科学家将一种能抑制番茄体内成熟衰老激素的基因移植到番茄细胞内，就培育成了耐储转基因延熟番茄（图 6-4）。通过这种技术，人类可以获得更符合要求的食品品质，它具有产量高、营养丰富、抗病力强的优势，但它可能造成的遗传基因污染也是它的明显缺陷。

图 6-4　转基因番茄

其实，转基因的基本原理也不难了解，它与常规杂交育种有相似之处。杂交是将整条的基因链（染色体）转移，而基因转移是选取最有用的一小段基因转移。因此，转基因比杂交具有更高的选择性。

转基因食品走上人们的餐桌并不长。世界上最早的转基因作物诞生于 1983 年，是一种含有抗生素药类抗体的烟草。1993 年，第一种市场化的转基因食物才在美国出现，它是一种可以延迟成熟的番茄。到 1996 年，由其制造的番茄酱才得以允许在超市出售。不过，近十几年转基因农作物发展十分迅速，全世界转基因食品无论在数量上还是在品种上都已具备了相当的规模。1996 年世界转基因作物种植总面积为 170 万公顷，2000 年猛增至 4420 万公顷，约占世界耕地总面积的 2%。2008 年，转基因作物种植国的数量激增到了 25 个。1996 年转基因生物商业化的第一年，仅有 6 个国家种植转基因作物，此后转基因作物的累计种植面积持续增加。农业生物技术应用国际服务组织（ISAAA）发布《2008 年度全球生物技术作物商业化现状报告》指出，2008 年全球累计达到八亿公顷。其中，种植面积排名前 3 位的国家分别为美国（6250 万公顷）、阿根廷（2100 万公顷）和巴西（1580 万公顷）。我国生物技术作物种植面积达 380 万公顷，排名第 6。大多数国家转基因作物以大豆、棉花、玉米为主。其中，玻利维亚首次种植转基因大豆，巴西首次种植转基因玉米，而澳大利亚首次开始种植转基因油籽，美国和加拿大则开始种植新的转基因作物——转基因甜菜。

2008 年，全球共种植了 1.25 亿公顷转基因作物，占全球 15 亿公顷种植面积的 8%。预计到 2015 年，种植转基因作物的国家将达到甚至超过 40 个。种植转基因作物受益的农民达到 1330 万人，比 2007 年增加了 130 万。全球转基因大豆种植面积已占总面积的 70%；转基因棉花与转基因玉米的比重，也分别占到各自总面积的 46% 和 24%。目前各国转基因农作物种植面积已占全球耕地面积的 16%。在美国，转基因玉米面积超过玉米种植面积 1/3，转基因大豆和棉花更是超过了种植总面积的 1/2。

转基因作物之所以能快速发展，是因为转基因技术可以让作物产量倍增。如 2007 年全球四大转基因作物大豆、玉米、棉花、油菜共增产 3200 万公吨，在不种植转基因作物的情况下实现这一增产量需要增加 1000 万公顷的土地，这对于农地相对贫乏的国家，是比较难以实现的。

在我国，转基因作物的种植比例还相对较低。目前，已经批准进入商业化种植的转基因作物共有番茄、甜椒、棉花、抗病毒木瓜、杨树、牵牛花等品种，转基因水稻、小麦和玉米则已进入试验性生产。尽管转基因技术并非是开启希望的"万能钥匙"，但收效明显。10 年间，我国因种植转基因抗虫棉而减少农药用量 60 万吨，每亩减支增收 130 元，累计增收 200 多亿元。

我国发展转基因食品最重要的原因是出于国家粮食安全考虑。转基因作物具有抗旱、抗杂草、抗虫、抗病毒、高产等特性。国家 863 计划农业生物技术项目，包括了水稻、棉花、转基因植物、农业微生物、动物生物技术等领域，转基因技术对农业生产品质改良都有重大意义。

基因技术的突破可以用传统育种专家难以想象的方式改良农作物，其优点是显而易见的。第一，可降低生产成本。一个品种的基因加入另一种基因，会使该品种的特性发生变化，具备原品种所不具备的因子，从而增强了抗病、抗杂草或抗虫害能力，由此可减少农药和除草剂的用量，降低种植成本。第二，可提高作物单位面积产量。作物通过基因改良后，更容易适应环境，能更有效抵御各种灾害的袭击，并使产量更高。第三，转基因技术可以使开发农作物的时间大为缩短。利用传统的育种方法，需要7~8年时间才能培育一个新的品种，而基因工程技术培育出一种全新的农作物品种，时间可缩短一半。因此，有专家认为，不出多少年，转基因技术将改变世界农业版图。

因此，转基因作物的研制还是有着诱人的前景的。据联合国估计，全球有八亿五千六百万人在遭受饥饿的折磨，换言之，世界上每六个人中就有一个人缺粮。转基因技术能够培育出具有优良性状的农作物，大大增加粮食产量，从而使这种状况得到根本缓解。另外，过量施用农药和化肥带来的后遗症日渐突出，而且它们造成的污染用传统的手段很难治理，这也是一个令各国都非常头疼的问题。如果利用转基因技术培育出抗病、抗虫害的农作物，这一难题就有了解决的希望。因此，转基因食品具有极大的发展潜力。

二、转基因食品的种类

为了提高农产品营养价值，更快、更高效地生产食品，科学家们应用转基因的方法，改变生物的遗传信息，拼组新基因，使今后的农作物具有高营养、耐贮藏、抗病虫和抗除草剂的能力，不断生产新的转基因食品。

第一类，植物性转基因食品。植物性转基因食品很多。例如，面包生产需要高蛋白质含量的小麦，而目前的小麦品种含蛋白质较低，将高效表达的蛋白基因转入小麦，将会使做成的面包具有更好的焙烤性能。

番茄是一种营养丰富、经济价值很高的果蔬，但它不耐储藏。为了解决番茄这类果实的储藏问题，研究者发现，控制植物衰老激素乙烯合成的酶基因，是导致植物衰老的重要基因，利用基因工程的方法抑制这个基因的表达，那么衰老激素乙烯的生物合成就会得到控制，番茄就不会容易变软和腐烂。目前，科学家经过努力，已培育出了这样的番茄新品种。这种番茄抗衰老、抗软化、耐储藏，能长途运输，可减少加工生产及运输中的浪费。

第二类，动物性转基因食品。动物性转基因食品也有很多种类，比如，牛体内转入了人的基因，牛长大后产生的牛乳中含有基因药物，提取后可用于人类病症的治疗。在猪的基因组中转入人的生长素基因，猪的生长速度增加了一倍，猪肉质量大大提高，现在这样的猪肉已在澳大利亚被请上了餐桌。

第三类，转基因微生物食品。微生物是转基因最常用的转化材料，所以，转基因微生物比较容易培育，应用也最广泛。例如，生产奶酪的凝乳酶，以往只能从杀死的小牛的胃中才能取出，现在利用转基因微生物已能够使凝乳酶在体外大量产生，避免了小牛的无辜死亡，也降低了生产成本。

第四类，转基因特殊食品。科学家利用生物遗传工程，将普通的蔬菜、水果、

第六章 化学与食品安全

粮食等农作物，变成能预防疾病的神奇的"疫苗食品"。科学家培育出了一种能预防霍乱的苜蓿植物。用这种苜蓿来喂小白鼠，能使小白鼠的抗病能力大大增强。而且这种霍乱抗原，能经受胃酸的腐蚀而不被破坏，并能激发人体对霍乱的免疫能力。于是，越来越多的抗病基因正在被转入植物，使人们在品尝鲜果美味的同时，达到防病的目的。

三、转基因食品的利与弊

几乎在乐观者描绘转基因技术为人类带来美好未来的同时，也有专家认为，当下的生态环境是在自然选择的基础上，历经数十亿年演化而来的。人工培育的转基因作物能否在现有的自然环境中生存是一个未知数，而且长远来说它们对人类、对生态环境的影响也是未知数。

在欧洲，一些对转基因食品安全性问题表示担忧的人把基因改良作物制成的食品称作"弗兰肯斯坦食品"。弗兰肯斯坦是英国作家玛丽·雪莱 1918 年所著小说中的主人公，作为生理学研究者，这位主人公最后被自己创造的怪物所毁灭。这一名称真实地反映出公众对转基因食品存在的恐惧。而科学家找到一些看起来不利的证据，更加剧了公众的这种恐惧。

其实，最早提出这个问题的人是英国的阿伯丁罗特研究所的普庇泰教授。1998年，他在研究中发现，用含有转基因的马铃薯饲养大鼠，引起了大鼠器官生长异常、体重减轻、免疫系统遭到破坏。1999 年英国的权威科学杂志《自然》刊登了美国康乃尔大学教授约翰·罗西的一篇论文，指出蝴蝶幼虫等田间益虫吃了撒有某种转基因玉米花粉的菜叶后会发育不良，死亡率特别高。这一实验结果立即引起轰动，导致了世界范围的对转基因食品安全性的怀疑。随后争议事件接踵而至。很多证据都显示出转基因食品可能存在的危险。丹麦科学家的研究表明，把耐除草剂的转基因油菜籽和杂草一起培育，结果产生了耐除草剂的杂草。这预示着通过转基因技术产生的基因可扩散到自然界中去。美国亚利桑那大学等机构发表的报告称，已经发现一些昆虫，吃了抗害虫转基因农作物也不死亡。因为它们已经对转基因作物产生的毒素具备了抵抗力。

关于转基因安全的争论，在否定和否定之否定的怪圈中循环。从事生物安全的专家，对被破坏又重建的基因链刚刚提出质疑，从事生物技术的科学家就会用另外一整套数据予以反驳。转基因引起人们如此恐慌的根本原因是：直到今天，转基因食品是否会对人体健康造成"潜在的伤害"，仍然是一个存在巨大争议的悬念。目前人类对转基因的担忧主要表现在以下几个方面。

1. 转基因食品本身存在的安全隐患

（1）转基因食品中潜在的过敏原问题　食物过敏被定义为一种对食物中存在的抗原分子的不良介导反应。食物过敏是一个世界关注的问题。过敏反应广泛存在于日常生活中，各种层出不暇的过敏原让人们防不胜防。消除这些潜在的过敏原，对于减少过敏反应具有重要意义。

（2）可能产生毒素或者食品中毒素的含量增加　转基因过程中，由于基因结构的改变可能会改变基因的表达从而提高某些天然植物毒素的表达水平，使其产生对人体有危害的毒素或毒素含量增加，进而导致人体内毒素的富集，危害人体健康。

（3）改变人体对抗生素的抗性　由于目前在基因工程中选用的载体大多为抗生素抗性标记，人们进食转基因食品，则可能会产生抗生素抗性，从而降低抗生素在临床上的有效性。头孢的出现与青霉素更替是人体对抗生素抗性增强的实例，这对于人类医药的发展和人类抵御疾病的能力是一场严峻的考验，同时也可能导致新型病毒的产生，这对人类健康的发展是很不利的。

2. 转基因对生态环境的影响

（1）破坏生态平衡，影响生物多样性　转基因作物相对于非转基因作物具有一定的优势，缺乏天敌的存在及对外界环境的强适应性，破坏了原有的生态结构和生物链，打破原有生物种群的动态平衡，导致原有品种的非自然淘汰，进而影响物种的多样性。

（2）可能产生"超级杂草"　作物通过杂交作用可能会使野生亲缘种获得转基因进化为"超级杂草"。通常"超级杂草"对农药及外界不良刺激有很强的耐受性，具有较强的竞争力，极大地威胁农作物的生长，破坏了自然进化的生物规律，而产生不良的后果。

（3）进化速度过快，影响生态平衡，可能会产生新的病毒或有害物种　加快生物的进化速度在某些方面有其积极意义，但对于整个生态来讲，则破坏了生物的进化平衡，导致生态系统的畸形或病态发展。

（4）可能造成"基因污染"　所谓"基因污染"是指外源基因扩散到其他物种，造成自然界基因库的混杂或污染。"基因污染"不同于一般的环境污染（如大气污染），是一种新型的污染源，具有不可见性和不可预测性，但其危害性决不在其他污染之下，值得重点关注。

现在，国际上对转基因食品的安全性尚无定论，我国科学家的观点也存在分歧。但转基因食品在人们生活中起到的积极作用是有目共睹的，我国有 13 亿人口，占世界总人口的 22%，这意味着占世界可耕地面积的 7% 养活世界 22% 的人口。城市化发展使农业耕地不断减少，而人口又持续增加，对工农业生产有更高的需求，对环境将产生更大的压力。全球人口的压力也不断增大，专家们估计，今后 40 年内，全球人口将比目前增加 50%。为此，粮食产量必须增加 75% 才能解决世界人口吃饭问题。而城市化程度的提高，可耕地的萎缩，更加深了绿色革命的迫切性。另外，人口老龄化对医疗系统的压力也不断增加，开发有助于增强人体健康的食品十分必要。为此，随着科技的发展，转基因作为一项新兴的生物技术改良农作物已势在必行，无论哪个国家都不会在转基因食品领域退缩。随着国际规则的制定和完善，转基因食品定会以崭新的姿态出现在 21 世纪的田野上。使我们的生活变得更加丰富精彩。

第四节 绿色食品

第二次世界大战以后，欧美和日本等发达国家在工业现代化的基础上，先后实现了农业现代化。这大大地丰富了这些国家的食品供应，但也产生了一些负面影响。因为，随着农用化学物质源源不断地、大量地向农田中输入，造成有害化学物质通过土壤和水体在生物体内富集，并且通过食物链进入到农作物和畜禽体内，导致食物污染，最终损害人体健康。并且这种过度依赖化学肥料和农药的农业，会对环境、资源以及人体健康构成危害具有隐蔽性、累积性和长期性的特点。

1962年，美国的雷切尔·卡逊女士以密歇根州东兰辛市为消灭伤害榆树的甲虫所采取的措施为例，披露了杀虫剂DDT危害其他生物的种种情况。该市大量用DDT喷洒树木，树叶在秋天落在地上，蠕虫吃了树叶，大地回春后知更鸟吃了蠕虫，一周后全市的知更鸟几乎全部死亡。卡逊女士在《寂静的春天》一书中写道："全世界广泛遭受治虫药物的污染，化学药品已经侵入万物赖以生存的水中，渗入土壤，并且在植物上布成一层有害的薄膜……已经对人体产生严重的危害。除此之外，还有可怕的后遗祸患，可能几年内无法查出，甚至可能对遗传有影响，几个世代都无法察觉。"卡逊女士的论断无疑给全世界敲响了警钟。

20世纪70年代初，由美国扩展到欧洲和日本的只在限制化学物质过量投入以保护生态环境和提高食品安全性的"有机农业"思潮影响了许多国家。一些国家开始采取经济措施和法律手段，鼓励与支持本国无污染食品的开发和生产。自1992年联合国在里约热内卢召开的环境与发展大会后，许多国家从农业着手，积极探索农业可持续发展的模式，以减缓石油农业给环境和资源造成的严重压力。欧洲、美国、日本和澳大利亚等发达国家和一些发展中国家纷纷加快了生态农业的研究。在这种国际背景下，我国决定开发无污染、安全、优质的营养食品，并且将它们定名为"绿色食品"。

一、绿色食品的基本知识

1. 绿色食品的概念

绿色食品（green food）并非指"绿颜色"的食品，而是特指无污染的安全、优质、营养类食品。自然资源和生态环境是食品生产的基本条件，由于与生命、资源、环境相关的事物通常冠之以"绿色"。为了突出这类食品出自良好的生态环境，并能给人们带来旺盛的生命活力，因此将其定名为"绿色食品"。

绿色食品必须同时具备以下条件：

（1）产品或产品原料产地必须符合绿色食品生态环境质量标准；

（2）农作物种植、畜禽饲养、水产养殖及食品加工必须符合绿色食品的生产操作规程；

（3）产品必须符合绿色食品质量和卫生标准；

（4）产品外包装必须符合国家食品标签通用标准，符合绿色食品特定的包装、装潢和标签规定。

严格地讲，绿色食品是遵循可持续发展原则，按照特定生产方式生产，经专门机构认定，许可使用绿色食品标志商标的无污染的安全、优质、营养类食品。

发展绿色食品，从保护、改善生态环境入手，以开发无污染食品为突破口，将保护环境、发展经济、增进人们健康紧密地结合起来，促成环境、资源、经济、社会发展的良性循环。

绿色食品特定的生产方式是指按照标准生产、加工，对产品实施全程质量控制，依法对产品实行标志管理。无污染、安全、优质、营养是绿色食品的特征。无污染是指在绿色食品生产、加工过程中，通过严密监测、控制，防范农药残留、放射性物质、重金属、有害细菌等对食品生产各个环节的污染，以确保绿色食品产品的洁净。绿色食品的优质特性不仅包括产品的外表包装水平高，而且更重要的是内在质量水准高。产品的内在质量又包括品质优良和营养价值、卫生安全指标高。

为了保证绿色食品产品无污染、安全、优质、营养的特性，开发绿色食品有一套较为完整的质量标准体系。绿色食品标准包括产地环境质量标准、生产技术标准、产品质量和卫生标准、包装标准、储藏和运输标准以及其他相关标准，它们构成了绿色食品完整的质量控制标准体系。

绿色食品标志管理的手段包括技术手段和法律手段。技术手段是指按照绿色食品标准体系对绿色食品产地环境、生产过程及产品质量进行认证，只有符合绿色食品标准的企业和产品才能使用绿色食品标志商标。法律手段是指对使用绿色食品标志的企业和产品实行商标管理。绿色食品标志商标已由中国绿色食品发展中心在国家工商行政管理局注册，专用权受《中华人民共和国商标法》保护。

2. 绿色食品的特征

绿色食品与普通食品相比有以下三个显著特征。

（1）强调产品出自最佳生态环境　绿色食品生产从原料产地的生态环境入手，通过对原料产地及其周围的生态环境严格监测，判定其是否具备生产绿色食品的基础条件。

（2）对产品实行全程质量控制　绿色食品生产实施"从土地到餐桌"全程质量控制。通过产前环节的环境监测和原料检测，产中环节具体生产、加工操作规程的落实，以及产后环节产品质量、卫生指标、包装、保鲜、运输、储藏、销售控制，确保绿色食品的整体产品质量，并提高整个生产过程的技术含量。

（3）对产品依法实行标志管理　绿色食品标志是一个质量证明商标，属知识产权范畴，受《中华人民共和国商标法》保护。

3. 绿色食品标志

为了与一般的普通食品区别，绿色食品由统一的标志来标识。

（1）标志的含义　绿色食品标志（图 6-5）是由中国绿色食品发展中心在国家
工商行政管理局商标局正式注册的质量证明商标。绿色食
品标志由三部分构成：上方的太阳，下方的叶片和中心的
蓓蕾。标志为正圆形，意为保护。整个图形描绘了一幅明
媚阳光照耀下的和谐生机，告诉人们绿色食品正是出自纯
净、良好生态环境的安全无污染食品，能给人们带来蓬勃
的生命力。绿色食品标志还提醒人们要保护环境，通过改
善人与环境的关系，创造自然界新的和谐。

图 6-5　绿色食品标志

绿色食品标志作为一种特定的产品质量的证明商标，其商标专用权受《中华人
民共和国商标法》保护。绿色食品标志与一般商品标志有区别，绿色食品标志作为
质量证明商标标志，有三条一般商品标志不具备的特定含义：有一套特定的标准——
绿色食品标准；有专门的质量保证机构和除工商行政管理机构之外的标志管理机
构；标志商标注册人在产品上只有该标志商标的转让权、授予权，无使用权。

（2）标志的使用　绿色食品的质量保证，涉及国家利益，也涉及消费者的利
益，全社会都应该从这个利益出发，加强对绿色食品的质量及标志正确使用的监
督、管理。根据农业部印发的《绿色食品标志管理办法》的规定，在使用绿色食品
标志时必须做到以下几方面。

①绿色食品标志在产品上使用时，须严格按照《绿色食品标志设计标准手册》
的规范要求正确设计，并经中国绿色食品发展中心审定。

②使用绿色食品标志的单位和个人须严格履行“绿色食品标志使用协议”。

③作为绿色食品生产企业，改变其生产条件、工艺、产品标准及注册商标前，
须报经中国绿色食品发展中心批准。

④由于不可抗拒的因素暂时丧失绿色食品生产条件，生产者应在一个月内报
告省、中国绿色食品发展中心两级绿色食品管理机构，暂时终止使用绿色食品标
志，待条件恢复后，经中国绿色食品发展中心审核批准，方可恢复使用。

⑤绿色食品标志编号的使用权，以核准使用的产品为限。未经中国绿色食品
发展中心批准，不得将绿色食品标志及其编号转让给其他单位或个人。

⑥绿色食品标志使用权自批准之日起三年有效。要求继续使用绿色食品标志
的，须在有效期满前九十天内重新申报，未重新申报的，视为自动放弃其使用权。

⑦使用绿色食品标志的单位和个人，在有效的使用期限内，应接受中国绿色
食品发展中心指定的环保、食品监测部门对其使用标志的产品及生态环境进行抽
检，抽检不合格的，撤销标志使用权，在本使用期限内，不再受理其申请。

⑧对侵犯标志商标专用权的，被侵权人可以根据《中华人民共和国商标法》
向侵权人所在地的县级以上工商行政管理部门要求处理，也可以直接向人民法院
起诉。

4. 绿色食品的标准

绿色食品标准分为两个技术等级，即 AA 级绿色食品标准和 A 级绿色食品标准。

AA 级绿色食品标准要求生产地的环境质量符合《绿色食品产地环境质量标准》，生产过程中不使用化学合成的农药、肥料、食品添加剂、饲养添加剂、兽药及有害于环境和人体健康的生产资料，而是通过使用有机肥、种植绿肥、作物轮作、生物或物理方法等技术，培肥土壤、控制病虫草害、保护或提高产品品质，从而保证产品质量符合绿色食品产品标准要求。

A 级绿色食品要求产地的环境量符合《绿色食品产地环境质量标准》，生产过程中严格按绿色食品生产资料用准则和生产操作规程要求，限量使用限定的化学合成生产资料，并积极采用生物方法，保证产品质量符合绿色食品产品标准要求。

5. 纯天然食品与绿色食品的区别

现代文明发展到今天，返璞归真成为人们追逐的时尚，衣食住行都崇尚以自然为本。可自然的未必便是最好的，尤其是时下各种冠以"纯天然"的食品，更需多加小心。

"绿色食品"与"纯天然食品"是两个相去甚远的概念。对"绿色食品"国家有严格的生产标准，如在生产过程中使用限量化学肥料的，称为 A 级绿色食品，而绝对不使用任何化学药品和添加剂的，称为 AA 级绿色食品。因此，不管自然界天然生长的，还是人工培育、合成的食品，只有其中有害化学成分的含量不超过一定的量，才可称为"绿色食品"。

而天然物质并非营养丰富的代名词，特别是有相当一部分还有强烈的毒副作用。如我国很多种森林蘑菇、日本的蕨菜毒性都不小；棉籽油中含有的棉酚以及部分红海藻则有致癌作用。另外，不少植物在长期的进化中，为了抵御细菌、病虫害的侵袭，其机体会合成各种有毒的化学物质。据报道，甘蓝中含 49 种天然杀虫成分，茴香、咖啡、桃、梨等几乎所有蔬菜、水果都多多少少含有杀虫物质。可见，"纯天然"的不一定就是最佳的。严格说来，天然物质都是不"纯"的。即使是野生的植物，在生长过程中也必然"吸"入被现代文明污染了的大气和水，从而失去"纯洁"。因此，日常饮食中没必要刻意追求纯天然。

二、绿色食品标准体系

1. 绿色食品标准的制定原则

为最大限度地促进生物循环，合理配置和利用自然资源，减少经济行为对生态环境的不良影响和提高食品质量，维护和改善人类生存和发展环境，确定了"绿色食品标准"遵循的原则。它从发展经济和保护生态环境两个角度规范绿色食品生产者的经济行为。

生产优质、营养，对人畜安全的食品和饲料，并保证获得一定产量和经济效益，兼顾生产者和消费者双方的利益，保证生产地域内环境质量不断提高，其中包括保持土壤的长期肥料和洁净，有助于水土保持。保证水、水资源和相关生物不遭受损害，有利于生物循环和生物多样性的保持。有利于节省资源，其中包括要求使用可更新资源、可自然降解和回收利用材料。减少长途运输、避免过度包装等。有利于先进科技的应用，以保证及时利用最新科技成果为绿色食品发展服务，有关标准和技术要求能够被验证。有关标准要求采用的检验方法和评价方法必须是国际、国家标准或技术上能够保证重复性的试验方法，绿色食品标准的综合技术指标不低于国际标准和国外先进标准的水平。同时，生产技术标准有很强的可操作性，易于生产者接受，在 AA 级绿色食品生产中禁止使用基因工程技术。

2. 制定绿色食品标准的作用

制定绿色食品标准是对绿色食品实行产前、产中、产后全过程质量控制，进行质量认证和质量体系认证的依据。它具有规范绿色食品生产和管理人员的技术和行为的功能；是推广先进生产技术，提高绿色食品生产水平的指导性技术文件；是维护绿色食品生产者和消费者利益的技术和法律依据，保护绿色食品生产者和消费者利益；也是提高我国食品质量，增强我国食品在国际市场竞争力，促进产品出口创汇的技术目标依据。

3. 绿色食品标准体系构成内容

绿色食品标准以全程质量控制为核心，由以下六个部分构成。

（1）绿色食品产地环境质量标准 绿色食品产地环境质量标准规定了产地的空气质量标准、农田灌溉水质标准、渔业水质标准、畜禽养殖用水标准和土壤环境质量标准的各项指标以及浓度限值、监测和评价方法。提出了绿色食品产地土壤肥力分级和土壤质量综合评价方法。对于一个给定的污染物在全国范围内其标准是统一的，必要时可增设项目，适用于绿色食品（AA 级和 A 级）生产的农田、菜地、果园、牧场、养殖场和加工厂。制定这项标准的目的，一是强调绿色食品必须产自良好的生态环境地域，以保证绿色食品最终产品的无污染、安全性；二是促进对绿色食品产地环境的保护和改善。

（2）绿色食品生产技术标准 绿色食品生产过程的控制是绿色食品质量控制的关键环节。绿色食品生产技术标准是绿色食品标准体系的核心，它包括绿色食品生产资料使用准则和绿色食品生产技术操作规程两部分。

绿色食品生产资料使用准则，是对生产绿色食品过程中物质投入的一个原则性规定，它包括生产绿色食品的农药、肥料、食品添加剂、饲料添加剂、兽药和水产养殖药的使用准则，对允许、限制和禁止使用的生产资料及其使用方法、使用剂量、使用次数和休药期等作出了明确规定。

绿色食品生产技术操作规程是以上述准则为依据，按作为种类、畜牧种类和不同农业区域的生产特性分别制定的，用于指导绿色食品生产活动，规范绿色食品生产技术的技术规定，包括农产品种植、畜禽饲养、水产养殖和食品加工等技术操作规程。

（3）绿色食品产品标准 该标准是衡量绿色食品最终产品质量的指标尺度。它虽然跟普通食品的国家标准一样，规定了食品的外观品质、营养品质和卫生品质等内容，但其卫生品质要求高于国家现行标准，主要表现在对农药残留和重金属的检测项目种类多、指标严。而且，使用的主要原料必须是来自绿色食品产地的、按绿色食品生产技术操作规程生产出来的产品。绿色食品产品标准反映了绿色食品生产、管理和质量控制的先进水平，突出了绿色食品产品无污染、安全的卫生品质。

（4）绿色食品包装标签标准　该标准规定了进行绿色食品产品包装时应遵循的原则，包装材料选用的范围、种类，包装上的标识内容等。要求产品包装从原料、产品制造、使用、回收和废弃的整个过程都应有利于食品安全和环境保护，包括包装材料的安全、牢固性，节省资源、能源，减少或避免废弃物产生，易回收循环利用，可降解等具体要求和内容。

绿色食品产品标签，除要求符合国家《食品标签通用标准》外，还要求符合《中国绿色食品商标标志设计使用规范手册》规定，该《手册》对绿色食品的标准图形、标准字形、图形和字体的规范组合、标色、广告用语以及在产品包装标签上的规范应用均作了具体规定。

（5）绿色食品储藏、运输标准　该项标准对绿色食品储运的条件、方法、时间作出规定。以保证绿色食品在储运过程中不遭受污染、不改变品质，并有利于环保、节能。

（6）绿色食品其他相关标准　包括"绿色食品生产资料"认定标准、"绿色食品生产基地"认定标准等，这些标准都是促进绿色食品质量控制管理的辅助标准。

以上六项标准对绿色食品产前、产中和产后全过程质量控制技术和指标作了全面的规定，构成了一个科学、完整的标准体系。

三、发展背景

当今世界多数国家将目前我国正在发展中的绿色农业称为有机农业。有机农业的概念最早出现于20世纪20年代，由德国和瑞士首先提出来的。而有机农业在世界范围内的广泛发展，是在1972年国际有机农业运动联合会（IFOAM）建立之后，经过十年的发展，其成员就已增加到25个国家的100多个团体，目前其成员已有117个国家近700个团体。在IFOAM的推动下，近年来，国际有机农业生产和有机食品加工得到了迅速发展据有关资料表明，奥地利、有机农业发展最为繁荣，德国次之，美国的有机农业也在迅猛发展。从亚洲的情况看，日本和韩国有机农业发展较快。

中国绿色食品事业发展起始于1990年，目的是通过开发无污染的安全、优质、营养类食品，保护和改善生态环境，提高农产品及其加工品的质量，增进城乡人民身体健康，促进国民经济和社会可持续发展。我国绿色食品事业的发展是在立足国情的基础上起步的。尽管我国的绿色食品与国外的有机食品、生态食品、自然食品都拥有一个共性，即在食品的生产和加工过程中严格限制化学肥料、农药和其他化学物质的使用，以提高食品的安全性，保护资源和环境。但在绿色食品的开发和管理上，并不是简单地照搬国外有机食品、生态食品和自然食品的模式，而是在参考其相关技术、标准及管理方式的基础上，结合我国的国情，选择了自己的发展道路。

绿色食品从概念的提出、开发和管理体系的建立，到产品进入市场，走进城乡人民生活，直至登上国际舞台，已经度过了 20 个春秋。中国绿色食品事业已奠定了良好的发展基础：不但建立了日趋完善的管理机构和绿色食品标准体系，而且绿色食品产品开发已初具规模，市场开发进展迅速，国际交流与合作日益频繁，使我国的绿色食品产业已具雏形，这不仅为我国绿色食品事业的进一步发展提供了有利的条件，而且为今后绿色食品事业中长期发展打下了牢固的基础。

四、发展历程

1990 年 5 月 15 日，中国正式宣布开始发展绿色食品。中国绿色食品事业经历了以下发展过程：提出绿色食品的科学概念→建立绿色食品生产体系和管理体系→系统组织绿色食品工程建设实施→稳步向社会化、产业化、市场化、国际化方向推进。

第一阶段，从农垦系统启动的基础建设阶段（1990～1993 年）。从 1990 年开始，我国农业部正式推出绿色食品工程在农垦系统正式实施。1992 年经国务院批准，农业部设立了绿色食品管理机构：中国绿色食品发展中心，我国成为世界上唯一的以政府行为推动绿色食品的国家，建立起绿色食品产品质量监测系统；制订了一系列技术标准；制订并颁布了《绿色食品标志管理办法》等有关管理规定；对绿色食品标志进行商标注册；1993 年中国绿色食品发展中心加入了"有机农业运动国际联盟"组织。与此同时，绿色食品开发也在一些农场快速起步，并不断取得进展。1990 年绿色食品工程实施的当年，全国就有 127 个产品获得绿色食品标志商标使用权。1993 年全国绿色食品发展出现第一个高峰，当年新增产品数量达到 217 个。

第二阶段，向全社会推进的加速发展阶段（1994～1996 年）。这一阶段绿色食品发展呈现出五个特点：（1）产品数量连续两年高增长。1995 年新增产品达到 263 个，超过 1993 年最高水平 1.07 倍；1996 年继续保持快速增长势头，新增产品 289 个，增长 9.9％。（2）农业种植规模迅速扩大。1995 年绿色食品农业种植面积达到 1700 万亩，比 1994 年扩大 3.6 倍，1996 年扩大到 3200 万亩，增长 88.2％。（3）产量增长超过产品个数增长。1995 年主要产品产量达到 210 万吨，比上年增加 203.8％，超过产品个数增长率 4.9 个百分点；1996 年达到 360 万吨，增长 71.4％，超过产品个数增长率 61.5 个百分点，表明绿色食品企业规模在不断扩大。（4）产品结构趋向居民日常消费结构。与 1995 年相比，1996 年粮油类产品比重上升 53.3％，水产类产品上升 35.3％，饮料类产品上升 20.8％，畜禽蛋奶类产品上升 12.4％。（5）县域开发逐步展开。全国许多县（市）依托本地资源，在全县范围内组织绿色食品开发和建立绿色食品生产基地，使绿色食品开发成为县域经济发展富有特色和活力的增长点。

第三阶段，向社会化、市场化、国际化全面推进阶段（1997 年至今）。绿色食品社会化进程加快主要表现在：中国许多地方的政府和部门进一步重视绿色食品的发展；广大消费者对绿色食品认知程度越来越高；新闻媒体主动宣传、报道绿色食品；理论界和学术界也日益重视对绿色食品的探讨。

绿色食品市场化进程加快主要表现在：随着一些大型企业宣传力度的加大，绿色食品市场环境越来越好，市场覆盖面越来越大，广大消费者对绿色食品的需求日益增长，而且通过市场的带动作用，产品开发的规模进一步扩大。绿色食品国际市场潜力逐步显示出来，一些地区绿色食品企业生产的产品陆续出口到日本、美国、欧洲等国家和地区，显示出了绿色食品在国际市场上的强大竞争力。

绿色食品国际化进程加快主要表现在：对外交流与合作深度和层次逐步提高，绿色食品与国际接轨工作也迅速启动。为了扩大绿色食品标志商标产权保护的领域和范围，绿色食品标志商标相继在日本国和我国香港地区开展注册；为了扩大绿色食品出口创汇，中国绿色食品发展中心参照有机农业国际标准，结合中国国情，制订了 AA 级绿色食品标准，这套标准不仅直接与国际接轨，而且具有较强的科学性、权威性和可操作性。另外，通过各种形式的对外交流与合作，以及一大批绿色食品进入国际市场，中国绿色食品在国际社会引起了日益广泛的关注。

五、发展现状

中国于 1990 年正式开始发展绿色食品，到现在经历了 20 年的时间，其间在中国不仅建立和推广了绿色食品生产和管理体系，而且还取得了积极成效，目前仍保持较快的发展势头。中国绿色食品发展中心（China Green Food Development Center）是组织和指导全国绿色食品开发和管理工作的权威机构，现已在全国 31 个省、市、自治区委托了 38 个分支管理机构、定点委托绿色食品产地环境监测机构 56 个、绿色食品产品质量检测机构 9 个，从而形成了一个覆盖全国的绿色食品认证管理、技术服务和质量监督网络。结合中国国情制定了绿色食品产地环境标准、肥料、农药、兽药、水产养殖用药、食品添加剂、饲料添加剂等生产资料使用准则、全国 7 大地理区域、72 种农作物绿色食品生产技术规程、一批绿色食品产品标准以及 AA 级绿色食品认证准则等，绿色食品"从土地到餐桌"全程质量控制标准体系已初步建立和完善。

1996 年，中国绿色食品发展中心在中国国家工商行政管理局完成了绿色食品标志图形、中英文及图形、文字组合等 4 种形式在 9 大类商品上共 33 件证明商标的注册工作；中国农业部制定并颁布了《绿色食品标志管理办法》，标志着绿色食品作为一项拥有自主知识产权的产业在中国的形成，同时也表明中国绿色食品开发和管理步入了法制化、规范化的轨道。2006 年，绿色食品实物总量超过 7200 万吨，产品年销售额突破 1500 亿元人民币，出口额近 20 亿美元。产品质量抽检合格率达 97.9%。到 2007 年，中国绿色食品生产总量达到 8300 万吨，产品销售额超过 2000 亿元，出口额近 23 亿美元，约占全国农产品出口总额的 7％，产地环境监测面积达 2.5 亿亩。

中国绿色食品在总量稳步扩大的同时，产品结构不断优化，初级产品比重降至 37.2％，加工产品已占 62.8％，地方名特优产品日益增多，园艺、畜牧、水产等具有出口竞争优势的产品比重逐步提高。与普通同类产品相比，绿色食品的价格要高 2 倍到 10 倍，经济效益十分明显。

通过多年来的开拓创新和实践，中国绿色食品目前已形成了鲜明的发展特色，为保护中国农业生态环境，推动农业标准化生产，提升农产品质量安全水平、扩大农产品出口、促进农民增收发挥了重要的示范带动作用。

21 世纪中国经济正处于高速增长时期，国民经济能否持续发展，取决于资源和环境能否有效地保护和合理的利用。绿色食品、有机农业食品生产把经济发展与生态环境的保护有机地结合起来，使资源-环境-食品-健康间的相互关系得以协调。

参考文献

[1] 陈洪渊，陈国南．食品安全与化学家的任务 [J]．2009，24（1）：5-8.

[2] 丁卓丽．我国食品安全现状及存在的问题 [J]．价值工程．2010，19：249-250.

[3] 陈颖佳．论食品安全的现状及其发展对策 [J]．内蒙古科技与经济．2008，11：15-16.

[4] 李柏林．关注食品安全 [J]．世界科学．2003，10，27-28.

[5] 巢强国．食品添加剂安全性综述 [J]．上海计量试测．2008，01：2-7.

[6] 沈立荣．食品安全性与人类健康 [J]．湖州职业技术学院学报．2003，01：85-89.

[7] 赵华，浅谈食品化学与人类健康 [J]．广东化工．2006，33（8）：41-46.

[8] 张松，杨永胜，郭俊俊．我国食品防腐剂的使用现状与发展趋势 [J]．大众标准化．2008，2：59-60.

[9] 孙宏涛．转基因食品安全及发展前景 [J]．科技信息．2008，36：660.

[10] 张萍．我国绿色食品现状及展望 [J]．石河子科技．2008，5：12-14.

[11] 农业部．绿色食品标志管理暂行办法．1991，5，24.

第七章 化学与药物

第一节 药物化学简介

药物是人类维护健康、战胜疾病的有力武器，对人类的生存、种族的繁衍作出了巨大的贡献。药物化学是研究新药，探索构效关系和改进现有化学药物的一门综合性学科，既要研究化学药物的结构、性质和变化规律，又要了解用于人体后的生理、生化效应。它为药物研究开发提供了后续学科研究的物质基础，因而起着十分重要的作用，是药学科学中的带头学科。它是融化学与生命科学为一体的交叉学科。

任何一门学科的产生和发展都和当时的社会需要及科技水平密不可分，药物化学也不例外，化学科学的发展促进了药物化学。近代药物发展史表明，大部分临床应用的药物主要是利用化学方法制备或从天然产物中提取得到的。

一、药物化学的形成

药物化学最早起源于品尝植物。传说我国古代的炎帝，因教民耕种技术而号称"神农氏"，被誉为农业之神。又因尝遍百草而发明医药，被誉为"医药之神"。从植物中提取出有效成分始于 19 世纪初，如从鸦片中提取出吗啡；1859 年从古柯叶中得到了可卡因，1884 年用于临床，因其毒性大等缺点经结构改造发展了普鲁卡因（1904 年）、利多卡因（1946 年）等优良的局部麻醉药。从有机化合物中寻找活性物质则始于 19 世纪中期，如水合氯醛的镇静和乙醚的麻醉作用。1899 年，阿司匹林（aspirin）上市，标志着人们已可用化学方法改变天然化合物的化学结构和药物化学开始形成。现代药物化学的发展大致经历了如下几个阶段。

1. 发现阶段

19 世纪末，化学工业的兴起，Ehrlich 化学治疗概念的建立，为本世纪初化学药物的合成和进展奠定了基础。例如早期的含锑、砷的有机药物用于治疗锥虫病、阿米巴病和梅毒等。在此基础上发展用于治疗疟疾和寄生虫病的化学药物。19 世纪末至 20 世纪 30 年代，人类从动植物体内分离、纯制和测定了许多天然产物，如生物碱、苷类化合物等。同时某些天然的和合成的有机染料和中间体，用于致病菌感染的治疗，发现一些合成的化合物具有化学治疗作用，被用于临床。同时人们开始探索药物的药效基团作用机制、受体概念和相互关系等。但由于科学技术水平的限制，只局限于对已有物质的研究、寻找和发现可能的药用价值。例如：1868 年 Brown 和 Fraser 发现四甲基季铵盐和四乙基季铵盐对神经节阻断作用的差异，第一次提出化学结构和生理活性的联系，是定量构效关系的启蒙研究。1878 年 Langley 首先提出受体概念，指出药物只有结合后才可起效的论断，1885 年 Ehrlich 提出药物作用的侧链学说；是现代化学治疗和分子药理学的始点。

2. 发展阶段

20 世纪 30 年代中期发现百浪多息和磺胺后，合成了一系列磺胺类药物。1940 年青霉素疗效得到肯定，β 内酰胺类抗生素得到飞速发展。化学治疗的范围日益扩大，已不限于细菌感染的疾病。随着 1940 年 Woods 和 Fildes 抗代谢学说的建立，不仅阐明抗菌药物的作用机理，也为寻找新药开拓了新的途径。例如，根据抗代谢学说发现抗肿瘤药、利尿药和抗疟药等。药物结构与生物活性关系的研究也随之开展，为研制新药和先导物提供了重要依据。这一时期发现了许多化学药物。

进入 20 世纪 50 年代后，药物在机体内的作用机理和代谢变化逐步得到阐明，改进了单纯从药物的显效基团或基本结构寻找新药的方法。例如利用潜效 (latentiation) 和前药 (prodrug) 概念，设计能降低毒副作用和提高选择性的新化合物。1952 年发现治疗精神分裂症的氯丙嗪后，使精神神经疾病的治疗取得突破性的进展。非甾体抗炎药是 60 年代中期以后研究的活跃领域，一系列抗炎新药先后上市。

20 世纪 60 年代以后，药物构效关系研究发展很快，已由定性转向定量方面。定量构效关系 (QSAR) 是将化合物的结构信息、理化参数与生物活性进行分析计算，建立合理的数学模型，研究构-效之间的量变规律，为药物设计、指导先导化合物结构改造提供理论依据。

合成药物大量涌现以及内源性生物活性物质的分离、测定和活性的确定，酶抑制剂的联合应用等，成为了药物发展的"黄金时期"。研究的中心转向产生同样药理作用的化合物中寻找产生效应的共同基本结构，进而应用药物化学的一些基本原理来改变基本结构上的取代基团，或扩大基本结构的范围。

3. 设计阶段

20 世纪 70～90 年代，新理论、新技术以及学科间交叉渗透形成的新兴学科，都促进了药物化学的发展。如结构生物学、分子生物学、分子遗传学、基因学和生物技术的进展，为发现新药提供理论依据和技术支撑。如分子力学和量子化学与药学科学的渗透，X 衍射、生物核磁共振、数据库、分子图形学的应用，为研究药物与生物大分子三维结构，药效构象以及二者作用模式，探索构效关系提供了理论依据和先进手段。使人们对药物潜在作用靶点进行深入研究，对其结构、功能逐步了解，将使药物设计更趋于合理化。信息科学的突飞猛进，如生物信息学的建立，生物芯片的研制，各种信息数据库和信息技术的应用，可便捷地检索和搜寻所需要的文献资料。利用建立有序变化的多样性分子库，进行集约快速高通量筛选，无疑对发现先导化合物和提高新药研究水平都具有重要意义。使药物化学的研究水平和效率大为提高。例如，20世纪80年代氟喹诺酮的研究和发现，成为合成抗菌药发展史上的重要里程碑；血管内皮依赖性舒张作用的发现使其成为心血管系统药物研究的热点和前沿；DNA拓扑异构酶在肿瘤的复制、转录中关键作用的发现，推动了DNA拓扑异构酶抑制剂的研究等。

早期的药物化学以化学学科为主导，包括天然和合成药物的性质、制备方法和质量检测等内容。随着科技发展，现代药物化学已成为化学和生物学科相互渗透的综合性学科，其主要任务是研制新药、发现具有进一步研究开发前景的先导物。研究内容主要有基于生命科学研究揭示药物作用的靶点（受体、酶、离子通道、核酸等）；参考天然配体或底物的结构特征，设计药物新分子，以期发现选择性地作用于靶点的新药；通过各种途径和技术寻找先导物，如内源性活性物质的发掘、天然有效成分或现有药物的结构改造和优化、活性代谢物的发现等；另外，计算机在药物研究中的应用日益广泛，计算机辅助药物设计（CADD）和构效关系也是药物化学的研究内容。

目前信息科学迅猛发展，利用各种数据库和信息技术，可广泛收集药物化学的文献资料，有利于扩展思路，开拓视野，丰富药物化学的内容。药物化学既要研究化学药物的结构、性质和变化规律，又要了解药物对人体生理生化效应、毒副反应以及构效关系。有人比喻，如果现代药物化学是一只鼎，那么支撑这只鼎的分别是化学、生物学科和计算机技术。药物化学与生物学科、生物技术紧密结合，相互促进，仍是今后发展的大趋势。

二、新药的研发技术

1. 发现新药的途径

通常，新药一是从天然产物（植物、抗生素、内源性活性物质）中发现；二是从现有药物改进，进行药物筛选并加以改进；三是根据生理病理机制设计（即合理药物设计）而得到的。近年来，由于计算机技术、现代合成技术、生物技术的应用以及分子生物学、遗传学、免疫学等学科的交叉渗透，使药物化学以化学为主的状况发生了巨大的变化，药物研究已深入到分子和电子水平，涉及多门学科和多种技术。如借助X射线衍射、核磁共振、受体结合、电生理、分子力学、量子化学和计算机技术研究药物和靶物质的三维结构、药效构象，探讨构效关系、推测作用机理和生物活性等一系列问题。结合计算机图形学和有关数据库进行三维定量构效关系研究等。为新药研究开创了新途径，通过生物学科、基础学科和先进技术共同提高药物研究的水平。

2. 合理药物设计

（1）以受体为靶点的新药研究　分子生物学与分子药理学等新兴学科的出现，为阐明许多生物大分子如酶、受体等与疾病的关系作出了重要的贡献。这些生物大分子在生命活动中起着十分重要的作用，往往就是药物作用的靶点。近年来受体的亚型和新受体不断被发现和克隆表达，有关它们的生化、生理和药理性质也相继被阐明，为新药的设计和研究提供了更准确的靶点和理论基础，同时为降低药物的毒副作用作出了很大的贡献。

（2）以酶为靶点的新药研究　由于酶参与一些疾病的发病过程，催化生成一些病理反应的介质和调控剂，因此酶构成了异常重要的药物作用靶点。酶抑制剂通过抑制某些代谢过程，降低酶促反应产物的浓度而发挥其药理作用。酶抑制剂用作药物要求它对靶酶有高度亲和力和特异性。如果仅和靶酶反应而不与其他部位作用，则药物剂量可降低，毒性可减少。酶抑制剂必须在有效浓度下到达其作用部位，也就是要有较高的生物利用度，才能具有良好的治疗作用。

（3）以离子通道为靶点的新药研究　在体内有许多生物功能的离子，都是经由离子通道出入细胞的。离子通道类似于活化酶，参与调节体内多种生物功能。病变的离子通道会导致离子流动异常，甚至出现细胞死亡，可以通过药物进行调控。近年来对离子通道的研究进展迅速，不仅对离子通道的结构、功能、作用机制以及影响因素有了详尽的研究，也有许多相应的药物面市。例如，以 K^+ 通道为作用靶点的抗高血压药有尼可地尔、吡那地尔、色满卡林等；以 Na^+ 通道为作用靶点的药物有：奎尼丁、普鲁卡因胺等。

（4）以核酸为靶点的新药研究　关于肿瘤的癌变机制，人们普遍认为是由于基因突变导致基因表达失调和细胞无限增殖所引起的，因此，可将癌基因作为药物设计的靶点，利用反义技术（是通过碱基互补原理，干扰基团的解旋、复制、转录、mRNA 的剪接加工乃至输出和翻译等各个环节，从而调节细胞的生长、分化等）抑制细胞增殖。

（5）应用现代生物技术研究新药　以基因、细胞、发酵和酶工程为主体的现代生物技术是 20 世纪 70 年代开始异军突起的高新技术领域，近几十年发展极为神速，为大量新型药物的发现开辟了一条新途径。自 1982 年第一个基因重组医药产品人胰岛素问世，至今已有数十个生物技术药物上市，我国目前也能生产 15 种重要的基因工程药物。现代生物技术不仅开辟了人体内源性多肽、蛋白质药物的新天地，同时它也正渗透到医药的各个领域，从抗生素、氨基酸、化学合成药的生物转化到单克隆抗体、靶向制剂等。

近年来药物化学研究者提出将组合化学技术应用到获取新化合物分子上。组合化学技术是将一些基本的小分子（称为构造砖块，如氨基酸、核苷酸、单糖以及各种各样的化学小分子）通过化学或生物合成的程序将这些构造砖块系统地装配成不同的组合，由此得到大量的分子。这一思路成为了发现新药的新途径。

三、药物化学展望

21 世纪将是生命和信息科学技术迅猛发展的时代，药物化学与其息息相关，特别是与生物学科、计算机技术紧密结合，相互促进，将是它今后发展的大趋势。其主要表现在合理药物设计的进一步应用、完善与发展，设计调控长期效应信号分子的药物，利用转基因动物——乳腺生物反应器来研制新药，基因治疗药物的应用和发展，应用生物技术改进新药筛选方法和创建筛选模型，利用组合化学及其他资源获得更多新药等方面。其药物研究开发的热点是心脑血管疾病、癌症、艾滋病、病毒、老年痴呆、免疫遗传疾病等治疗领域。随着基因治疗药物及其他生物技术药物的研究和开发，对这些严重威胁人类生命疾病的防治，可能有所突破。中药现代化走向世界将是极为关注的热点，中药复方可能作为多靶点作用的药物在某些重大疾病的治疗过程中将发挥不可估量的作用。提高药物的生物利用度，使其发挥最佳疗效，是新药研究开发中的重要课题。新型药物制剂是这方面的研究重点之一。21世纪的新剂型将是以新技术、新方法、新材料为支撑，综合利用生物、医学、化学、物理和电子研究成果的系统工程产品，药物以精确的速率、预定的时间、特定的部位在体内发挥治疗作用。

虽然，我们对新药的基础研究和技术落后，且学科配套不齐全，力量分散；在研究疾病病理的分子基础、酶、受体和离子通道等靶物质结构等方面尚处于起步阶段，因而不可能为合理药物设计提供较多的理论基础。然而，丰富的中草药资源及其活性成分和宝贵的中医药临床经验为我国的优势。因此，以有效天然产物为先导物进行结构改造和优化，合成其衍生物、类似物，获取更有效的化合物，这是切合我国国情的行之有效的发现新药的途径。

第二节　药物基本概述

自从人类有疾病以来，人们就在不断地寻找治疗疾病的方法，最早用的药物来自于天然物质。19世纪化学的发展，开始出现了一些人工合成的新物质以供人们选择性地用来治疗疾病。从麻醉、消毒药开始，随着化学学科和化学工业的发展，逐步地合成一些比较复杂的化合物，进一步拓宽了药物的来源，从而使人类形成了一种共识，即化学是药学的发展基础。于是人们开始用化学的观点、规律、原理和方法，去看待、分析、研究和解决药学中的现象和问题，以化学的发展来推动药物学的发展。因此，不论是过去、现在还是将来，化学是药学的重要基础。药物的研究、开发和利用，任何时候都是和化学紧紧地联系在一起的。

药物，无论是天然药物（植物药、抗生素、生化药物）、合成药物还是基因工程药物，就其化学本质而言都是一些如 C、H、O、N、S 等化学元素组成的化学物质。因而从学科的角度看，化学科学是阐明药物内在本质的科学。

一、药物的定义与发展

药物是指用于预防、治疗、诊断人的疾病或为了调节人体功能、提高生活质量、保持身体健康的一类特殊物质。它包括中药材、中药饮片、中成药、化学原料药及其制剂、抗生素、生化药品、放射性药品、疫苗、血液制品和诊断药品等。

药物的历史可追溯到五六千年以前，药物的发现是从尝试各种食物时遇到毒性反应后寻找解毒物开始的。人们从生产、生活经验中认识到某些天然物质可以治疗疾病与伤痛，其中有不少流传至今，例如饮酒止痛、大黄导泻、川楝子祛虫，青蒿退热等。我国早在公元1世纪前后就著有《神农本草经》，全书收载药物365种仍沿用至今。唐代的《新修本草》是我国第一部政府颁发的药典，收载药物884种。明代大药物学家李时珍的《本草纲目》是世界闻名的一部药物学专著，全书52卷，约190万字，共收载药物1892种，已被译成英、日、朝、德、法、俄、拉丁7种文本，传播到世界各地，成为世界重要的药物文献之一。

西方的医药发展历史，以古希腊为最早。但当时宗教盛行，传教士们的宗教迷信思想和医药是根本不可能同时存在，以宗教统治的奴隶社会压迫和统治医药，其最终的结果就是导致古希腊灭亡，以至于他们的医药被世人忘却。罗马帝国的医药也和希腊医药有着相同的命运，当时的基督教把西医看作眼中钉，因而西医药的发展受到了极大的限制。但随着工业革命和近代的科学发展，新技术和新学科的不断出现，使用化学方法提取制成的药物比中药更单一的成分，使得西药被人类所重视。当然，西药的发展离不开社会的发展，它能在很短历史中就被全世界人们所认可，是和它在防治疾病中所作出的贡献分不开的。随着社会的飞速发展，西药对疾病的快速有效治疗正是人们所求，因此，我们应当加快开发和利用它的优越性。

二、药品的分类

药品的分类方法很多，从发展的过程来看，可分为传统药与现代药。传统药是指按照传统医学理论指导用于预防和治疗疾病的物质，包括植物药、动物药和矿物药等。而现代药是通过化学合成、生物发酵、分离提取以及生物或基因工程等现代科学技术手段获得的药品。从使用的情况来看，根据消费者获得和使用药品的权限，将药品分成处方药和非处方药。处方药（RX）是指有处方权的医生（执业医师和执业助理医师）所开处方才可购买、调配和使用的药物。这类药通常都具有一定的毒性及其他潜在的影响，用药方法和时间都有特殊要求，必须在医生指导下使用。非处方药（OTC），是由国家卫生行政部门规定或审定后，不需要凭执业医师和执业助理医师处方，消费者可以自行判断、购买和按照药品标签或说明就可自行使用的药品。OTC中又分甲、乙两类，红底白字的是甲类，绿底白字的是乙类。它们虽然都可以在药店购买，但乙类非处方药安全性更高。它除了可以在药店出售外，还可以在超市、宾馆、百货商店等处销售。不过，由于我国建立药品分类管理制度不久，故乙类非处方药暂不实行。根据国家规定，目前全部按甲类非处方药管理。因此，服用非处方药一定不能随意，最好提前咨询医生。这些药物大都用于多发病常见病的自行诊治，如感冒、咳嗽、消化不良、头痛、发热等。

处方药和非处方药不是药品本质的属性，而是管理上的界定。一般来说，非处方药都经过较长时间的全面考察且具有药效比较确定，按照药品说明要求使用相对安全、毒副作用小、不良反应发生率低、使用方便、易于储存等基本特点。它们的划分是由国家药品监督管理部门组织有关部门和专家根据"应用安全、疗效确切、质量稳定、使用方便"的原则，进行遴选后由国家药品监督管理局批准予以公布的。但无论是处方药还是非处方药，安全性和有效性都是有保障的。其中非处方药主要用于治疗容易自我诊断、自我治疗的常见轻微疾病。任何药物都有毒副作用，只是程度不同而已。但若病因不明，病情不清，则以不用非处方药物为好。若用药后不见效或有病情加重迹象，甚至出现异常现象，更应立即停药到医院诊治。

随着经济的发展和科技知识的普及，人们越来越重视自身的健康，也更乐于采用自我药疗的方式增进健康。"大病去医院、小病去药店"的消费理念已得到人们的认同。"去药店"购买非处方药已成为自我药疗的主要途径。但不容忽视的是，我国每年因药物不良反应住院的病人达 250 万，约有 19.2 万人死于药物不良反应。因此，自我药疗中存在安全隐患，尤其需要引起大家的重视。

从来源的途径又可分为天然药物与化学合成药物。天然药物是大自然赐予的珍宝。天然药物根据来源不同，又可分为动物、植物和矿物性药物。动物性药物是利用动物的全身或部分脏器或排泄物作为药用。如中药中的全蝎、鳖甲、牛黄等。植物性药物是天然药物中应用最广和历史最久的药物。植物的各部分，根、茎、皮、叶、花、液汁和果实等都可入药。中药以植物药最多；矿物药物是利用矿物或经过提炼加工而成的一类无机药物，如硫磺、汞（朱砂）以及无机盐类、酸类和碱类等，都属于矿物药物。《神农本草经》和《本草纲目》共计收载药物将近 2000 种。随着实践经验的积累，天然药物的数目日益增多，应用范围更加广泛。

在科学发达的现代社会，虽然人类能够合成许多药物，但是天然药物仍然有着广阔的发展前景。因为天然药物具有毒副作用小、不易产生抗药性的突出优点。此外，天然药物中往往数种有效成分同时存在，它们的协同作用是单一的化学药物所不能达到的。另外，化学药物的生产和使用会给环境带来污染以及有毒化学物质在生物体内的累积，都直接或间接地影响人类的生存和发展。天然药物则来源于自然界，是人类取之不尽、用之不竭的丰富资源，而且不会造成任何环境污染。因此，天然药物的生产是有利于环境保护的"绿色工程"，具有广阔的发展空间。

近百年来，人类合成了数以万计的化学药物，治愈了过去无法控制的烈性传染病、病原微生物感染及神经系统的疾病等，化学药物为人类的健康做出了重要的贡献。在 21 世纪化学合成药物仍然占有最大的比重，人们用化学合成方法制备药物有效成分；通过有机化学对酶、受体、蛋白的三维空间结构的阐明，并利用"生物靶点"进行合理药物设计；通过组合化学技术将一些基本小分子进行不同的组合和装配，建立起具有大量化合物的化学分子库，结合高通量筛选寻找到具有活性的先导化合物；以及随着分子生物学技术、基因组学的研究的不断深入，所有这些都将为化学合成药物提供坚实的基础。随着计算机和分离技术的不断发展，特别是分析方法进一步的微量化与"分子生物化"，将使化学合成药物的质量更加提高，手性药物会逐步占有相当大的比重。总而言之，化学药物会紧密地推动药理学科的发展，药理学的进展又会促进化学合成药物向更加具有专一性的方向发展。使药物不但具有更好的药效，且毒副作用也会逐渐减少。

第三节　抗生素、激素

一、抗生素

两千多年以前，我国劳动人民就知道利用豆腐上长出的霉来治疗疮痈等疾病。抗生素的发现被认为是 20 世纪医学上最伟大的成就之一。1941 年第一种抗生素青霉素投入使用后，挽救了数千万人的生命。

某些微生物对另外一些微生物的生长繁殖有抑制作用，这种现象称为抗生。利用抗生现象，人们从某些微生物体内找到了具有抗生作用的物质，并把这种物质称为抗生素。严格来说，抗生素是由某些微生物（包括细菌、真菌、放线菌属）在生活过程中产生的，对某些其他病原微生物具有抑制或杀灭作用的一类化学物质。如青霉菌产生的青霉素，灰色链霉菌产生的链霉素都有明显的抗菌作用。抗生素分为天然品和人工合成品，前者由微生物产生，后者是对天然抗生素进行结构改造获得的部分合成产品。

由于最初发现的一些抗生素主要对细菌有杀灭作用，所以一度将抗生素称为抗菌素。但是随着抗生素的不断发展，陆续出现了抗病毒、抗衣原体、抗支原体，甚至抗肿瘤的抗生素也纷纷发现并用于临床。微生物产生的化学物质除了抑制或杀灭某些病原微生物的作用之外，还具有抑制癌细胞的增殖或代谢的作用。1981 年我国第四次全国抗生素学术会议上将抗菌素正式更名为抗生素。因此，现代抗生素是指细菌、放线菌和真菌等微生物的次级代谢产物，或用化学方法合成的相同或结构修饰物，对各种病原微生物或肿瘤细胞有选择性杀灭、抑制作用，而对宿主不会产生严重的毒副作用的药物。

1. 抗生素的分类

抗生素种类多，在目前治疗实践中，通常是采用将抗生素按抗菌的范围分类，即将种类繁多的抗菌素区分为抗革兰氏阳性细菌抗生素、抗革兰氏阴性细菌抗生素和广谱抗生素。若按其化学结构和性质，则可分为 β-内酰胺类、大环内酯类、氨基糖苷类、四环素类、氯霉素类、抗真菌抗生素等。其中 β-内酰胺类（青霉素、头孢菌素）抗菌活性强，低毒，适应证广，临床疗效好，是目前应用最多的一类抗生素。若按其制备方法又可分为生物合成和化学合成或半合成方法。生物合成是指通过培养微生物经发酵所得其次级代谢产物。半合成抗生素是在生物合成抗生素的基础上发展起来的，针对生物合成抗生素的化学稳定性、毒副作用、抗菌谱的特点及存在的问题，通过结构改造，增加稳定性，降低毒副作用，扩大抗菌谱减小耐药性，改善生物利用度和提高治疗效力或改变用药途径。常用的抗菌药如表 7-1 和表 7-2 所示。

表 7-1　常用的生物合成抗生素

药　名		常用药	药理作用	副作用
β-内酰胺类	青霉素类	青霉素 G、青霉素 X、青霉素 K、青霉素 V、青霉素 N、阿莫西林、甲氧西林、苯唑西林	对革兰氏阳性菌和某些革兰氏阴性菌有效,尤以抗球菌最佳。主要用于呼吸系统感染、扁桃腺炎、脑膜炎、心内膜炎、脓肿、败血病等	主要是过敏反应,最严重的是过敏性休克。此外可致二重感染;大剂量静滴钾盐可发生高血钾,甚至有心脏停搏危险,肌注钾盐时局部疼痛明显
	头孢菌素类	头孢菌素 C、头霉素 C、头孢拉定、头孢氨苄、头孢噻吩	用于敏感菌引起呼吸道和尿道感染、皮肤及软组织感染等	毒性较低,不良反应较少,常见的是过敏反应,多为皮疹、荨麻疹等,过敏性休克罕见,但与青霉素类有交叉过敏现象
大环内酯类		红霉素、乙酰螺旋霉素、麦迪霉素	治疗敏感菌所致的各种感染如呼吸系统和泌尿系统感染、皮肤和软组织感染、骨髓炎、乳腺炎及中耳炎等	胃肠道反应及肝功能异常
氨基糖苷类		链霉素、卡那霉素、庆大霉素	抗需氧菌、革兰氏阴性杆菌、革兰氏阳性杆菌(金葡菌)、结核杆菌等。临床应用于下呼吸道、泌尿道、肠道感染等	过敏反应、耳毒性、肾毒性和神经毒性
四环素类		盐酸米诺环素、多西环素、四环素、土霉素、金霉素	立克次体感染(斑疹伤寒、恙虫病等)、支原体感染(支原体肺炎和泌尿生殖系感染)	胃肠道反应、肝毒性、肾毒性、对牙齿和骨发育的影响、致畸作用等
氯霉素类		氯霉素、甲砜霉素	对流感嗜血杆菌、脑膜炎奈瑟菌、肺炎链球菌具有杀灭作用。也可作为眼科的局部用药	不良反应很严重,主要有:可逆性血细胞减少、再生障碍性贫血、灰婴综合征和口服用药时出现恶心、呕吐、腹泻等胃肠道症状
抗真菌抗生素		两性霉素 B、制霉菌素、曲古霉素	用于头癣、严重体股癣、叠瓦癣、手足甲癣等,对带状疱疹也有一定的治疗作用	恶心、呕吐、食欲不振、发热、寒战、头痛等不良反应

2. 抗生素的抗菌机制

由于抗生素的种类很多,不同的抗生素对病菌的作用原理不尽相同。抗生素的作用机制主要是影响病原微生物的结构和功能,干扰其代谢过程,使其失去正常生长繁殖的能力而达到抑制或杀灭细菌的作用。具体有如下几个方面:

(1) 抑制细菌细胞壁的合成,导致细菌细胞破裂死亡　如 β-内酰胺类是通过影响细菌细胞壁的生物合成,导致细菌细胞溶菌死亡;而青霉素钠是通过阻抑黏肽合成,造成细胞壁缺损。由于敏感菌菌体内渗透压高,使水分不断内渗,以致菌体

表 7-2　常用的化学合成抗菌药

药名	常用药	药理作用	副作用
喹诺酮类	诺氟沙星、环丙沙星、氧氟沙星、左氧氟沙星	呼吸系感染、革兰氏阴性杆菌所致皮肤软组织、五官与伤口感染、肠道感染、泌尿生殖系统感染	胃肠道反应、中枢神经系统毒性、光敏反应、软骨损害、心脏毒性、跟腱炎、肝毒性等
磺胺类	磺胺嘧啶、磺胺间甲氧嘧啶、磺胺甲基异恶唑、磺胺异恶唑	流行性脑脊髓膜炎、普通型流行性脑脊髓膜炎、泌尿道、消化道、呼吸道感染、溃疡性结肠炎、强直性脊柱炎、角膜炎和结膜炎等	尿系统损害、过敏反应、血液系统反应、神经系统反应、胃肠反应以及肝功能损害等
抗结核药物	异烟肼、对氨基水杨酸、乙胺丁醇	各型结核	神经系统毒性如昏迷、惊厥、神经错乱;肝功能损伤
抗真菌药物	噻康唑、益康唑、酮康唑、奥昔康唑	浅表性真菌感染、全身性真菌感染	肝功能损伤
抗病毒药物	金刚烷胺、利巴韦林、阿昔洛韦	各类病毒感染	结膜炎、低血压等

膨胀，促使细菌裂解、死亡。该类抗生素主要有青霉素类、头孢菌素类、磷霉素、环丝氨酸、万古霉素、杆菌肽等。人体无细胞壁，这也是抑制细菌细胞壁合成的抗菌药物对人体细胞几乎没有毒性的原因。

（2）影响细胞膜的功能　如制霉菌素与真菌细胞膜中的类固醇结合，破坏细胞膜的结构。此类抗生素能与细胞膜相互作用而影响膜的渗透性，这对细菌具有致命作用。以这种方式作用的抗菌药物有：多黏菌素、制霉菌素、两性霉素 B 等。

（3）干扰抑制蛋白质的合成　如硫酸庆大霉素和硫酸阿米卡星同是与细菌核糖体 30s 亚单位结合，抑制细菌蛋白质的合成。由于人体核糖体与细菌的核糖体的生理、生化功能不同，抑制蛋白质的合成药物是以此为基础，在临床常用剂量时能选择性影响细菌蛋白质的合成而不会影响人体细胞的功能。此类抗菌药物有氨基糖苷类、大观霉素、四环素类、红霉素、氯霉素和克林霉素等。

（4）影响核酸和叶酸代谢　影响核酸和叶酸代谢的抗菌药物主要通过抑制 DNA 或 RNA 的合成，抑制微生物的生长，阻止细胞分裂和所需酶的合成，以这种方式作用的抗生素有：喹诺酮类，利福霉素类以及磺胺类等。

总之，各种抗生素的抗菌机理和作用各不相同。有的抗菌素作用范围小，有些抗生素作用范围较广。现在临床应用的抗生素超过 350 种，但广泛应用的只有 100 多种。

3. 抗生素的副作用

青霉素的发现是人类征服感染性疾病的里程碑。随着医药工业的发展，各类抗生素相继被发现和开发，抗生素成了人类对付疾病的重要手段。但抗生素在我国应用之广泛和普遍程度让人触目惊心。据 WHO 的资料显示，中国国内住院患者的抗生素使用率高达 80%，其中使用广谱抗生素和联合使用的占到 58%，远远高于

30％的国际水平。从我国不良反应监测中心记录显示，药物不良反应 1/3 是由抗生素引起的。抗生素不良反应病例报告数占了所有中西药不良反应病例报告总数的近50％，其数量和严重程度都排在各类药品之首。特别是近年来抗生素使用不当引发的耐药病原菌种类及由此诱发的各种严重感染逐年上升。在我国，超范围、无针对性地使用抗生素越来越普遍，这不仅会增加不良反应，使细菌产生耐药性，而且还会造成人体"微生态平衡"失调，严重的还会危及生命，其主要危害有如下。

（1）毒性反应　主要表现在神经系统、肾脏和造血系统三个方面。如链霉素对耳前庭损害。表现为头晕、头疼、恶心、呕吐、共济失调等；引起耳蜗神经损害，表现为耳鸣、耳聋，少数患者可致永久性耳聋；还可损害肾脏。又如氯霉素使骨髓造血功能抑制，引起再生障碍性贫血。

（2）过敏反应　多发生在具有特异性体质的人身上，其表现以过敏性休克最为严重。用药数分钟，就会发生药热、皮疹、荨麻疹、胸闷、心悸、头晕、四肢麻木、呼吸困难、冷汗、青紫、血压下降等。严重时可引起死亡。青霉素、链霉素都可造成过敏性休克，以青霉素较为严重。

（3）二重感染　当用抗生素抑制或杀死敏感的细菌以后，有些不敏感的细菌或霉菌却得到生长繁殖，造成新的感染，这就是"二重感染"。这在长期滥用抗生素的病人中多见，引起治疗困难，病死率高。

（4）产生耐药性　细菌对各种抗生素都可以产生耐药性。目前常见致病菌耐药率已高达 30％～50％，且仍以相当的速度增长。特别是局部使用抗生素较全身使用更易产生耐药性菌种。现在产生耐药性的细菌日益增多，如最近在英国、美国、印度、日本及我国都发现了一种可抗绝大多数抗生素的耐药性 NDM-1 型基因的超级细菌，这种细菌人被感染后很难治愈，甚至会导致死亡。这和长期使用抗生素密切相关。其中以葡萄球菌、痢疾杆菌、结核杆菌的耐药性最为突出。耐药性引起的疾病已成为治疗上的难题。

（5）资源浪费　据统计，仅超前使用的第三代头孢菌素，我国一年就多花费 7 亿多元。有的在没有做细菌培养及药敏试验，而仅靠经验或习惯选用价格较贵、新近上市的抗生素，这不但增加了患者的经济负担，还产生耐药性，导致疗效下降。

因此，我们应该科学、谨慎，合理、安全用药，以最大限度地发挥临床治疗作用，并将药物相关不良反应和耐药性的发生降低到最低限度。为此，在使用抗生素时必须考虑以下几个基本原则。

（1）严格掌握适应症　凡属可用可不用的尽量不用，而且除考虑抗生素的抗菌作用的针对性外，还必须掌握药物的不良反应和体内过程与疗效的关系。

（2）发热原因不明者不宜采用抗生素　除病情危重且高度怀疑为细菌感染者外，发热原因不明者不宜用抗生素。因抗生素用后常使致病微生物不易检出，且使临床表现不典型，影响临床确诊，延误治疗。

（3）病毒性或估计为病毒性感染的疾病不用抗生素　抗生素对各种病毒性感染

并无疗效，对麻疹、腮腺炎、伤风、流感等患者给予抗生素治疗是无害无益的。咽峡炎、上呼吸道感染者90%以上由病毒所引起，因此除能肯定为细菌感染者外，一般不采用抗生素。

（4）皮肤、黏膜局部尽量避免应用抗生素　因用后易发生过敏反应且易导致耐药菌的产生。因此，除主要供局部用的抗生素如新霉素、杆菌肽外，其他抗生素特别是青霉素G的局部应用尽量避免。在眼黏膜及皮肤烧伤时应用抗生素要选择适合的时期和剂量。

总之，合理使用各种抗生素，力争及时有效地控制感染，避免不合理用药。对于患者来说，一定要在医生指导下用药，严格掌握适应证、根据病症合理选用药物、严格掌握药物剂量、疗程和给药途径。减少药物配伍，注意药物毒副作用和失效期、严防过敏反应和二重感染，以确保药物的高效、安全使用。

4. 使用抗生素的误区

抗生素不等于消炎药，抗生素不直接针对炎症发挥作用，而是针对引起炎症的微生物起到杀灭的作用。消炎药是针对炎症的，比如常用的阿司匹林等消炎镇痛药。多数人误以为抗生素可以治疗一切炎症。实际上抗生素仅适用于由细菌引起的炎症，而对由病毒引起的炎症无效。人体内存在大量正常有益的菌群，如果用抗生素治疗无菌性炎症，这些药物进入人体内后将会压抑和杀灭人体内有益的菌群，引起菌群失调，造成抵抗力下降。日常生活中经常发生的局部软组织的淤血、红肿、疼痛、过敏反应引起的接触性皮炎、药物性皮炎以及病毒引起的炎症等，都不宜使用抗生素来进行治疗。

抗生素不能预防感染，抗生素仅适用于由细菌和部分其他微生物引起的炎症，对病毒性感冒、麻疹、腮腺炎、伤风、流感等患者给予抗生素治疗有害无益。抗生素是针对引起炎症的微生物，是杀灭微生物的。没有预防感染的作用，相反，长期使用抗生素会引起细菌耐药。

广谱抗生素不一定优于窄谱抗生素。抗生素使用的原则是能用窄谱的不用广谱；能用低级的不用高级的；用一种能解决问题的就不用两种；轻度或中度感染一般不联合使用抗生素。在没有明确病原微生物时可以使用广谱抗生素，如果明确了致病的微生物最好使用窄谱抗生素。否则容易增强细菌对抗生素的耐药性。

新的抗生素不一定比老的好，贵的不一定比便宜的好。因为每种抗生素都有自身的特性，优、劣势各不相同。一般要因病、因人选择，坚持个体化给药。例如，红霉素是老牌抗生素，价格很便宜，它对于军团菌和支原体感染的肺炎具有相当好的疗效，而价格非常高的碳青霉烯类的抗生素和三代头孢菌素对付这些病就不如红霉素。

使用抗生素的种类越多，一般不提倡联合使用抗生素。因为联合用药可以增加一些不合理的用药因素，这样不仅不能增加疗效，反而降低疗效，而且容易产生一些毒副作用，或者细菌对药物的耐药性。所以合并用药的种类越多，由此引起的毒副作用、不良反应发生率就越高。一般来说，为避免耐药和毒副作用的产生，能用一种抗生素解决的问题绝不应使用两种。

二、激素

激素（Hormone）音译为荷尔蒙。希腊文原意为"奋起活动"，它是由内分泌腺或内分泌细胞分泌的高效生物活性有机化合物，其通过血液或组织液在体内起传递信息作用，虽然其含量很低（μg 级），但活性很高，作用甚广。它在调节机体的新陈代谢、生长发育等生命活动过程中起着重要作用。

激素是由内分泌细胞制造的，人体内分泌细胞有群居和散居两种。群居的内分泌腺如脑垂体、甲状腺、甲状旁腺，肾上腺、胰岛、卵巢、睾丸等。散居的内分泌细胞如胃肠激素、肽类激素等。按化学结构和性质分激素大体分为类固醇（如肾上腺皮质激素、性激素）、氨基酸衍生物（如甲状腺素、肾上腺髓质激素、松果体激素等）、肽与蛋白质（如下丘脑激素、垂体激素、胃肠激素、降钙素）、脂肪酸衍生物（如前列腺素）四大类。

1. 激素的分泌

激素分泌是维持机体正常功能的一个重要因素，但激素的分泌有一定的规律，既受机体内部的调节，又受外界环境信息的影响。如机体内不同结构的激素，其合成途径也不同。肽类激素一般是在分泌细胞内核糖体上通过翻译过程合成的，其过程与蛋白质合成过程基本相似，合成后储存在胞内高尔基体的小颗粒内，在适宜的条件下释放出来。而胺类激素与类固醇类激素在分泌细胞内则主要通过一系列特有的酶促反应而合成的。前一类底物是氨基酸，后一类是胆固醇。如果内分泌细胞的功能下降或缺少某种特有的酶，都会减少激素合成，称为某种内分泌腺功能低下。若内分泌细胞功能过分活跃，激素合成增加，分泌也增加，称为某内分泌腺功能亢进。两者都属于非生理状态。各种内分泌腺或细胞储存激素的量可有不同，除甲状腺储存激素量较大外，其他内分泌腺的激素储存量都较少，合成后即释放入血液（分泌）。所以在适宜的刺激下，一般依靠加速合成以供需要。

另外，外界环境信息的影响对激素的分泌也是非常重要的，这是由于机体对地球物理环境周期性变化以及对社会生活环境长期适应的结果，使激素的分泌产生了明显的时间节律。血中激素浓度也就呈现了以日、月、或年为周期的波动。这种周期性波动与其他刺激引起的波动毫无关系，可能受中枢神经的"生物钟"控制。激素分泌入血液后，部分以游离形式随血液运转，另一部分则与蛋白质结合，是一种可逆性过程。即游离型＋结合蛋白＝结合型，但只有游离型才具有生物活性。不同的激素结合不同的蛋白，结合比例也不同。结合型激素在肝脏代谢与由肾脏排出的过程比游离型长，这样可以延长激素的作用时间。因此，可以把结合型看作是激素在血中的临时储蓄库。激素在血液中的浓度也是内分泌腺功能活动态的一种指标，它保持着相对稳定。如果激素在血液中的浓度过高，往往表示分泌此激素的内分泌腺或组织功能亢进；过低，则表示功能低下或不足。

激素分泌的调节是指机体在接受信息后，相应的内分泌腺是否能及时分泌或停止分泌。它也是维持机体正常功能的一个重要因素。它既保证机体的需要，又不至过多而对机体有损害。因此，激素分泌的调节也是非常重要的。

当一个信息引起某一激素开始分泌时，往往调整或停止其分泌的信息也反馈回来。即分泌激素的内分泌细胞随时收到靶细胞及血中该激素浓度的信息，或使其分泌减少（负反馈），或使其分泌再增加（正反馈），以负反馈效应为常见。最简单的反馈回路存在于内分泌腺与体液成分之间，如血中葡萄糖浓度增加可以促进胰岛素分泌，使血糖浓度下降。血糖浓度下降后，则对胰岛分泌胰岛素的作用减弱，胰岛素分泌减少，这样就保证了血糖浓度的相对稳定。又如下丘脑分泌的调节肽可促进腺垂体分泌促激素，而促进激素又促进相应的靶腺分泌激素以供机体的需要。当这种激素在血中达到一定浓度后，能反馈性的抑制腺垂体、或下丘脑的分泌，这样就构成了下丘脑—腺垂体—靶腺功能轴，形成一个闭合回路，这种调节称闭环调节，按照调节距离的长短，又可分长反馈、短反馈和超短反馈。要指出的是，在某些情况下，后一级内分泌细胞分泌的激素也可促进前一级腺体的分泌，呈正反馈效应，但较为少见。在闭合回路的基础上，中枢神经系统可接受外环境中的各种应激性及光、温度等刺激，再通过下丘脑把内分泌系统与外环境联系起来形成开口环路，促进各级内分泌腺分泌，使机体能更好地适应于外环境。此时闭合环路暂时失效。这种调节称为开环调节。

激素从分泌入血，经过代谢到消失（或消失生物活性）所经历的时间长短不同。为表示激素的更新速度，一般采用激素活性在血中消失一半的时间，称为半衰期，作为衡量指标。有的激素半衰期仅几秒，有的则可长达几天。半衰期必须与作用速度及作用持续时间相区别。激素作用的速度取决于它作用的方式，作用持续时间则取决于激素的分泌是否继续。激素的消失方式可以是被血液稀释、由组织摄取、代谢灭活后经肝与肾，随尿、粪排出体外。

2. 激素的生理作用

激素只对一定的组织或细胞（称为靶组织或靶细胞）发挥特有的作用。人体的每一种组织、细胞，都可成为这种或那种激素的靶组织或靶细胞。而每一种激素，又可以选择一种或几种组织、细胞作为本激素的靶组织或靶细胞。如生长激素可以在骨骼、肌肉、结缔组织和内脏上发挥特有作用，使人体长得高大粗壮。但肌肉也充当了雄激素、甲状腺素的靶组织。激素的作用机制是通过与细胞膜上或细胞质中的专一性受体蛋白结合而将信息传入细胞，引起细胞内发生一系列相应的连锁变化，最后表达出激素的生理效应。激素的生理作用主要是：通过调节蛋白质、糖和脂肪等物质的代谢与水盐代谢，维持代谢的平衡，为生理活动提供能量。促进细胞的分裂与分化，确保各组织、器官的正常生长、发育及成熟，并影响衰老过程。影响神经系统的发育及其活动，促进生殖器官的发育与成熟，调节生殖过程。与神经系统密切配合，使机体能更好地适应环境变化。激素类代表药物如下。

（1）子宫兴奋药　缩宫素（催产素），其直接兴奋子宫平滑肌，增加强子宫收缩力和收缩频率。小剂量缩宫素可加强子宫（特别是妊娠末期子宫）的节律性收缩，其收缩性质与正常分娩相似，对子宫底部产生节律性收缩，对子宫颈则产生松弛作用，可促使胎儿顺利娩出。但大剂量则使子宫产生持续强直性收缩，不利于胎儿娩出；而可用于产后止血。另外，缩宫素还能使乳腺腺泡周围的肌上皮细胞（属平滑肌）收缩，促进排乳。大剂量还能短暂地松弛血管平滑肌，引起血压下降，并有抗利尿作用。

（2）性激素类药与避孕药　性激素为性腺分泌的激素，包括雌激素、孕激素和雄激素。目前临床应用的性激素类药物是人工合成品及其衍生物。

雌激素类药包括天然的雌激素如雌二醇、雌酮和雌三醇等以及人工合成的雌激素类药物如炔雌醇、炔雌醚、戊酸雌二醇和己烯雌酚等。用于更年期综合征、老年阴道炎、女阴干枯症、子宫发育不全、闭经、月经过少、先兆流产与习惯性流产、前列腺肥大、前列腺癌以及晚期乳腺癌等。孕激素主要由卵巢黄体分泌，如黄体酮。临床应用其人工合成品及其衍生物，如醋酸甲羟孕酮和炔诺酮等，用于功能性子宫出血、痛经和子宫内膜异位症、先兆流产与习惯性流产及子宫内膜腺癌、前列腺肥大或癌症。雄激素的代表药物有甲基睾丸酮，丙酸睾丸酮，苯乙睾丸酮。可用于治疗睾丸功能不全、再生障碍性贫血及其他贫血、抑制促性腺素分泌，大剂量有对抗雌激素作用。

避孕药可分为抑制排卵药、抗着床药和男性避孕药。常用的抑制排卵药有复方炔诺酮片，该类药物通过抑制排卵，抑制子宫内膜正常增殖和影响受精卵在输卵管的运行速度来达到避孕作用。抗着床避孕药可改变正常的子宫内膜周期性变化从而抑制孕卵着床，主要有炔诺酮和双炔失碳酯等。男性避孕药醋酸棉酚能破坏睾丸曲精细管中的精子、精子细胞和精母细胞，抑制精子的发生过程，使精液中缺乏精子。

（3）肾上腺皮质激素类药物　常用药物有氢化可的松、可的松、氢化泼尼松、地塞米松，倍他米松。作用主要是影响糖、蛋白质、脂肪代谢，影响水、电解质代谢。剂量较大时可抑制各类原因引起的炎症，改善红、肿、热、痛等症状，防止粘连和疤痕形成。超大剂量可对抗各种严重休克，特别是中毒性休克。

（4）甲状腺激素和抗甲状腺药　甲状腺激素促进生长发育，促进新陈代谢，包括糖、蛋白质、脂肪、水电解质代谢。甲状腺功能亢进时，甲状腺组织增生，分泌过多的甲状腺激素。表现为甲状腺肿大、失眠、神经过敏、震颤、心率增快、基础代谢增高等。治疗方法主要有药物疗法、放射疗法、手术切除。其中药物疗法中常用的药物有甲基硫氧嘧啶、甲巯咪唑、卡比马唑。此类药物不良反应主要有粒细胞缺乏症，过敏反应如皮疹、剥脱性皮炎。

（5）胰岛素及口服降血糖药　胰岛素主要影响蛋白质、脂肪、糖的代谢以及钾离子的转运。当胰岛功能下降时会表现出糖尿病症状。糖尿病分为胰岛素依赖型和非胰岛素依赖型两种类型。我国绝大多数糖尿病患者属于非胰岛素依赖型糖尿病，在进行药物治疗时，不良反应主要有胃肠反应、低血糖、乳酸性酸血症等。

研究激素不仅可了解某些激素对动物和人体的生长、发育、生殖的影响及致病的机理，还可利用测定激素来诊断疾病。许多激素制剂及其人工合成的产物已广泛应用于临床治疗及农业生产。利用遗传工程的方法使细菌生产某些激素，如生长激素、胰岛素等已经成为现实，并已广泛应用于临床上，成为治疗糖尿病，侏儒症等的良药。

3. 激素的副作用

激素是调节机体正常活动的重要物质。虽然它们既不能在体内发动一个新的代谢过程、也不直接参与物质或能量的转换，但能直接或间接地促进或减慢体内原有的代谢过程，对人类的繁殖、生长、发育、各种其他生理功能、行为变化以及适应内外环境等，都能发挥重要的调节作用。但是，若其激素分泌过量或过少都会给人体产生不良影响和副作用。

例如：生长激素（GH），它是人体促进生长的主要因素，其功能是促进身体组织之发育与成长，它可促进体内细胞的数目增加及变大，使身体各部分组织之器官变大，是每一个人成长的重要因素。它由人的脑垂腺分泌产生。在成长过程的第二性征发育，若是生长激素分泌过量或过少会使人的生长出现明显异常，引起"巨人症"或"侏儒症"（凡身高低于同一种族、同一年龄、同一性别的小儿的标准身高的30％以上，或成年人身高在120厘米以下者，称为侏儒症或矮小体型）。如当腺体脑出现肿瘤时，会使生长素分泌过量，形成巨人症。

胰岛素是一种蛋白质类激素，它是人体内唯一降低血糖的激素，也是唯一同时促进糖原、脂肪、蛋白质合成的激素。体内胰岛素是由人体十二指肠旁的胰腺分泌产生的。在胰腺中散布着许许多多的细胞群，叫做胰岛。胰腺中胰岛总数约有100万～200万个。胰岛素是由胰岛 β 细胞受内源性或外源性物质如葡萄糖、乳糖、核糖、精氨酸、胰高血糖素等的刺激而分泌的一种蛋白质激素。人体缺乏胰岛素会引起血液中葡萄糖含量急剧波动，从而引发糖尿病，进一步会导致心血管疾病、肾衰竭、失明甚至死亡。但使用不当的情况下，它可能会引起低血糖反应、体重增加、水肿以及局部或全身过敏反应，极少数严重者可出现过敏性休克等副作用。

甲状腺素是由甲状腺所分泌的激素，它可促进小动物的生长发育和促进能量代谢（增加基础代谢和耗氧量）。甲状腺素促进细胞的氧化作用，使糖、脂肪的氧化加强，从而加速氧化磷酸化的过程使 ATP 生成量增加。故促进各种代谢过程，并为体内合成蛋白质等物质提供足够的能量。但是，当甲状腺激素在体内的量过多时，如甲状腺机能亢进的病人，不仅不能促进蛋白质的合成，反而促进蛋白质的分解，人变得消瘦，这是因为在甲状腺素过多的情况下，大量甲状腺素具有解偶联作用。使物质氧化过程中产生的能量不能合成 ATP，却变成热能而散失。由于体内缺乏可利用的能量，蛋白质、糖元的合成受影响，但氧化旺盛，耗氧增加，故甲状腺机能亢进的病人，其基础代谢率常高于正常以上。甲状腺素能促进蛋白质的合成和骨的钙化，因此对生长和发育影响很大。如在幼年甲状腺机能不足时，使骨骼生长和脑发育障碍，以致身材矮小，智力低下，称为"呆小病"。过去有些地区，由于缺乏碘，血浆甲状腺素水平降低，促使甲状腺素分泌增加，刺激甲状腺发生代偿性增大，引起地方性甲状腺肿。现在因采取了防治措施，发病率已大大地降低。

由于激素不仅可了解某些激素对动物和人体的生长、发育、生殖的影响，因此我们现在利用其研究致病的机理、通过测定激素来诊断甚至治疗疾病。例如，目前许多激素制剂及其人工合成的产物已广泛应用于临床治疗及农业生产，利用遗传工程的方法使细菌生产生长激素、胰岛素等已广泛应用于临床，成为治疗糖尿病，侏儒症等的良药。但是，若使用不当也会产生一些不良的副作用。

例如：糖皮质激素是由肾上腺皮质中束状带分泌的一类甾体激素，主要为皮质醇（cortisol），具有调节糖、脂肪、和蛋白质的生物合成和代谢的作用，还具有抑制免疫应答、抗炎、抗毒、抗休克作用。但是它在长期的应用过程中也会出现副作用，其外用药主要有二个方面，其一是对皮肤的损害，皮肤出黑斑和皱纹，引起酒糟鼻样皮炎、痤疮样皮炎，皮下弹性纤维断裂导致皮肤松弛、毛细血管严重扩张，微小血管弥漫性扩张，尤其是在遇冷热等刺激后皮肤发红、发痒、发胀，使皮肤敏感性增高，皮肤早衰、毛孔粗大，并出现增粗的"汗毛"，产生激素依赖性皮炎（激素副作用中最难治的一种）等多种副作用。其二是对器官的损害，长期使用大量外用激素，会使激素经皮肤吸收进入血液循环，引起糖尿病、高血压、骨质疏松、无菌性骨质坏死、肥胖、多毛、痤疮、钠潴留、水肿、血钾降低、月经紊乱、胃及十二指肠溃疡等病症。

激素类药物内服或注射，若短时间大剂量或较长时间使用，也会对体内肾脏本身造成一些损害，如加重肾小球疾病蛋白尿、加重肾小球硬化、易致肾钙化或肾结石、诱发或加重肾脏感染性疾病、引起低钾性肾病与多囊性肾病等。如果是较长时间给予体内较大剂量的激素还可能会引起机体糖、蛋白质、脂肪及水电解质等一系列物质代谢紊乱与体温调节紊乱，会破坏机体的防卫系统和抑制免疫反应能力，严重抑制下丘脑-垂体-肾上腺轴，因而可引起一系列更严重的副作用和并发症，甚至可以直接威胁到病人生命。

另外，若无规律应用激素类药物（随意加减、停药，不规律撤减等），极易使病情反复加重，甚至难以再治，反复一次加重一次，增加一次治疗康复的难度。长期使用也可使患者上瘾，对激素产生依赖性，所以有很多人称激素为魔鬼。鉴于上述情形，随着医疗水平的不断提高，现在更倾向于应用其他药物取代激素治疗。

三、安全、合理用药

药品是用于预防、治疗、诊断人的疾病，有目的地调节人的生理机能并规定有适应证或者功能与主治、用法和用量的物质。因此，它的安全合理使用就直接关系到人类的身体健康乃至生命安全。诸如以上介绍的抗生素、激素等药物，若使用不当，不但丧失了药物本身的预防、治疗、缓解、诊断人的疾病的疗效，甚至造成了一系列的毒副作用，增加了人们的痛苦，浪费了社会的资源。因此，必须以安全合理用药作为治疗疾病的前提。目前，在人们家庭用药过程中就特别注意如下几个方面的问题。

1. 对症用药

其一，病人在未确诊前不能盲目用药，因为它可能会掩盖病情，而使医师诊断错误，延误治疗。其二，要对症用药，如消炎需"因菌施药"，否则细菌得不到及时杀灭反而会加重感染。因此应让医生诊断清楚后，再对症下药。其三，要慎重用药，首先，应注意药物的功效与适用范围。"功效"是指该药主要的作用，"适用证"是指治疗的病名或病的主要症状。"功效"和"适用症"是互相呼应，密切相关的。其四，使用如阿莫西林、复方新诺明、磺胺嘧啶、苯妥英钠、阿司匹林等药物容易引起过敏反应须特别慎重。如果在用药期间出现有皮疹、药热、水肿、哮喘甚至过敏性休克，不及时抢救还会危害生命。在使用那些对人体有害、且使用时间又长的药物时，一定要作定期检查。如长期服用苯妥英钠，应作血常规检查；使用速尿、链霉素的，应测听力；服用磺胺类药物时、应作血、尿常规检查，以防损害肾脏。

2. 用药时间

其一，应以药物的血浆半衰期为准，如药物半衰期为8h，一日服用3次，药物半衰期为12h时，一日服用2次。这样才能保证血液中药物的有效浓度和疗效。其二，有些药物要注意特殊的服药时间，如催眠药等应临睡前服用；对胃有刺激作用的阿司匹林、红霉素等药物应饭后服用；驱虫药宜空腹服用。中药与西药的服用宜间隔1～2h，以防止相互发生化学变化影响药效，甚至产生一些对人体有害的物质。其三，在治疗期间，用药不能时断时续，特别是慢性疾病需长期坚持用药控制病情，巩固疗效，如精神病、癫痫病、抑郁症、高血压、冠心病等，如停药应在医师指导下逐步进行，不要擅自停药。否则旧病复发甚至危及生命。另外，也不能换药随意。因为药物显示疗效需要一定的时间，如伤寒用药需3～7日，结核病需半年。如随意换药使治疗变得复杂和难以找出原因及时处理。

3. 用药剂量

药量的大小是根据机体千克体重计算和药物在血液中的吸收、分布、生物转化、排泄、消除与蓄积、时量关系及半衰期等科学依据来决定的，不可随意增减。通常按医嘱治疗量可获得良好效果，若超量服用可引起中毒，药量偏小则达不到应有的治疗效果。

另外，有些药物的药效并不随剂量的增加而增加。如去痛片，只能治疗牙痛、头痛、神经痛、月经痛、肌肉痛、关节痛，其剂量再大，也不能制止刀伤、创伤、枪伤、肿瘤等引起的疼痛。剂量过大反而会导致严重的不良反应。又如降压药利血平，该药的作用强度较恒定，增加剂量并不能明显地增加疗效，而毒性增加却很严重。两种药物联合使用常可增强疗效。但配合不当会产生拮抗作用，以致降效、失效，甚至招致毒性反应。

4. 服药方法

口服药应用温开水送，不能干吞强咽或躺在床上服药，否则易使药物滞留造成食管黏膜损伤，且不能完全发挥药效。也不能捏孩子鼻子迫其张口的方法喂药，它容易呛进气管和支气管，轻则引起剧烈咳嗽，重则发生吸入性肺炎或药片堵塞呼吸道引起窒息，危及生命。但糖浆类药物一般刺激性比较小，服用后尽可能不要喝水。还有胃蛋白酶合剂也不宜加水，更不宜加白糖、果汁等甜味东西。服用后尽可能不要喝水。而有些酸类和铁剂的药水，因对消化道黏膜有刺激，服用时要加水冲淡，服后并要漱口。果汁中含有酸性物质，可使许多药物提前分解而不利于胃肠吸收。有些药物在酸性环境中副反应增强，某些碱性药物更不能与果汁同时服用，因为酸碱中和会使药性大减。茶叶中含有咖啡因、茶碱、鞣酸等，可与药中成分发生反应而失效，产生不良后果。牛奶中含蛋白质、脂肪酸较多，可在药片周围形成薄膜将药物包裹起来，影响机体对药物的吸收。同时，牛奶及其制品中含有较多的钙、磷酸盐等，这些物质可与某些药物生成难溶性盐类，影响疗效。服用中药时加糖也有讲究，如凉性药物可适当加一些白糖，热性的药物可加适量的红糖，这样才不会影响药效。另外，有些中药是利用苦味达到药效的就不能加糖。中药的化学成分复杂，其中蛋白质、鞣酸等，可与红糖中的铁、钙等起作用而影响疗效。

服用糖衣片和胶囊剂，不可咬破压碎，以免因苦味或刺激性，妨碍吞服。特别要注意是某些剂型的药不宜分割吃。因为药被分割后，药剂在体内崩解速度改变，生物利用度会有明显变化，药物作用与服药量之间失去定量关系，许多有特殊功效的口服药品剂型在分割时会破坏药剂的特殊结构，药物效果以及毒副反应会发生极大的变化，有的完全失去了药效，有的甚至会造成中毒。

制成针剂的目的是为了尽快在人体内达到有效血药浓度，迅速发挥药效。故一般不宜口服。舌下给药或含服是舌下黏膜吸收快，吸收后可直接进入血液大循环，可避免胃肠道消化酶及酸碱度破坏。如硝酸甘油和速效救心丸舌下含服会很快缓解心绞痛。

5. 注意饮食

如有些药在吞服后需忌口（忌某些食物），那么在服药期间不能吃这些食物。因为有些临床常用药物易受食物中成分的影响，有的与食物中成分结合而使吸收减少而降低药效。服用这些药品应注意合理饮食，即常言之"忌口"。如使用降压药时，应进低盐饮食，否则降压药疗效不高；服用铁剂治疗缺铁性贫血时，不吃高脂食物、不饮茶，不同时服用碱性药物，以防止铁吸收减少，而应多吃酸性、富含维生素 C 的食物；服用肾上腺皮质激素类药物时，应进低糖、低盐饮食，降低肾上腺皮质激素诱发糖尿病和高血压的危险性。

吃药不喝茶，俗话说"茶叶水解药"，这是因为茶叶中含有大量鞣质，可分解成鞣酸，与许多药物结合而产生沉淀，阻碍吸收，影响药效，故不宜用茶水服药。吃药不宜喝牛奶，奶粉含有钙、镁、铁等金属元素，可和某些有机碱类物质形成配合物，从而妨碍这些物质的吸收。故吃药与喝奶粉时间宜间隔1小时左右为好。吃药时不宜喝酒，除了药物说明书注明可以用黄酒服药以外，一般都不应用酒服药。因为酒能与药物迅速起反应，增强药物作用，药物也可增加机体对酒的敏感性，可能造成中毒或死亡。

第四节 毒 品

一、毒品的定义和分类

毒品一般指非医疗、非科研、非教学需要而滥用的有依赖性的药品或指被国家管制的对其他能够使人形成瘾癖麻醉药品和精神药品。根据联合国1971年精神药物公约，毒品能引起生理依赖性和心理依赖性，使中枢神经系统产生兴奋或抑郁，以致造成幻觉或动作机能、思想、行为、感觉、情绪损害。所有的毒品都具有依赖性、耐受性、非法性和危害性四个基本特征。

毒品的种类很多，20世纪以来，根据联合国的有关规定，受管制的天然或人工合成的毒品和能够使人形成瘾癖的麻醉药品和精神药物就已达600多种。如今大量的人工合成毒品比如摇头丸，冰毒，氯胺酮已经成为21世纪的新型毒品，若通过改变毒品的化学结构合成的新毒品，其成瘾性以及对人类精神的控制作用更强，有的毒品的药力甚至是海洛因的6000倍，会对人体产生更加严重的伤害，能够破坏脑细胞，使吸毒者瘫痪甚至引起立即死亡。

1. 吗啡类毒品

鸦片（opium又译阿片），俗称"大烟"、"鸦片烟"、"烟土"等，是英文名Opium的音译，有生鸦片和熟鸦片之分。鸦片的有效成分为生物碱，最主要的是吗啡。使用鸦片成瘾后可引起体质衰弱及精神颓废 还会缩短寿命 过量使用可引起急性中毒因呼吸抑制而造成死亡。

吗啡（morphine）是鸦片中最主要的生物碱（含量约10%～15%），是一种无色或白色结晶粉末，有苦味，遇光易变质，溶于水，略溶于乙醇。吗啡具有镇痛、镇静、镇咳、抑制呼吸及肠蠕动作用。主要用于缓解急性锐痛及心源性哮喘。吗啡是一种全身抑制药，使用后容易成瘾。1806年法国化学家F.泽尔蒂纳首次从鸦片中得到的白色粉末，并在狗和自己身上进行实验，结果狗吃下去后很快昏昏睡去，用强刺激法也无法使其兴奋苏醒；他本人吞下这些粉末后也长眠不醒。据此他用希腊神话中的睡眠之神吗啡斯（morphus）的名字将这些物质命名为"吗啡"。

海洛因的毒性相当于吗啡的2～3倍，曾经号称毒品之王。它是由吗啡经化学药物提炼而成，是鸦片毒品系列中最纯净的精制品，海洛因为白色粉末，微溶于水，易溶于有机溶剂。海洛因进入人体后，首先被水解为单乙酰吗啡，然后再进一步水解成吗啡而起作用。因为海洛因的水溶性、脂溶性都比吗啡大，故它在人体内吸收更快，易透过血脑屏障进入中枢神经系统，产生强烈的反应，具有比吗啡更强的抑制作用，其镇痛作用亦为吗啡的4～8倍，距今已有一百余年历史。是强烈的中枢神经系统抑制剂，会对人的生殖、神经和肠胃系统造成严重损害。海洛因极易成瘾，常用剂量连续使用两周甚至更短即可成瘾，且难戒断，过量服用会因呼吸抑制而死亡。

2. 可卡因类毒品

可卡因类毒品主要包括古柯叶、古柯糊、可卡因、可卡因游离碱、快克、可卡因等。可卡因又名古柯碱，是从古柯植物中提取出来的一种生物碱。可卡因最突出的作用是对中枢神经的刺激，作用于大脑皮层，从而使消化系统受到抑制，胃液等消化液减少，饥饿感消失。过量服用会造成精神上幻觉、妄想、谵妄性的精神病，还会造成体内器官实质性损坏，出现心脏停搏、呼吸抑制、惊厥或昏迷等症状。

3. 大麻类毒品

大麻在我国俗称"火麻"，为一年生草本植物，雌雄异株，原产于亚洲中部，现遍及全球，有野生、有栽培。大麻的变种很多，是人类最早种植的植物之一。大麻的茎、竿可制成纤维，籽可榨油。作为毒品的大麻主要是指矮小、多分枝的印度大麻。大麻类毒品的主要活性成分是四氢大麻酚（THC）。大量或长期使用大麻，会对人的身体健康造成严重损害，如产生神经障碍、对记忆和行为造成损害、破坏机体的免疫系统。吸食大麻可引起气管炎、咽炎、气喘发作、喉头水肿等疾病、影响运动协调等。而且大麻烟中烃类的致癌物较烟草中含量高达70％，比烟草更易致癌。

4. 苯丙胺类兴奋剂

苯丙胺类兴奋剂是人工合成的兴奋剂，它的俗称有"摇头丸"、"快乐丸"、"甩头丸"、"忘我"、"销魂"等。此类药物属中枢神经兴奋剂，是我国规定管制的精神药品。

"摇头丸"有强烈的中枢神经兴奋作用及很强的精神依赖性，对人体有严重的危害。服用后表现为活动过度、感情冲动、性欲亢进、嗜舞、偏执、妄想、自我约束力下降以及出现幻觉和暴力倾向等。

冰毒即甲基苯丙胺，又称甲基安非它明、去氧麻黄素，是苯丙胺类兴奋剂。冰毒为纯白色晶体，晶莹剔透，外观似冰，俗称"冰毒"。

5. 致幻剂

致幻剂也称为"致幻药"、"幻觉药"、"迷幻药"等，它能够改变人的知觉过程的能力，引起人的视觉、听觉等脱离现实，进入梦幻般的状态。比较常见的有：麦角酰二乙胺、裸盖菇素、麦司卡林、氯胺酮等。在致幻剂中最值得一提的是新型毒品氯胺酮，俗称K粉。2001年5月9日，K粉被中华人民共和国国家药品监督局列入第二类精神药品加以管理，2007年，升为第一类精神药品。

二、毒品滥用产生的危害

毒品严重危害人的身心健康、破坏家庭幸福、危害后代，诱发其他违法犯罪，破坏正常的社会和经济秩序，给社会造成巨大的经济损失。据世界卫生组织统计，全球每年约有 10 万人死于吸毒，因此而丧失劳动力的人有 1000 万。毒品损害人体健康，危害人体重要的组织、器官，干扰、破坏人体正常的新陈代谢，导致体力、智力明显下降、免疫力降低、精神颓废。吸毒还会感染肝炎、艾滋病、性病等严重传染性疾病。因此从长远看，会影响到整个民族素质，直接威胁人类的生存和发展。

1. 对人体生理造成的危害

（1）对消化系统的危害 由于吸入的毒品绝大部分在肝脏内分解，造成对肝脏的损伤。在吸毒者中，肝功能受损占 19% 以上。吸毒所造成的营养不良居吸毒并发症的首位。吸毒可以引发呕吐、食欲下降，抑制胃、胆、胰消化腺体的分泌，从而影响食物的消化吸收。

（2）对呼吸系统的危害 吸毒极易发生呼吸系统疾病，如支气管炎、咽炎、鼻中隔穿孔、肺感染、栓塞、肺水肿等。慢性吸食可引起肺结构损伤，肺活量和肺功能降低。长期大量使用大麻可能导致支气管炎、支气管哮喘、肺气肿甚至肺癌；吸入海洛因可引起肺滑石样病变，甚至引起急性哮喘而死亡。

（3）对心血管系统的损害 吸毒特别是静脉注射，毒品中的杂质及不洁注射器，常引起心血管疾病，如感染性心内膜炎、血栓性静脉炎、血管栓塞、坏死性脉管炎、霉菌性动脉瘤等。海洛因成瘾者常有：心动过缓、心律不齐，严重者可引起心跳停止；可卡因引起心律失常更为常见，注射可卡因短期内可出现心动过速，有些可卡因中毒病人会发生猝死和脑血管意外。

（4）对神经系统的危害 对中枢神经系统和周围神经系统产生抑制（如吗啡类毒品）、兴奋（如冰毒）等作用，出现如烦躁、失眠、惊厥、震颤麻痹、记忆力下降、创造性和主动性降低、性格孤僻、意志消沉、周围神经炎。

（5）对免疫系统的危害 许多研究证明药物滥用可引起免疫功能下降，使感染病毒性肝炎、艾滋病的患者雪上加霜。

（6）对生殖系统的危害 长期使用毒品，可造成性功能减退，甚至完全丧失性功能。西赛罗等证明，海洛因使性欲抑制达 100%。男性多表现为阳痿、早泄、射精困难等。女性会出现月经失调、痛经、停止排卵、闭经、性欲缺乏和不孕等。孕妇吸毒会出现早产、流产、胎儿畸形、死胎以及胎儿海洛因依赖。

（7）对泌尿系统的危害 吸毒很容易造成肾脏疾病。如急性肾小球性肾炎、肾功能衰竭和肾病综合征等。

2. 对社会的危害

毒品问题不但使社会经济蒙受巨额损失，严重影响世界经济的发展。同时，毒品的滥用便得犯罪率上升、社会治安恶化、社会秩序遭到严重破坏。

（1）毒品对社会安定的破坏　制毒、贩毒、吸毒等形成的黑恶势力，对社会治安构成了严重威胁。吸毒和犯罪是一对孪生兄弟，吸毒者在耗尽个人和家庭钱财后就会铤而走险，走上违法犯罪的道路，进行以贩并吸、贪污、诈骗、盗窃、抢劫、凶杀等犯罪活动。据有关资料显示，女性吸毒人员中，90％的吸毒者有卖淫行为，男性吸毒人员中，有70％以上的偷、抢、骗等犯罪行为。严重破坏了社会正常秩序。

（2）毒品对社会公共卫生的影响　吸毒是造成乙肝、丙肝、性病、艾滋病等疾病传播的不容忽视的社会因素。这些疾病给世人的身心健康带来严重的威胁。据中国疾病预防控制中心性病艾滋病预防控制中心提供的资料，最近几年来，我国每年报告的艾滋病患者和艾滋病病毒携带者病例中，吸毒者的比例达70％多，由此可见吸毒给公共健康带来极大威胁。

因此，我们要大力加强宣传教育力度，提高全民的禁毒意识。深入地开展禁毒宣传教育。要利用各种传播媒介，普及禁毒知识，使人们认识毒品，尤其新型毒品对个人、家庭、社会的危害。抵制毒品是全社会每个人的责任，要自觉地规范个人行为，远离毒品。要提高群众抵抗毒品的自我保护意识和能力。要用科学、历史和法制理论向广大群众，特别是青少年进行科普、爱国主义和法制的禁毒宣传教育，使他们认识什么是毒品和滥用毒品的危害性及后果，在思想上自觉抵制各种毒品的诱惑。要树立正确人生观、价值观，倡导科学、健康的生活方式，从根本上提高他们辨别是非的能力，树立对个人、家庭和社会的责任感也是禁毒教育的重要环节。

参考文献

[1] 仉文升，李安良．药物化学［M］．北京：高等教育出版社，2001．

[2] 郑虎．药物化学［M］．北京：人民卫生出版社，2008．

[3] 彭司勋．20世纪药物化学发展的回顾［J］．中国药科大学学报，2001，1：75-76．

[4] 史捷，常武．常见毒品的分类及对人体的危害［J］．科技咨询导报，2007，02：190-192．

[5] 徐波，葛大德，黄明豪，丛晓娜，唐万琴，卫平民．我国毒品滥用的现状［J］．危害与防控对策．江苏预防医学，2009，20（2）：83-85．

[6] 刘志民．毒品滥用：本世纪面临的严重公共卫生和社会问题［J］．中国医药指南，2003，06：18-19．

[7] 黄艳芳．抗生素的分类及应用［J］．山东医药，2006，46（25）：84-85．

[8] 甘建玲．滥用抗生素的危害及控制策略［J］．临床和实践医学杂志，2008，7（12）：145-148．

第八章 化学与生活

随着人们生活水平的提高，烟、酒、茶、化妆品与服饰是人们生活当中的必需品，它们在人类的生活以及现代社会交往中扮演重要角色。而它们的主要化学成分是什么？对人的生活和身体健康又起到怎样的作用？这些对于我们来说都是非常重要的。

第一节　烟酒茶化学

一、烟化学

1. 香烟的分类

据有关资料证实，烟草最早产于中南美洲。在墨西哥贾帕斯倍伦克的一座建于公元 432 年的庙宇里，遗留着当地老人吸烟的石雕。大约在 1500 年前，中美洲人就已经知道享用烟草了。世界上最早被发现的吸烟民族是印第安人。1492 年哥伦布到达西印度群岛海滨时，看到当地印第安人将干燥的烟叶卷成筒装点燃吸食，冒出烟雾并散发出一股刺激性的味道，也看到有人将烟叶碾碎做成鼻烟、嚼烟或类似现在的斗烟吸用。

香烟，是烟草制品的一种。制法是把烟草烤干后切丝，然后以纸卷成长约120mm，直径 10mm 的圆桶形条状。香烟最初在土耳其一带流行，当地的人喜欢把烟丝以报纸卷起来吸食。在克里米亚战争中，英国士兵从当时的鄂图曼帝国士兵中学会了吸食方法，之后传播到不同地方。1558 年航海水手们将烟草种子带回葡萄牙，随后传遍欧洲。1612 年，英国殖民官员约翰·罗尔夫在弗吉尼亚的詹姆斯镇大面积种植烟草，并开始做烟草贸易。16 世纪中叶烟草传入中国。

根据所用烟叶品种的不同，卷烟可分为烤烟香型、晒烟香型和混合香型三种。依据烟丝色泽、香味、杂气、刺激性、余叶等五项标准，国家新近制定的卷烟标准将烤烟型卷烟分为甲、乙、丙、丁四级。甲级：烟丝色泽金黄、橙黄或正黄，均匀无白点，光泽油润，香味清雅或浓磕，无杂味，无刺激，余味纯净、舒适。乙级：颜色深黄、赤黄或淡黄，均匀略有白点，光泽尚油润，香味充实，微有杂味和刺激，余味尚净，较和顺。丙级：颜色褐黄，光泽暗淡，香味淡薄，有杂味，有刺激，余味舌脖不净，滞舌，不舒适。丁级：颜色褐黄、青褐，香味平淡，杂气较重，刺激明显，滞舌、涩口，不舒适。

2. 香烟的成分和作用

燃烧的烟支是一个复杂的化学体系。据科学研究发现，在烟支点燃的过程中，当温度上升到 300℃ 时，烟丝中的挥发性成分开始挥发而形成烟气；温度上升到 450℃ 时，烟丝开始焦化；温度上升到 600℃ 时，烟支被点燃而开始燃烧。烟支燃烧有两种形式：一种是抽吸时的燃烧，称为吸燃；另一种是抽吸间隙的燃烧，称为阴燃（亦称为静燃）。抽吸时从卷烟的滤嘴端吸出的烟气称为主流烟气（mainstream smoke，简称 MS），抽吸间隙从燃烧端释放出来和透过卷烟纸扩散直接进入环境的烟气称为侧流烟气（sidestream smoke，简称 SS）。

烟气的化学成分很多也很复杂，卷烟烟气是多种化合物组成的复杂混合物。截止 1988 年（据 Roberts，1988 Tobacco Reporter 报道）已经鉴定出烟气中的化学成分达 5068 种，其中 1172 种是烟草本身就有的，另外 3896 种是烟气中独有的。烟气中的化合物，绝大部分对人身是无害的，其中某些成分能赋予烟草以特有的香味，使感觉愉快，但也有极少部分对健康有害，其有害程度不尽相同。目前，一般认为烟气中的主要有害物质有：烟气气相物质中的一氧化碳、氮的氧化物、丙烯醛、挥发性芳香烃、氢氰酸、挥发性亚硝胺等，烟气粒相物质中的稠环芳烃、酚类、烟碱、亚硝胺（尤其是烟草特有亚硝胺）和一些杂环化合物及微量的放射性元素等，以及气相与粒相中都存在的自由基。表 8-1 中列有香烟烟气的主要有害成分。

表 8-1 香烟烟气的主要有害成分

成分	相 关 说 明
尼古丁	香烟烟雾中极活跃的物质，毒性极大，而且作用迅速。40～60mg 的尼古丁具有与氰化物同样的杀伤力，能置人于死地。尼古丁是令人产生依赖成瘾的主要物质之一
焦油	在点燃香烟时产生，其性质与沥青并无多大差别。有分析表明，焦油中约含有 5000 种有机和无机的化学物质，是导致癌症的元凶
亚硝胺	是一种极强的致癌物质。烟草在发酵过程中以及在点燃时会产生一种烟草特异的亚硝胺（TSNA）
一氧化碳	烟丝不能完全燃烧产生较多的一氧化碳，它与血红蛋白结合，影响心血管的血氧供应，促进胆固醇增高，也可以间接影响某些肿瘤的形成
放射性物质	烟草中含有多种放射性物质，其中以 Po-210 最为危险。它可以放出 α 射线。其他有害及致癌物质
挥发性腈类	烟气中代表性的挥发性腈类化合物有：丙烯腈、乙腈、丙腈、异丁腈、戊腈、己腈等。这些化合物是在卷烟燃吸过程中形成的，其前体物质是烟草中的 N-杂环化合物，如吡啶、甲基吡嗪等，是这些物质在高温下裂解生成的
酚类化合物	烟气粒相物中的酚类化合物，主要有莨若亭、绿原酸、儿茶酚、间苯二酚等，在这些酚类化合物中以儿茶酚的含量最高。酚类化合物对卷烟的香气有一定的增强作用，但引起人们更多重视的是对人的呼吸道及其他器官有不良的刺激作用。酚类化合物的主要来源是烟叶中的糖类
其他	除了上述有害物质之外，香烟中的有害物质还有苯并芘，这是一种强致癌物质。另外烟中的金属镉、联苯胺、氯乙烯等，对癌细胞的形成会起到推波助澜的作用

第八章　化学与生活

3. 香烟与人体健康

迄今为止，已知与烟草有关的疾病已超过 25 种。烟草所致的急性危害包括缺氧、心跳加快、气喘、阳痿、不孕症以及增加血清二氧化碳浓度。吸烟的长期危害主要是引发疾病和死亡，包括心脏病发作、中风、肺癌及癌症。研究表明，吸烟不仅危害吸烟者本人，而且危及间接吸烟者，特别对婴幼儿危害更大。可导致急性死亡、呼吸道疾病及中耳疾病等。世界卫生组织估计，在世界范围内，死于与吸烟相关疾病的人数将超过艾滋病、结核、难产、车祸、自杀、凶杀所导致死亡人数的总和。一个每天吸 15～20 支香烟的人，易患肺癌、口腔癌或喉癌致死的概率，要比不吸烟的人大 14 倍；易患食道癌致死的概率比不吸烟的人大 4 倍；死于膀胱癌的概率要大两倍；死于心脏病的概率也要大两倍。吸香烟是导致慢性支气管炎和肺气肿的主要原因；而慢性肺部疾病本身，也增加了得肺炎及心脏病的危险，并且吸烟也增加了高血压的危险。我国流行病学调查资料表明，大量吸烟者比不吸烟者的冠心病发病率高 26 倍以上，心绞痛发生率高 36 倍以上。美国、英国、加拿大和瑞典，对 1200 万人的观察结果表明：男性中吸烟者的总死亡率、心血管病的发病率和死亡率比不吸烟者增加 1.6 倍，吸烟者致死性和非致死性心肌梗塞的相对危险性较不吸烟者高 2.3 倍。吸烟在许多工业化国家被认为是导致冠心病的主要危险因素。

烟的烟雾（特别是其中所含的焦油）是致癌物质，能在它所接触到的组织中产生癌变，因此，吸烟者呼吸道的任何部位（包括口腔和咽喉）都有发生癌变的可能。如"吸烟者咳嗽"是由于肺部清洁的机械效能受到了损害，破坏气道上的一些绒毛，使黏液分泌增加，痰量增加。并容易感染支气管炎等肺部的慢性疾病，甚至会致癌。膀胱癌可能是由于吸入焦油中所含的致癌化学物质所造成，这些化学物质被血液所吸收，然后经由尿样中出来。

二、酒化学

1. 酒的分类

我国是世界上酿酒最早的国家之一，是酒的故乡也是酒文化的发源地。酒在我国已有相当悠久的历史，在我国数千年的文明发展史中，酒与文化的发展基本上是同步进行的。据有关资料记载，地球上最早的酒，应是落地野果自然发酵而成的。所以，酒的出现不是人类的发明，而是天工的造化。至于人工酿酒，考古学证明，在近现代出土的新石器时代的陶器制品中，已有了专用的酒器。这说明我们的祖先在很早的时候就已经懂得了酿酒技术。以后经过夏、商两代，饮酒的器具也越来越多。在仰韶文化遗址中，既有陶罐也有陶杯。在出土的商、殷文物中，青铜酒器占有相当大的比重，说明当时饮酒的风气确实很盛。而且，从《史记·殷本纪》关于纣王"以酒为池，悬肉为林"、"为长夜之饮"和《诗经》中"十月获稻、为此春酒"、"为此春酒，以介眉寿"的诗句中推知，约在 6000 年前，人工酿酒就开始了。

酒的种类繁多，一般可分为以下几种：依酿造方法不同可分为蒸馏酒、压榨酒、配制酒。原料发酵后经蒸馏可得的酒为蒸馏酒，我国的白酒一般都是蒸馏酒。原料发酵后经压榨过滤而成的酒为压榨酒，如黄酒、啤酒就是压榨酒。用成品酒配以一定比例的糖分、香料、药材混合泡制储藏，经过滤制得的为配制酒，如果酒、露酒、药酒均是配制酒。按照酒精含量的高低，可分为高度酒、中度酒、低度酒。酒精的含量40％以上的酒为高度酒，酒精含量在20％～40％的为中度酒。酒精含量在20％以下为低度酒。我国传统习惯把酒分为白酒、黄酒、啤酒、葡萄酒、果露酒、药酒和其他酒七大类。

白酒是我国传统的主体酒。俗称白干、烧酒、高粱酒等。具有酒液清澈透明、芳香浓郁、醇和软润、清洌甘爽、味谐醇浓的特色。根据生产的原料和酿造工艺上的不同，我国的白酒主要可分为大曲酒，如茅台酒、汾酒；小曲酒，如三花酒、湘山酒；麸曲酒——各地生产的普通白酒；液态酒，即用液体曲为糖化剂制得食用酒精再加工制成的白酒。根据香型不同，白酒通常分为酱香型、浓香型、清香型、米香型以及兼有两种酒型特点的混合型。

黄酒又称为"老酒"、"料酒"、"陈酒"等。一般以糯米或大米制成。酒精度一般为11％～18％。酒性醇和、营养价值高。主要有江南黄酒，以绍兴产的加饭酒、花雕酒、善酿酒、香雪酒等为代表；福建黄酒以福建老窖、龙岩沉缸酒为代表；北方黄酒，最著名的当属山东的即墨黄酒、兰陵黄酒及山西黄酒和大连黄酒。

啤酒是以大麦为主要原料酿造的低度含酒精饮料。啤酒主要有鲜啤酒和熟啤酒两种。不经杀菌处理的啤酒为鲜啤酒，也叫生啤酒；经过杀菌处理的为熟啤酒。鲜啤酒清爽适口，营养价值高，优于熟啤酒。根据麦汁的浓度可分为低浓度、中浓度和高浓度三种。酒精含量在2％左右，原麦汁浓度为在6～8度的为低浓度啤酒。酒精含量在3.5％左右，原麦汁浓度在10～12度，为中度啤酒。酒精含量在5％左右，原麦汁浓度为14～20度，为高浓度啤酒。根据酒液颜色浓淡可分为浓色啤酒和淡色啤酒两种。浓色啤酒包括黑啤酒、红啤酒两种。黑啤酒是把麦芽特殊加工之后制成的。口香味浓，质地厚实。红啤酒呈褐色，也称褐啤酒，浓度高，入口微苦，回味甘甜。淡色啤酒在我国俗称黄啤酒，具有清苦、爽口、细腻的特色。

葡萄酒是以新鲜葡萄为原料酿制而成的饮料酒。葡萄酒色泽艳丽，味道鲜美，具有很高的营养保健价值。按照葡萄酒液的色泽主要分为红葡萄、白葡萄、黄葡萄、桃红葡萄四种。高档红葡萄酒，酒液清澈透明，酒香浓郁，光泽悦人，口味柔和舒愉，回味绵长。酒度一般在14～18度，糖度在12度左右。高档白葡萄酒，一般无色或微黄带绿，澄清透明，有光泽，果香合着酒香，浓郁悦人。酒体和谐，口味醇厚，丰满爽口，余香绵长，典型性好，酒度、糖度一般均在12度左右。黄色、桃红色葡萄酒一般均属于普通品种，颜色鲜艳，酒体透明，酒香、果香平和，酒度一般在15～20度。含糖量在7％以上的为甜型葡萄酒；含糖量在2.5％～7％为半甜葡萄酒；含糖量0.5％～2.5％为半干葡萄酒；含糖量0.5％以下的为干葡萄酒。干酒全部用葡萄原汁酿造。近些年来，随着人们生活水平的提高，保健意识的增强，干白、干红等葡萄酒在我国逐步呈上升的态势。以野生山葡萄为原料的山葡萄酒由于天然生成无污染的原料，酒液紫红透明，香气浓郁，口味独特，醇厚宜人，也深受人们喜爱。

果酒就是以水果为主要原料酿制而成的酒。虽然各种水果种类繁多，风味各异，但一般都具有天然色泽，原料果实的芳香醇美和营养，酒精度一般在 12～18 度。露酒是配制酒，是用发酵原酒或蒸馏酒如用黄酒、葡萄酒、白酒等酒基，加入香料，糖料和食用色素等配制而成的饮料酒。传说露酒的名称就是由香花、果品、药材等浸泡在酒中，加以蒸馏取其冷凝之液结露而来。露酒一般酒度在 20～40 度，糖分高，口味浓重甜香，色彩艳丽。

药酒是用白酒、黄酒、葡萄酒为酒基，再配以中药材、糖料等制成。是我国的传统酒类。也是酿酒史上的一大创举。对于人们保健、补益、治病、防病等都有良好的效果。药酒一般分为滋补药酒和药性药酒两类。补性药酒采用滋补性的中药材制成既可日常饮用，又具有特殊的滋补作用。药酒采用防治某种疾病的药材配制，使药酒具有防治疾病的特殊功效。

2. 酒的成分和作用

酒的主要成分是水和酒精，酒精的化学名称叫乙醇。酒精的语源来自阿拉伯语的"aikunui"。一般的酒，除含乙醇外，尚含酯类、酸类、酚类及氨基酸等物质。加之多是由五谷杂粮、果实制成，酒有水谷之气，味辛甘、性热，易入心肝二经，所以有通畅血脉、行气活血、祛风散寒、清除冷积、医治胃寒、强健脾胃的功效。适量饮酒，可使人思维活跃，激发人的智慧，尚可强心提神、消除疲劳、促进睡眠。酒进入体内，可扩张血管、增加血流量。酒对味觉、嗅觉是一种刺激，可反射性地增加呼吸量、增进食欲。经测试得知，人体内少量酒精，可以提高血液中的高密度脂蛋白的含量和降低低密度脂蛋白的水平。为此少量饮酒可减少因脂肪沉积引起的血管硬化、阻塞的机会。

酒既是一种独特的物质文化，也是一种形态丰富的精神文化。具体表现在如下几个方面。

(1) 酒可载情　酒使人精神镇静、畅快，即饮用时有快感，这是酒自古以来能流传至今的一种精神力量。纵观中华古今饮品，酒所起的文化功效甚为显著，高兴时"葡萄美酒夜光杯"；颓废时"今朝有酒今朝醉"；怀念亲友时"明月几时有，把酒问青天"；与友人会聚一堂时"酒逢知己千杯少"；孤独时"举杯邀明月，对影成三人"；惜别时"劝君更进一杯酒，西出阳关无故人"。可说助兴者酒，浇愁者亦酒，酒渗透中国人社会生活的各个角落，成为一种文化的载体，被人们誉为"酒文化"，为人类文化生活增加众多色彩光辉。

(2) 酒与药效　酒不仅可载情，尚可治病、滋补。酒是"救人的良药"，但有时也是"杀人之利器"，鸩酒一类的毒酒便可治人于死地。酒可入药是因为酒精是一种很好的溶剂，它可溶解许多难溶甚至不溶于水的物质。用它来泡制药酒，有的比水煎中药疗效好。而且药酒进入体内被吸收后立即进入血液，能更好发挥药性，从而起到治疗滋补之功效。为此，中医常有处方让患者用酒冲服，或煎药时使用药引。酒不仅可内服，而且能用于外科。最常见的除酒精消毒外，酒可以涂于患处，治疗跌打扭伤、关节炎、神经麻木等，如虎骨酒、史国公酒等。近年来红葡萄酒在中国很畅销，备受青睐。因为适量饮用葡萄酒不仅可防衰老，而且尚可预防因机体老化引发的有关疾病。

（3）酒与健美　酒有健美之功效，早在唐代苏敬等人所著的《新修本草》一书中已有记述："暖腰肾、驻颜色、耐寒"。这里是指葡萄酒，在 7 世纪中叶，葡萄酒传入中国并在中国得到发展。还有桃花酒，是将三月新采的桃花阴干后浸泡在上等酒中，储 15 日便为桃花酒，饮用该酒，有润肤、活血的功效，使人青春美容长驻。白鸽煮酒、龙眼和气酒也有美容作用。为使毛发肌肤健美，中国古代就有用酒洗浴的做法。入浴前，将 0.75kg 的"玉之肤"加入浴池水中，洗浴后皮肤洁白如玉，周身暖和。"玉之肤"浴酒是把发酵酒糟和米酒混合，再经蒸制而成，是清酒的一种。

（4）酒与烹饪　在烹饪美味菜肴时，适量用酒，能去腥起香，使菜肴香甜可口。因为酒的主要成分是乙醇，沸点较低，一经加热，很易挥发，便把鱼、肉等动物的腥膻怪味带走。烹饪用酒最理想的是黄酒，因为它含乙醇量适中，介于啤酒和白酒之间，而且黄酒中富含氨基酸，在烹饪中与盐生成氨基酸钠盐，即味精，能增加菜肴的鲜味。加之黄酒的酒药中配有芳香的中药材，用它作料酒，菜肴会有一种特殊的香味。当然，在无黄酒的情况下，其他酒也可以用。不过中国菜用黄酒为最好，西餐则多用葡萄酒、啤酒。即不同菜肴使用的酒不同，用酒时间也不尽相同。即使是中式菜肴，也有不同技艺。在蒸炸鱼肉鸡鸭之前，用啤酒浸腌 10min，做出的菜肴嫩滑爽，没有腥膻味。

3. 饮酒与健康

根据现代科学测定，酒液中酒精含量较高，有害成分也就越高。低度的发酵酒、配制酒、如黄酒、果露酒、药酒等，有害成分极少，却富含糖、有机酸、氨基酸、甘酒、糊精、维生素等多种营养成分。开始的时候，古人认为质量较高，有利于延年益寿的酒主要有黄酒、葡萄酒、桂花酒、菊花酒、椒酒等，后来才发展到白酒及以白酒为原料的各种药酒。发酵而成的黄酒是中国最古老的酒之一，含有丰富的氨基酸、多种糖类、有机酸、维生素等，自古至今一直被视为养生健身的"仙酒"、"珍浆"，深受人们喜爱。蒸馏酒和发酵酒比较，有害成分主要存在于蒸馏酒中，而发酵酒中相对较少。高度的蒸馏酒中除含有较高的乙醇外，还含有杂醇油（包括升戊醇、戊醇、异丁醇、丙醇等）、醛类（包括甲醛、乙醛、糖醛等）、甲醇、氢氧酸、铅、黄曲霉毒素等多种有害成分。人长期或过量饮用这种有害成分含量高的低质酒，就会中毒。轻者会出现头晕、头痛、胃病、咳嗽、胸痛、恶心、呕吐、视力模糊等症状，严重的则会出现呼吸困难、昏迷、甚至死亡。故饮酒保健康需注意以下几个方面：

（1）适量和适度 量是指酒量而不是含酒精的量，度是酒的适宜温度。那么喝多少为适量呢？据金盾出版社《饮酒知识》一书介绍，白酒每次不超过 20mL 左右，葡萄酒每次不超过 60mL 左右。当然即使这个量也要根据自己当时健康情况、心情而酌定。总之身心健康时方可饮酒。关于饮用酒的适宜温度，酒不同要求温度不一。白酒最好的温度是 70℃ 左右。因白酒中，除乙醇外，也含少量甲醇和其他物质，对人体有害，如甲醇侵害视神经，沸点是 64℃，因此将甲醇蒸发后饮用最好，但也不能太热，以免伤害消化系统。甜红葡萄酒 12～14℃，甜白葡萄酒 13～15℃，干红葡萄酒 16～18℃，干白葡萄酒为 10～11℃ 为最佳。其他酒如香槟酒类 9～10℃。甜黄酒、半甜黄酒及干黄酒 20℃ 左右为好。啤酒是充有二氧化碳气体的酒，若温度在 10℃ 左右，二氧化碳不易损耗，口感也好，会给人以爽快感。

（2）空腹不饮酒 空腹饮酒，哪怕饮用少量酒对身体也是有害无益。因为饮酒后，20％由胃吸收，80％由十二指肠和空肠吸收。腹中无食容易酒精中毒。而且空腹饮酒，酒精直接刺激胃壁，易引发胃炎、溃疡、胃出血，所以最好是边吃边喝。喝酒时吃什么菜肴最好呢？因饮酒促进新陈代谢，损耗体内蛋白质，因而食用含蛋白质多的下酒菜为宜。如松花蛋、花生米、鸡鸭鱼及瘦肉等，再配以碱性菜肴如蔬菜、水果。另外，饮酒刺激肝脏，要食用些保护肝脏的菜肴，豆制品内因含维生素 B，能保护肝脏。含糖的一些甜食，如拔丝山药、糖醋鱼等。饮酒时忌吃凉粉，因凉粉中有白矾，它会减慢胃肠蠕动。如果酒精积存消化系统，容易中毒。

（3）饮酒禁忌

① 烟酒不可同用 因为酒精是烟草中致癌毒物的溶剂，如烟酒同用，烟草中毒物很快溶于酒精进入体内，输送到人体各部位。而且边吸烟边喝酒还使得人体血液对烟草毒物溶量增大，这是因为酒精具有扩张血管和加速血液循环的作用。烟草中有毒物质溶于酒精后会很快进入血液，使人兴奋，所以边吸烟边饮酒，误导人感觉更有味道，这使肝脏承受双重毒物侵害。孕妇和儿童不宜饮酒。孕妇饮酒，即使少量，也会延缓胎儿的发育，甚至使胎儿异常，如胎儿智力低下、丑陋、损害视力。也可说会出现"胎儿酒精综合征"，而且容易出现自然流产。

② 嗜酒成性 长期大量饮酒的男女，会导致性机能障碍。男子阳痿，女子月经紊乱，甚至患不孕症。长期酗酒还容易得肺炎、哮喘和皮肤瘙痒症等。有些疾病患者不能饮酒，如肝炎病人。因酒精进入病体肝脏后，会使肝细胞坏死和肝炎病情恶化。为此肝病发作期不宜饮酒，即使肝病治愈以后，也应注意不饮酒，以免引起复发。糖尿病人也不宜饮酒，因患者本来解毒功能较差，饮酒会使胰腺分泌的消化酶和胰腺液发生变化，导致胰腺内蛋白质过分浓缩，堵塞胰腺导管，易患胰腺结石。同样，高血压病人如饮酒，会使血浆及尿中儿茶酚胺增高，因儿茶酚胺是血压的元凶。如过多饮酒，高血压患者难免发生脑溢血及猝死。

③ 老人不宜饮用啤酒 因啤酒中含有一定量的铝元素，老人新陈代谢慢，如

积存于体内，会导致老年性痴呆。

④ 酒后忌饮浓茶和不宜洗澡　浓茶与乙醇均使大脑兴奋，大脑功能容易失调。同时，浓茶含很多鞣酸，它影响对蛋白质和脂肪的吸收；含过多单宁，影响对铁的吸收，会造成贫血。饮酒后如果立即洗澡，加速血液循环，大量消耗葡萄糖，使人体疲劳会出现低血糖。

⑤ 在服用某些药物前后，也不宜饮酒　如安眠药类由于酒精对人的大脑各部位抑制先后不同，初期有兴奋作用，使人不易入睡。而安眠药对大脑起抑制作用，如酒后服药，会出现呼吸变慢、血压下降、休克甚至呼吸停止而有死亡危险。

（4）解酒　饮用冷开水，减缓胃肠酌热。也可喝醋解酒毒，食醋中的有机酸可醋化乙醇。喝豆浆、吃豆腐也可，其中的氨基酸能解酒中的乙醛毒。此外尚有吃白萝卜、蜂蜜、半熟鸡蛋、生梨，喝鲜牛奶、芹菜汁、绿豆汤、果汁等，均有解酒作用。但若严重醉酒，最好去医院点滴果糖类注射液，进行解酒治疗。

三、茶化学

1. 茶的分类

人们谈到饮酒就自然想到了喝茶，茶也是生活中不可少的一种物质，人们经常会说在茶余饭后，可见茶在生活中作用的不一般。通常将茶树上的叶子叫做茶叶，简称茶。茶树是一种常绿灌木，原产于云南。其叶革质，可作饮料和药用，《茶经》说："茶者，南方之嘉木也，一尺、二尺乃至数十尺，其巴山、峡川有两人合抱者。"可见野生茶树也有大如乔木的。我国有江北、江南、华南、西南四大茶区。19个省、自治区，1000多个县、市产茶，全国茶园总面积约为100万公顷，居世界首位。目前，茶、咖啡和可可并称为世界三大饮料，其中茶叶历史最久，风行地区最广，饮用人数最多，全世界有一半以上的人喝茶。茶被人们誉为"绿色金子"、"健康饮料"。

我国地域广阔，名茶辈出，如西湖的龙井、洞庭的碧螺春、黄山的云雾茶、福建的乌龙茶、四川的蒙顶茶、滇南的普洱茶等。但总分为六大类，即绿茶、白茶、乌龙茶（青茶）、花茶、紧压茶（黑茶）和红茶。

（1）绿茶　绿茶是不经过发酵的茶，即将鲜叶经过摊晾后直接下到100～200℃的热锅里炒制，以保持其绿色的特点。名贵品种有龙井茶、碧螺春茶、黄山毛峰茶、庐山云雾茶、六安瓜片、蒙顶茶、太平猴魁茶、君山银针茶、顾渚紫笋茶、信阳毛尖茶、平水珠茶、西山茶、雁荡毛峰茶、华顶云雾茶、涌溪火青茶、敬亭绿雪茶、峨眉峨蕊茶、都匀毛尖茶、恩施玉露茶、婺源茗眉茶、雨花茶、莫干黄芽茶、五山盖米茶、普陀佛茶。

（2）红茶　红茶与绿茶恰恰相反，是一种全发酵茶（发酵程度大于80％）。红茶的名字得自其汤色红。名贵品种有祁红、滇红、英红。

（3）黑茶　黑茶原来主要销往边区，像云南的普洱茶就是其中一种。普洱茶是在已经制好的绿茶上浇上水，再经过发酵制成的。普洱茶具有降脂、减肥和降血压的功效，在东南亚和日本很普及。

（4）乌龙茶　乌龙茶也就是青茶，是一类介于红、绿茶之间的半发酵茶。乌龙茶在六大类茶中工艺最复杂费时，泡法也最讲究，故也被人称为喝工夫茶。名贵品种有武夷岩茶、铁观音、凤凰单丛、台湾乌龙茶。

（5）黄茶　著名的君山银针茶就属于黄茶，黄茶的制法有点像绿茶，不过中间需要闷黄三天。

（6）白茶　白茶则基本上就是靠日晒制成的。白茶和黄茶的外形、香气和滋味都是非常好的。名贵品种有白豪银针茶、白牡丹茶。

其中绿茶出现最早，其次为白茶，即由满披白毫的嫩芽制成，有白毫、银针、老君眉等。花茶、乌龙茶、黑茶发明于明代，红茶则产生于清代。至于饮茶方法，约在明代中后期始由煮饮改为至今流行的冲泡法，使饮茶更加方便普及。此外，各民族各地区在长期的饮茶实践中还形成了一些独具特色的饮茶风俗，如西藏的酥油茶、蒙古的奶茶、白族的三道茶（清茶、甜茶、香茶）、云南的盐巴茶、桂北的打油茶、闽潮的工夫茶、广东的早茶、湖南的擂茶、四川的盖碗茶等。

2. 茶的成分和作用

茶叶的化学成分是由 3.5%～7.0% 的无机物和 93%～96.5% 的有机物组成。茶叶中的无机矿质元素约有 27 种，包括磷、钾、硫、镁、锰、氟、铝、钙、钠、铁、铜、锌、硒等多种；茶叶中的有机化合物主要有蛋白质、脂质、糖类、氨基酸、生物碱、茶多酚、有机酸、色素、香气成分、维生素、皂苷、甾醇等。茶叶中含有 20%～30% 的叶蛋白，但能溶于茶汤的只有 3.5% 左右。茶叶中含有 1.5%～4% 的游离氨基酸，种类达 20 多种，大多是人体必需的氨基酸。茶叶中含有 25%～30% 的糖类，但能溶于茶汤的只有 3%～4%。茶叶中含有 4%～5% 的脂质，也是人体必需的。

饮茶在给人精神愉悦的同时，还补充了人体所需的水分、氨基酸、维生素、茶多酚、生物碱、类黄酮、芳香物质等多种有益的有机物，并且还提供了人体组织正常运转所不可缺少的矿物质元素。与一般膳食和饮品相比，饮茶对钾、镁、锰、锌等元素的摄入最有意义。饮茶还是人体中必需的常量元素磷以及必需的微量元素铜、镍、镭、铬、钼、锡、钒的补充来源。茶叶中钙的含量是水果、蔬菜的 10～20 倍；铁的含量是水果、蔬菜的 30～50 倍。但由于钙、铁在茶汤中的浸出率很低，远不能满足人体日需量，因此，饮茶不能作为人体补充钙、铁的依赖途径。

茶在我国被誉为"国饮"，茶文化兴于唐、盛于宋。历代皇帝都非常喜欢喝茶，尤其是乾隆皇帝是历代（230 个）所有皇帝中寿命最高的，外号叫"老寿星"，他活到 85 岁（89），有"君不可一日无茶"说法。现在日本开展了"一杯茶运动"，每人每天必须喝一杯绿茶。在英国，茶被称为"健康之液，灵魂之饮"。因为现代科学大量研究证实，茶叶确实含有与人体健康密切相关的生化成分。茶叶不仅具有提神清心、清热解暑、消食化痰、去腻减肥、清心除烦、解毒醒酒、生津止渴、降火明目、止痢除湿等药理作用，还对现代疾病，如辐射病、心脑血管病、癌症等疾病，有一定的药理功效。可见，茶叶药理功效之多，作用之广，是其他饮料无可替代的。茶叶具有药理作用的主要成分是茶多酚、咖啡碱、脂多糖等。喝茶的功效见表8-2。

表 8-2　喝茶的功效

功效	说明
延缓衰老	茶多酚具有很强的抗氧化性和生理活性，是人体自由基的清除剂，它有阻断脂质过氧化反应，清除活性酶的作用
抑制心血管疾病	茶多酚，尤其是茶多酚中的儿茶素 ECG 和 EGC 及其氧化产物茶黄素等，有助于使斑状增生受到抑制，使形成血凝黏度增强的纤维蛋白原降低，凝血变清，从而抑制动脉粥样硬化
预防和抗癌	茶多酚可以阻断亚硝酸铵等多种致癌物质在体内合成，并具有直接杀伤癌细胞和提高肌体免疫能力的功效
预防和治疗辐射伤害	茶多酚及其氧化产物具有吸收放射性物质 ^{90}Sr 和 ^{60}Co 毒害的能力，对血细胞减少症，茶叶提取物治疗的有效率达 81.7%；对因放射辐射而引起的白血球减少症治疗效果更好
抑制和抵抗病毒菌	茶多酚有较强的收敛作用，对病原菌、病毒有明显的抑制和杀灭作用，对消炎止泻有明显效果。应用茶叶制剂治疗急性和慢性痢疾、阿米巴痢疾、流感，治愈率达 90% 左右
美容护肤	茶多酚是水溶性物质，用它洗脸能清除面部的油腻，收敛毛孔，具有消毒、灭菌、抗皮肤老化，减少日光中的紫外线辐射对皮肤的损伤等功效
醒脑提神	茶叶中的咖啡碱能促使人体中枢神经兴奋，增强大脑皮层的兴奋过程，起到提神益思、清心的效果
利尿解乏	茶叶中的咖啡碱可刺激肾脏，促使尿液迅速排出体外，提高肾脏的滤出率，减少有害物质在肾脏中滞留时间。咖啡碱还可排除尿液中的过量乳酸，有助于使人体尽快消除疲劳
降脂助消化	茶叶中的咖啡碱能提高胃液的分泌量，可以帮助消化，增强分解脂肪的能力
护齿明目	茶叶中含氟量较高，每 100g 干茶中含氟量为 10～15mg，且 80% 为水溶性成分。而且茶叶是碱性饮料，可抑制人体钙质的减少，这对预防龋齿、护齿、坚齿，都是有益的。茶叶中的维生素 C 等成分，能降低眼睛晶体混浊度，经常饮茶，对减少眼疾、护眼明目均有积极的作用

3. 喝茶对健康的利弊

茶含有 600 余种化学成分，其中有 5 大类是对人体非常有益的营养物质。茶叶中含有酚类物质、蛋白质、维生素和微量元素磷、钙、锌、钾、氟等，都对人体有利；且有消食、清火功能。然而，饮茶有利也有弊，所以饮茶要适度。在日常生活中，人们对茶的认识存在不少误区，其主要表现如下几方面。

（1）浓茶"醒酒"　人们饮酒后，酒中乙醇在肝脏中先转化为乙醛，再转化为乙酸，然后分解经肾排出体外。而酒后饮浓茶，茶中咖啡碱等可迅速发挥利尿作用，从而促进尚未分解成乙酸的乙醛过早进入肾脏，使肾脏受损。

（2）品新茶"心旷神怡" 新茶存放时间太短，含有较多的未经氧化的多酚类、醛类及醇类等物质，对人的胃肠黏膜有较强的刺激作用，易诱发胃病。所以新茶宜少喝，存放不足半个月的新茶更应忌喝。如果长时间饮新茶可出现腹痛、腹胀等现象。同时新茶中还含有活性较强的鞣酸、咖啡因等。过量饮用可产生四肢无力、失眠等"茶醉"现象。

（3）饮茶会使血压升高 茶叶具有抗凝、促溶、抑制血小板聚集、调节血脂等作用，可防止胆固醇等脂类团块在血管壁上沉积，从而防冠状动脉变窄，特别是茶叶中含有儿茶素，它可使人体中的胆固醇含量降低，血脂亦随之降低，从而使血压下降。因此，饮茶可防治心血管疾病。

（4）"茶医百病" 有人认为，茶不仅是一种安全的饮料，也是治疗疾病的良药。殊不知，对有些病人来说，是不宜喝茶的，特别是浓茶。浓茶中的咖啡碱能使人兴奋、失眠、代谢率增高，不利于休息；还可使高血压、冠心病、肾病等患者心跳加快，甚至心律失常、尿频，加重心肾负担。此外，咖啡碱还能刺激胃肠分泌，不利于溃疡病的愈合；而茶中鞣质有收敛作用，使肠蠕动变慢，加重便秘。

（5）嚼茶根有益健康 很多人都认为嚼茶根可以帮助清除口中异味，所以喝茶之后喜欢嚼一嚼茶根，虽然这本身算不上什么坏习惯，不过有的茶叶根部会有一些农药残留物，所以茶根还是不嚼为好。

另外，儿童饮茶须注意的是饮量不宜多，多则使孩子体内水分增多，而加重心脏、肾脏的负担；不宜浓，浓则使孩子高度兴奋、心跳加快而引起失眠，导致消耗过多的养分而影响生长发育，也影响对铁质的吸收。儿童宜现泡现饮，不宜饮泡之过久的陈茶。饮用过多的浓茶，能刺激神经和凝固食物蛋白，妨碍消化，因此饮用浓茶对身体是无益的。

临睡前、服药后、饭前饭后、酒后不宜饮茶。茶叶里含有鞣酸，它可以与药物中的蛋白质、生物碱、重金属盐等物质起化学反应而产生沉淀，这不但影响药物的疗效，还会产生一些副作用。这些药物有胃蛋白酶、胰酶片、多酶片、硫酸亚铁、富马酸铁等。茶叶里还含有咖啡因、茶碱等成分，它们具有兴奋神经中枢的作用，故在服用安神、镇静、催眠等药物，如鲁米那、安定、眠尔通、利眠宁等中枢神经抑制药物时，因两者作用针锋相对，不宜喝茶，更不宜用茶水送服这些药物。隔夜茶因时间过久，维生素大多已丧失，且茶汤中的蛋白质、糖类等会成为细菌、霉菌繁殖的养料，故不宜饮用。

烟、酒、茶的历史都很悠久也是现代人们生活中不可缺少的物质。烟酒茶的文化也同样影响着人们的生活，在一定程度上还给为人们所学习和接受。烟、茶是人们常结合在一起谈论的话题，它们确实还有着很大的联系。吸烟者常饮茶，主要有四大好处，可以减轻吸烟诱发癌症的可能性；可以有助于减轻由于吸烟所引起的辐射污染；可以防治由于吸烟而促发的白内障；可以补充由于吸烟所消耗掉的维生素C。但饮茶只可缓解而不能消除吸烟的危害，它只能作为戒烟过程中的一项补救措施而已，以尽可能减少吸烟的危害。

第二节　化妆品化学

一、化妆品定义和分类

化妆品是以化妆为目的的产品的总称。"化妆品"一词希腊文原意是"装饰的技巧"，意思是把人体自身的优点加以发况而把缺陷加以补救。中国《化妆品卫生监督条例》中给化妆品下的定义是："化妆品是指以涂搽、喷洒或其他类似的方法，散布于人体表面任何部位（皮肤、毛发、指甲、口唇等），以达到清洁、消除不良气味、护肤、美容和修饰目的的日用化学工业产品"。化妆品的主要作用是除去面部、皮肤以及毛发上的脏污物质；保护其柔软光滑，用以抵御风寒、烈日、紫外线辐射，防止皮肤开裂；容养皮肤、毛发，增加细胞组织活力，保持表皮角质层的含水量，减少皮肤细小皱纹及促进毛发生长；并具有美化面部、皮肤以及毛发，给人们以容貌整洁的好感，有益于人们的身心健康。

自从有史料记载以来，世界各地不的同民族，尽管文化和习俗各有差异和特点，但是都使用各类物质对自己的容貌加以修饰。随着社会的进步和发展，人们更加认识到化妆品对于美化容颜和保护皮肤的重要作用。化妆品已成为人们日常生活中不可缺少的用品。

常见化妆品的分类见表8-3。

表 8-3　常见化妆品的分类

分类方式	品　　　种
按使用目的	清洁用化妆品、基础化妆品、美容化妆品、香化用化妆品、护发美发用化妆品
按使用部位	皮肤用化妆品、黏膜用化妆品、头发用化妆品、指甲用化妆品、口腔用化妆品
按产品用途	清洁用化妆品、一般化妆品、特殊用途化妆品、药用化妆品
按产品形态	液态化妆品、固体化妆品

（一）清洁用化妆品

皮肤上的污垢除指附着在皮肤表面的尘埃和化妆品之外，还包括表皮角质层剥脱的角质细胞、从皮肤分泌出的皮脂、汗液以及它们的分解产物。这些污垢较长时间附着在皮肤上，不仅容易导致细菌的生长繁殖，也会对皮肤起刺激作用，对皮肤的正常生理活动可能造成不良影响。因此，保持皮肤清洁既是日常生活必不可少的活动，也是化妆的基础条件。洁肤用化妆品基本上是按水洗、油洗、粉末吸附或磨搓等去垢方法制备的。常用的品种如下表所示，通过这些制品可以清洁、滋润面部皮肤，达到美化面容的效果。常见清洁用化妆品见表 8-4。

表 8-4　常见清洁用化妆品

名称	成　　分	作　　用
无脂洁肤剂	水、甘油、鲸蜡醇、丙二醇	适合干性皮肤，皮肤敏感的人可以用它卸妆
剥脱剂	收敛性化妆水里加入水杨酸或金缕梅	促进枯萎的角质细胞脱落，保持皮肤清洁、细润，排除粉刺
磨面膏	氧化铝、氧化镁、聚乙烯微粒、果核粉粒或十氢四硼酸钠颗粒等	去除脱落的角质和抑制皮脂分泌过多
洁肤面膜	硅酸铝镁胶体、精制硬脂酸、聚乙烯醇、米淀粉、高岭土等	面膜中的吸附剂将脸上的污垢吸附在面膜上，清洁面部皮肤，使皮肤清洁、滑润
清洁化妆水	透明的醇性洁肤液体，含有水和醇和少量碱性物质氢氧化钾	溶解污垢，软化角质，提高皮肤紧致度

（二）护肤类化妆品

护肤类化妆品属于基础化妆品，常见的有膏、霜、蜜、乳、化妆水和面膜等。

1. 膏霜类

膏霜类是通用的有代表性的化妆品。目前市面上的品牌五花八门，常见膏霜类化妆品见表 8-5。

表 8-5　常见膏霜类化妆品

名称	成　　分	作　　用
雪花膏	硬脂酸、保湿剂、水和香精等	使保持皮肤润泽，防止粗糙干裂，适合油性皮肤使用
润肤霜	羊毛脂及其衍生物、高碳脂肪醇、多元醇、癸酸甘油酯、植物油等	提高皮肤对外界刺激的防御能力，保护皮肤并使之细嫩
冷霜	凡士林、蜂蜡、石蜡、聚氧乙烯、山梨糖醇酐和香精等	能滋润皮肤，防止干裂，也常作粉底霜使用
洁肤霜（膏）	以低熔点的油脂和蜡为主体原料	清除老化剥脱的角质、分泌物、尘污，使皮肤润滑、柔软
按摩霜	蜂蜡、单月桂酸酯、脂肪酸酯类	改善局部血液和淋巴液循环，防止结缔组织纤维衰退

2. 乳液

乳液也称作面乳或奶液，为一种乳浊状的膏霜化妆品。其性质介于化妆水和霜剂之间，是略带油性的半流动状态的乳剂。按其效能把以皮肤保湿和柔软为目的的叫做润肤乳液；以清洁皮肤为目的的称为洁面乳液；在按摩皮肤时使用的乳液是按摩乳液。

3. 化妆水

化妆水是一种搽用的透明液体护肤用品，也叫收缩水。它是以水为基质，加入少量酒精及其他物质制成的。含有少量酒精。其主要功效是使皮肤柔软，润湿状态适度，并还有抑菌作用。化妆水组成成分中所占比例最大的是精制水，其次是酒精或保湿剂，此外还有柔软剂、增溶剂、增黏剂和防腐剂等。化妆水具有润肤、整肤效果。常见的化妆水有碱性化妆水、酸性化妆水、中性化妆水和收敛性化妆水等。

4. 面膜

面膜是一类既有护肤又有洁面作用的化妆品。它的种类很多，主要分为洁肤面膜和美容面膜两大类；若按其清除方式，可以分为薄膜型面膜（胶状面膜）和膏状面膜（乳剂型面膜）；若按其功效又将面膜分为护肤营养、增白、祛皱、祛斑、痤疮、抗过敏和洁肤祛脂面膜等；若按其制成成分又有药物、天然原料（蔬菜、水果、奶、蛋、蜂蜜、淀粉、植物油）和酵素面膜等。

（三）彩饰类化妆品

彩饰类化妆品主要是用来美化颜面、眉眼、口唇、指甲等部位（个别也有用于或只用于颈、臂或腿部），对容颜和肤色达到彩化修饰的效果。彩饰类化妆品可以遮盖皮肤上的瑕疵，有的对皮肤还起到一定的保护作用。这类化妆品按其使用部位又可分为面颊用彩饰化妆品、眉眼用彩饰化妆品、口唇用彩饰化妆品和指甲用彩饰化妆品。颊面部常用的彩饰化妆品有粉底、化妆粉和胭脂三种。用于口唇的化妆品主要有唇膏、护唇软膏和唇线笔。眼用化妆品大体上有眼影、眼线颜料、睫毛油、眉笔和描眉颜料、眼妆去除剂等。指甲用化妆品有修护指甲用品、指甲涂彩用品和彩油去除用品三类。常见眼部化妆品见表 8-6。

表 8-6　常见眼部化妆品

种　类	说　明
眼影化妆品	眼影是用来修饰渲染眼睛的化妆品。常用的有眼影粉块、眼影膏和眼影液。用于眼眉以下皮肤、外眼角以及鼻子的两侧着色，涂后的阴影使眼睛看起来有立体感
描绘眼线化妆品	常用的有眼线笔和眼线涂料用于勾画上下眼皮眼睑的边缘，沿着眼睛的轮廓描画细线，修饰眼形，使眼睛的轮廓更清楚，起到增加眼睛神采的作用。眼线笔有硬的和软的两种，前者又有铅笔型和粉末型两种。软的眼线笔是为配合液体颜料描绘眼线所用的眼线笔。液体涂料有油性和水性两种
美化睫毛用化妆品	常用的有睫毛膏和睫毛油，用于睫毛着色，使睫毛看起来颜色更深更密、更长，具有适度的光泽，并可使睫毛稍稍向上弯翘，使眼睛显得更加俊美。含有纤维的睫毛油（膏）可使睫毛加长；另一种睫毛油（膏）是加深睫毛颜色的。按剂型和成分有固体睫毛膏和油性睫毛油
描画眉毛用化妆品	常用的有眉笔、染眉粉饼等，一般多为黑色或深茶色。选用颜色合适的眉笔或眉粉饼把眉毛描画成意欲求得的形状和颜色，可以增进眉眼的魅力
卸除眼妆的用品	眼妆清洗液去污力强，其中一般不含有刺激物质和香料。这类用品有凝胶剂和霜剂，它们可以直接涂拭，然后用脱脂棉或面巾纸擦掉，再用水冲洗干净。常用的清洁霜等虽然也可除去眼妆，但眼区十分敏感，需要谨慎使用

（四）美发化妆品

美化头发是化妆美容活动的主要内容之一。美发用化妆品能够明显改善和美化头发的质地，保护头发的健康。按美发用化妆品的使用目的主要可以分为清洁、整饰、着色（或漂白）和卷曲（或伸直）用品。

洁发用化妆品的主要功能是洗涤头发。按功能分类，有一般洗发液，兼有洗发、护发功能的"二合一"香波；兼有洗发、去头屑、止痒功能的称"三合一"香波。此外还有调理香波、去头屑香波、烫发香波、染发香波等。根据适用于不同发质分为干性、中性、油性头发洗发香波。详细内容请参见本章第四节（洗涤剂与化学）。

护发化妆品是专门用来护理头发的一类制品，特别适用于因某种原因受到损伤的头发，或发质不良的头发。它多半还兼有洁发、美发的效果，可使头发变得滋润柔软、增加强度、恢复原有的光泽。这类化妆品常用的有护发水、发乳、发油、发蜡、发露、护发素、头发调理剂等。

整饰头发用的化妆品按其用途和功能大致可以分为增加头发光泽的化妆品保持发型、改善和调理油分的化妆品。由于这类产品在功能和用途上多半是综合性的，所以实际上很难明显区分于护发用化妆品。其主要作用是固定发丝，保持发型，并赋予头发一定的光泽度。常用的有透明发膏、喷发胶、定发液、摩丝等。

染发不仅可以弥补生理上的缺陷，如将灰白的头发染黑和将天然的头发颜色漂浅，或染成欲求的颜色如褐色、黄色、红色、金色等。染发所用的染发剂品种很多。依据染色后发色保持的时间长短将染发剂划分为暂时性、半持久性和持久性三种类型。根据所用原材料的不同，又将染发剂分为天然染发剂、合成有机色素染发剂和金属染发剂。

（五）芳香化妆品

芳香化妆品是以散发出怡人的芳香气味为主，给人以嗅觉美感的化妆用品。主要有香水、科隆水（古龙水）、花露水等。它们的主要成分是香精，是以乙醇溶液作为基质的透明液体。其主要作用是添香和除臭，主要有香水、科隆水和花露水。

（六）特殊用途化妆品

按照我国《化妆品卫生监督条例》，特殊用途化妆品是指用于育发、染发、烫发、脱毛、美乳、健美、除臭、祛斑、防晒的化妆品。特殊用途化妆品一般说来是一些在性质上界于化妆品和药品之间，具有某些特定效果，或者含有某种特殊成分的产品。常见特殊用途化妆品见表8-7。

（七）特殊人群用化妆品

1. 婴幼儿用化妆品

新生儿和婴幼儿的皮肤，特别是角质层明显地比成人薄，外观十分细嫩，极易受到损伤。皮肤含水量较多，容易出汗。婴幼儿皮肤的功能尤其是防御功能还不完善，但是吸收和渗透功能强于成人。婴幼儿用化妆品的组成成分与成人用的基本相

表 8-7　常用特殊用途化妆品

名称	成分	作用
育发化妆品	用乙醇或水为溶剂提取有效成分生姜、侧柏、川椒、黄芪、羌活、首乌、斑蝥等	刺激头皮和发根,改善头皮的血液循环,滋养毛根,有助于毛发生长、减少脱发和断发
脱毛化妆品	硫化锶、硫化钠、硫化钙,有时添加一些尿素、胍类有机氨	加速毛发蛋白质溶胀变性,减少、消除体毛
美乳化妆品	当归、甘草、益母草、啤酒花、女贞子、蜂王浆、紫河车、青蛙卵巢	涂抹于乳房局部,结合按摩而达到促进乳房发育,使乳房健美的目的
健美化妆品	大黄、人参、田七、薄荷、月苋草油等	促进药物经皮吸收,增强体内脂肪代谢,消除体内多余的脂肪,达到减肥的目的
除臭化妆品	磺基碳酸锌、羟基苯磺酸锌、柠檬酸作收敛剂、氯化羟基二甲基代苯甲胺、四甲基秋兰姆化二硫作杀菌剂	利用强收敛作用抑制出汗,间接地防止汗臭,其次是杀菌,防止分泌物被细菌分解、变臭
祛斑化妆品	曲酸及其衍生物、果酸、熊果苷、胎盘和海藻提取物、白降汞、硫磺、倍他米松、氢醌、壬二酸等	抑制黑色素的形成,消除或减轻皮肤表面色素沉着
防晒化妆品	水杨酸衍生物、苯甲酸衍生物、肉桂酸衍生物、钛白粉、氧化铁、高岭土、碳酸钙或滑石粉等	减轻由日晒而引起的日光性皮炎、黑色素沉着以及防止皮肤老化

同,但是对原材料和香料、色料、防腐剂等添加剂的选用和用量方面都必须符合婴幼儿皮肤的卫生要求。包装的容器必须无毒,对皮肤、眼睛无刺激,必须保证其使用更安全。由于婴幼儿皮肤常被粪尿沾污,为了抑制产氨细菌和常见致病菌的繁殖,化妆品中常添加适当的杀菌剂。婴幼儿化妆品主要有洁肤品、护肤品和卫生用品。

2. 男用化妆品

男性的皮肤实际上和女性并没有很大区别,也需要保护和美化,只是受雄性激素的影响,皮脂腺比女性发达,皮肤角质层较厚,皮肤纹理也较粗。男性皮肤以油性皮肤居多,特别是在青壮年时期皮肤一般比同年龄女性油腻得多,因而,更加需要使用洁肤化妆品除去多余的油脂,以防产生脂溢性皮炎或痤疮。除此之外,男性还有一些专用的化妆品,如剃须用品、科隆水等。

3. 孕妇用化妆品

妇女在怀孕后,不但汗腺、皮脂腺分泌增多,需要勤洗皮肤,而且,妊娠初期脸色往往不好,面部皮肤常会出现黄褐色或深褐色的斑块,影响容颜的美观,可以通过化妆来加以修饰。但是,须选用低香料、低酒精、无刺激性的霜剂或乳液。如可以涂些粉底,并在两颊涂上淡淡的胭脂,外出时可以搽些防晒化妆品,它可对紫外线起到一定的阻挡作用,减轻黄褐斑的形成和发展。口红的成分比较容易引起过敏,特别是对孕妇。其中的羊毛脂还具有较强的吸附作用,能够吸附空气中各种对人体有害的物质，这些物质附着在口红上，就会随着唾液进入体内而殃及胎儿。

4.老人用化妆品

根据解剖生理特点及其新陈代谢的规律，进入老年后，人的皮肤则出现萎缩和松弛。因此，老人的护肤和美肤极为重要。目前市场上的抗衰老化妆品主要有以增加营养成分、皮肤保湿、补充生理活性物质、崇尚天然为主的四大类。在化妆品中适当加入一些泛酸、烟酸、生物素、维生素C、胆固醇以及某些矿物质，在一定程度上可以促进皮肤的新陈代谢，给皮肤提供营养，延缓衰老，改善老化的外观。激素类除皱霜有抗皱功效，但是长期涂抹这类化妆品可能导致皮肤萎缩和色素沉着等不良反应。某些含有血清蛋白的霜膏容易引起细菌感染，需要小心使用。近年来，以动植物的浸膏、抽提液为基质或添加剂的天然抗衰老化妆品正在为人类延缓皮肤衰老开辟新的途径，其效果尚待科学的验证。

5.演员用化妆品

舞台演员用化妆品以油彩为主。油彩是由有机或无机的颜料（如立索尔大红、银朱R、耐晒黄C、氧化铁红和炭黑等）、基质油（如白油、凡士林、茶油等）、填充剂（如白陶土、锌氧粉等）和香精四种主要成分。控制粉底在专业化妆中主要用于彩妆，特别是摄影化妆的基础打底。它的剂型和色彩也是多种多样。另外，打底油、定妆粉、黏糊胶、描眉笔、造型用的鼻油灰以及卸妆油等都是演员经常使用的化妆品。卸妆乳油分为乳化型和非乳化型两类。其主要成分是表面活性剂，含水量大约20％～30％，能够很好地溶解皮肤上的化妆油彩而不刺激皮肤。

二、化妆品的有效成分

1.酸、碱、盐类物质

化妆品中还经常加入酸、碱、盐类物质，用以调整产品的pH值，常用的酸性物质有酒石酸、水杨酸、橡胶酸、硼酸；碱性物质有氢氧化钾、氢氧化钠、碳酸氢钠、氨水、乙醇胺等；盐类有硫酸锌、硫酸铝钾（明矾）、氯化锌等。

2.常见的特殊添加剂

随着经济和文化水平的不断发展，保健意识也日益提高，人们对于化妆品的要求早已由单纯的修饰美化外表，发展到重视营养、改善肤质、延缓衰老，追求回归自然。为适应这一趋势，护肤化妆品中各种各样含有营养成分或生物活性物质的特殊添加剂层出不穷，目的在于使化妆品具备某些营养、保健或治疗效果。常见特殊添加剂见表8-8。

（一）唇膏的基质和添加剂

唇膏的基质成分是油脂和蜡，常用的有蓖麻油、椰子油、羊毛脂、可可脂、树蜡、蜂蜡、鲸蜡、地蜡、微晶蜡、固体石蜡、液体石蜡、卡拉巴蜡、凡士林、棕榈酸异丙酯、肉豆蔻酸异丙酯、羊毛酸异丙酯、乳酸十六醇酯等等。唇膏中经常加入许多辅助原料，但是天然珠光颜料，如鱼鳞的鸟嘌呤结晶，价格十分昂贵，较少采

表 8-8　常见特殊添加剂

名　称	作　用
水解明胶	保湿作用良好，是抗御皮肤衰老，防止皮肤干裂的安全、优质添加剂
透明质酸	保护皮肤角质层中的水分，使皮肤柔软、光滑，防止粗糙，延缓衰老
超氧化物歧化酶(SOD)	清除细胞内氧自由基的抗氧化酶和表皮细胞内的自由基，保持皮肤正常的新陈代谢，使皮肤细嫩、柔润、光滑
蜂产品	优良的皮肤保湿剂，防治老年斑、减少皱纹和润泽皮肤，有止痒、抗菌、消炎和增进细胞代谢的功效
花粉	补血，增强免疫力，延缓衰老，改善皮肤细胞新陈代谢，滋润皮肤，消除色素沉着和老年斑
珍珠粉	使皮肤滋润滑爽，缓解皱纹、增加皮肤弹性、防止雀斑和粉刺

用。目前多采用合成珠光颜料氧氯化铋。此外，在唇膏中还常加入一些对嘴唇有保护作用的辅助原料，如乙酰化羊毛醇、泛醇、磷脂、维生素 A、维生素 D_2、维生素 E 等。由于香料可能带来不良反应，所以唇膏中很少加入香料。着色剂是唇膏用量很大的原料。最常用的是溴酸红染料，又称曙红染料，是溴化荧光素类染料的总称。有二溴荧光素、四溴荧光素、四溴四氧荧光素等多种。常用于唇膏的颜料有有机颜料、无机颜料、色淀颜料等。

（二）眼部用化妆品基质和添加剂

眼影用品的组成除液体石蜡、羊毛脂衍生物、凡士林、滑石粉等基质外，多半还加入珍珠粉、微品蜡、二氧化钛、颜料、香料等。眼线笔是将颜料用油性基剂固化制成铅笔芯状。油性眼线液是将着色剂和蜡溶解在容易挥发的油性溶剂中制成；水性眼线液是把含有着色剂的醋酸乙烯酯、丙烯酸系树脂在水中乳化制成。睫毛膏是在蜡和油脂中加入着色剂，然后用三乙醇胺皂固化而成；油性睫毛油是在具有挥发性的异构石蜡中溶进含有着色剂的蜡；乳化型的睫毛油则是把含炭黑等着色剂的丙烯酸树脂、醋酸乙烯酯乳化制成。眉笔多半是把炭黑和黑色氧化铁固化制成笔芯使用。眼部用化妆品的着色剂主要有无机颜料，如氧化铁黑和氧化铁蓝等，以及有机色淀和珠光颜料。其他原料有滑石粉、云母粉、硬脂酸、甘油单硬脂酸酯、蜂蜡、地蜡、硅酸铝镁、表面活性剂、高分子聚合物等。

（三）指甲用化妆品基质和添加剂

指甲抛光剂的主要成分有氧化锡、滑石粉、硅粉、高岭土等一些脂肪酸酯和香料。为赋予健康的色彩，一般还加入一些颜料。产品有粉末、膏状、液体等不同类型。早期脱膜剂的主要成分多是氢氧化钾或氢氧化钠的低浓度溶液，近年倾向于采用磷酸铵或胺之类的弱碱性物质，有些是由三乙醇胺、甘油和精制水等配制的。指甲增强剂内含有蛋白、胶原和尼龙醋酸盐等水溶性金属盐类收敛剂，也有用二羟基硫脲作增强剂。指甲油的主要成分有硝化纤维素；作为成膜剂，加入树脂类以增加硝化纤维素膜的光亮度和附着力；为使指甲油膜柔韧、持久，常用柠檬酸酯类作增塑剂；使用能够溶解硝化纤维素和树脂等成分；并且加入具有适宜挥发速度的多种混合的有机溶剂；此外为了使指甲油增加色泽还常添加色素和珠光颜料。

（四）美发用化妆品基质和添加剂

护发水中常用的添加剂有水杨酸和间苯二酚，它的作用是去除头皮屑和止痒。此外，具有生发功效的还有辣椒酊、生姜酊、香奎宁、何首乌、白藓皮、茜草科生物碱等。生发剂中还常添加雌激素，它能使头皮血管扩张，促进头发生长。另外，杀菌剂以及保湿剂如甘油、丙二醇、山梨醇等也是常用的添加物质。头油中一般都添加适量的抗氧剂和防腐剂。常用的合成型半持久染发剂的染料有芳香胺类、氨基苯酚类、氨基蒽醌类、萘醌类、偶氮染料类。金属盐类染发剂一般仅附着在头发表面，不能进入头发内层。金属盐类染发剂大多是铅盐或银盐，少数用铋盐、铜盐或铁盐，如醋酸铅、硝酸银和柠檬酸铋等。将其水溶液涂染于头发上，在光线和空气的作用下，成为不溶性硫化物或氧化物沉积在头发上。染发剂所用的原料、成分浓度、作用时间不同，头发产生的色调也不一样。铅盐可使灰白头发产生黄、褐乃至黑色色调；银盐会产生金黄到黑色色调；铋盐产生黄色到棕褐色的色调。

三、化妆品的副作用

化妆品引起的不良反应有的是由于化妆品本身造成的，有的则和使用化妆品的人自身身体素质关系密切。另外，使用者没有按照产品说明书正确地使用也是引起不良反应的重要原因。如今，化妆品已经成为人们生活中不可缺少的日用化学品。它们直接抹搽在皮肤表面，而且是长期地反复接触。由于使用劣质化妆品或因对化妆品的选择和使用不当而引起的种种不良反应或对健康危害的事例屡见不鲜。其不良反应大体上可以分为三类：皮炎类反应、非皮炎类反应以及有毒物质在体内的过量蓄积。

（一）不良反应

1. 皮炎类反应

皮炎类反应是化妆品不良反应中最为多见的一种，患化妆性皮炎的人，一般属于敏感体质。由于生产化妆品的原料对皮肤产生刺激，使皮肤细胞产生抗体，导致过敏，引起炎症。另外如果化妆品内含重金属超标，以及使用过期变质的化妆品，也会引起炎症。

常见的有化妆品接触性皮炎、光毒性接触性皮炎和依赖性皮炎，是在涂搽的局部产生的炎症反应，临床上又分为刺激性接触性皮炎（原发刺激性接触性皮炎）和变态反应性接触性皮炎，即过敏性接触性皮炎。原发刺激性接触性皮炎是皮肤接触化妆品后，在很短的时间内发病，它是由化妆品含有的某些成分直接刺激造成的。目前，化妆品的生产技术不断发展提高，化妆品中的刺激性物质也逐渐减少，所以，这类皮炎已较少见。过敏性接触性皮炎在化妆品的不良反应中是很常见的，属于迟发型变态反应，它的产生原因除了因为化妆品中含有某种容易引起过敏反应的物质外，主要与使用人的个体素质有关。激素依赖性皮炎是因由于长期反复不当，形成了依赖性、成瘾性，不搽便觉得不舒服，皮肤就出现红、肿、痒、痛等症状。近年来，因发病呈逐年上升趋势，且又顽固难治愈，已成为医学专家们关注的焦点。

2. 非皮炎类反应

非皮炎类反应的表现多种多样，其中常见的是痤疮，它是长期使用某一种化妆品，特别是使用脂类化妆品后，脸上出现与毛囊一致的丘疹或脓疱。色素沉着也是常见的化妆品不良反应，它是在长期搽用某种化妆品后脸上出现的褐色或是灰褐色的色素斑，有的甚至可以发展为黑变病。此外还有接触性荨麻疹、局部皮肤皲裂、化脓等。另外，据相关动物实验证明，化妆品的某些成分，如某些合成香料、合成色素能够明显地损伤细胞 DNA，具有致突变性或致癌性。有些色素虽然本身没有致癌性，但是经过光线照射后，却有可能变为具有致癌性的物质。

3. 体内的过量蓄积

某些化妆品中有毒物质含量可能过多，其中有些能够经皮或是无意之中经口吸收，从而造成在体内过量蓄积。如劣质化妆品所含的汞盐、铅盐、苯胺类、亚硝胺类。搽用这类化妆品者体内的铅值明显高于对照人群。值得注意的是，某些化妆品原料本身毒性并不大，但它所含有的杂质和中间体却常常会对皮肤产生刺激。另外，化妆品所用的某些表面活性剂、防腐剂、收敛剂、抗氧剂等也可引起皮肤损害。有些原料本身即是强致敏原，如羊毛脂、丙二醇，可以引起变态反应性接触性皮炎。焦油色素中的苏丹Ⅱ、以及防腐剂中的对位酚、六氯酚、双硫酚醇以及次氯氟苯脲等都是致敏的主要成分。香料也是常见的致敏原，可引起皮肤瘙痒、湿疹、荨麻疹、光感性皮炎等多种病损。

（二）正确选用化妆品

1. 化妆品与皮肤

为了使化妆品得以发挥护肤作用，防止产生负面影响，须对个人皮肤的类型和性质有所了解。人的皮肤有油性、中性、干性皮肤和复合性皮肤之分，它们各具特点，在护理皮肤和选用化妆品时应该加以注意。

油性皮肤的人皮脂分泌旺盛，皮肤多脂，呈油腻状，特别是在面部和 T 型区常见油光，不施油性化妆品用面巾纸轻轻擦拭前额和鼻翼，纸巾上即可见到大片油迹。这种皮肤比较粗糙，毛孔和皮脂腺孔粗大，易受感染，所以很容易发生粉刺、痤疮和毛囊炎。这种皮肤附着力差，化妆后容易掉妆。

中性皮肤平滑细腻且有光泽，毛孔较细，富有弹性，油脂和水分适中，化妆后不易掉妆。这种皮肤多见于少女。皮肤的季节性变化比较大，夏季偏油，冬季偏干，年纪稍大往往容易变成干性皮肤。

干性皮肤上毛孔不明显，皮肤一般比较薄，而且干燥，缺少光泽，皮肤附着力强，化妆后不易掉妆，但是干性皮肤经受不住外界刺激，受刺激后皮肤发红，甚至有痛感，易生皱纹和脱屑。

复合性皮肤表现为同时具有两种不同性质的皮肤，如有的人前额中央、鼻翼，或嘴周围及下颏，也就是颜面的中间区域是油性皮肤，毛孔粗大，皮脂较多，其余部位呈现中性或干性皮肤的特征。

　　从医学美容的角度来说，皮肤的类型还有敏感性皮肤和问题性皮肤，前者指三种细腻白皙、皮脂分泌少、比较干燥的皮肤。它的特点是接触化妆品后容易引起皮肤过敏，出现红、肿、痒等症状，对花粉、烈日以及蚊虫叮咬等也容易过敏。患有痤疮、酒渣鼻、雀斑、黄褐斑等影响美容，但没有传染性，也不危及生命的皮肤称为问题性皮肤。

　　2. 使用化妆品的注意事项

　　化妆品几乎人人在用，但对于使用化妆品应该加以注意的问题并不是人人都有所了解。为了防止使用化妆品带来的危害，所用的化妆品应该是符合化妆品卫生标准的合格化妆品。要尽可能了解化妆品的性能，弄清楚它的基本成分和性能，适合于哪些人使用。如果用后出现了轻微、短暂的反应如局部发痒、刺痛等，应该立刻停止使用该化妆品。在换用另一种或另一个牌号的化妆品时，应该先进行斑贴试验。患有全身性疾病时不要化妆，面部、口唇、眼疾尚未治愈之前，应该停止颜面、口唇和眼部的化妆。怀孕期间应该慎用化妆品。使用化妆品时，一定要小心防止某种化妆品进入不能耐受该化妆品的器官或组织，如睫毛油不能涂进眼皮内，更不可沾染角膜。晚上必须卸妆，不能带妆入睡，否则不仅妨碍皮肤的新陈代谢，而且会抑制皮肤的呼吸和排泄，容易导致产生皮肤病。使用化妆品还应该注意化妆品的保存，要防止它变质、变性。否则，必然会导致皮肤的损害。

　　学会鉴别化妆品质量的优劣。防止化妆品使用中的二次污染是预防感染的重要一环。虽说化妆品在生产时已经杀菌或加入了防腐剂，但是对防腐剂产生抗药性的微生物进入化妆品，或是微生物的污染量大，防腐剂的浓度已起不到抑制其生长的作用，都会使微生物繁殖。所以在使用时必须注意卫生，有的人打开化妆品的盖子之后，敞口放置，任凭微生物随时进入。未曾洗净的手指伸进膏霜中沾了就用，挖或倒在手掌上多余的膏、霜、乳液用后又返回原瓶；使用不洁的粉扑扑脸；用肮脏的海绵、毛刷涂抹眼部化妆品等都给微生物或致病菌对化妆品的污染造成了良好的机会。为防止或减少化妆品二次污染，避免发生由化妆品所致皮肤感染，必须改正上述这些不卫生的使用习惯。

　　加强化妆品卫生知识的宣传教育很有必要。让广大消费者懂得化妆品容易孳生微生物的道理，提高使用者的自我保护意识，指导消费者正确使用化妆品，特别是化妆品的适度施用。让人们了解浓厚化妆极其容易损伤皮肤，会使皮肤的自然防御功能下降。皮肤出现感染，初起时浅表的可以自行涂用如 1‰龙胆紫溶液、3.5%碘酊、金霉素软膏、洗必太软膏以及连翘膏之类的外用药，已经感染化脓就不宜自己用药，需及时请医生诊治。另外，出现化妆性皮炎的人，应注意防晒、防冻，要多吃富含维生素 C 的食物并保证充足的睡眠。必要时可服维生素 E、维生素 B_6、维生素 C，帮助修复受损皮肤。如果症状严重，一定要到正规医院皮肤科治疗。

第三节　服饰品化学

"衣、食、住、行"是人们在日常生活中最基本的需要，是人们从事社会活动的基本保证。随着生活水平日益提高，人们已不再仅仅满足于吃饱穿暖，而是追求更高层次的享受，讲究"吃出水平、穿出个性、住得舒适、行得方便"。现代科学技术的发展也为美化人们的生活提供了更广阔的天地。

服饰是衣着佩饰的概括称谓。它包含的范围非常广泛，所有人们在生活中穿、戴、拿着的东西，都在此范围内。如：头巾、头饰、领巾、服装、首饰、表、伞、扇子、鞋、包、眼镜等。当然，服饰中最主要的还是服装。服装与人体的接触最密切。人从呱呱落地起，细嫩的皮肤就开始接触纺织品。人们不论年龄大小、地域之分、季节变换，都与衣服有着密切的关系。随着科学的发展，服装被赋予了新的作用。经过一些特殊处理后，服饰可具有某些特殊功能，如：各种保健服、鞋，磁疗项链，特殊用途的服装等。

一、服饰品的概述与分类

（一）服装的概述和分类

俗话说得好，"人靠衣服马靠鞍"。一个人的衣着是很重要的，它不仅起到遮护身体、挡风御寒等最基本的作用，同时还可美化生活，兼而反映出一个人的修养和气质。这就是服装所具有的两个功能：自然功能和社会功能。我们日常穿着的服装主要发挥这两种功能。

通常我们将服装按照不同标准进行大致分类。根据穿着者的年龄，服装可分为童装和成人装；根据穿着者的性别，服装可分为男装和女装；根据用途，服装可分为休闲装、职业装、运动装等；根据季节，服装又可分为春、夏、秋、冬四季服装；另外还有特殊场合穿着的服装（如婚礼服）、特殊人群穿着的服装（如民族服装）等。随着科学的发展，技术的进步，以及生活水平的不断提高，人们对服装的要求已不再仅仅局限于满足以上基本作用了。

1. 根据服装功能需要分类

（1）保护服　是根据大自然的启示而设计的服装。如根据萤火虫的启示，为保障登山、探险、野外考察人员在夜间或黑暗环境中的安全而研制的发光服；穿着后衣服的颜色可随着环境变化而变色的变色服，可以对士兵起隐蔽、伪装和保护的作用；由特殊纤维制成的，可随气温变化而自动调温的调温服；带有制冷监控装置，可将人体散发的热量吸附到热交换器中，起到保温和防毒双重作用的防毒服；在衣服的表面覆盖一层药膜的防蚊服，可在很短的时间内杀死接触药膜的蚊蝇；这种服装适合于在野外环境中工作的人员。此外还有排除异味的防臭衣、不怕火烧可漂在水中的防水火衣、阻挡紫外线的防紫外线服、随温度变化而变换颜色的幻影衣等。从事特殊作业的人员也有自己特殊的保护服装。潜水员穿的潜水服；消防人员、炉前工的耐高温工作服；飞行员和宇航员穿的特制的飞行服和宇航服等，都为从事特殊职业的人员提供了特殊保护。

（2）保健服装　根据对疾病的预防和治疗设计的服装。比如：心脏起搏背心是一种特为心脏病患者而设计的背心。可在心脏病患者发病时增加心脏重新起跳的可能性。急救衫是由微电脑控制的具有急救功能的贴身衫，它操作方便，只要用手一按，开动操纵器，急救衫就会开始工作，为抢救赢得时间。保健服是在衣料中加入经过处理的中草药、植物香料与茶叶，起到吸汗与治病的保健作用。加入的中草药不同，治疗的疾病也不同。磁疗服是在衣服的不同部位附上磁铁，从而对人体响应的部位不断进行磁疗，起到治疗作用。此外，防辐射衬衫、远红外保健服、可控制pH的保健服等都有自己的特殊功能，发挥着不同的保健作用。

（3）运动服装　根据各项运动不同的特点并选用不同的材料设计的服装。它可以提高运动速度、运动技能、防护性能等。如有游泳服、登山服、田径运动服、体操服、球类运动服等。

（4）具有特殊功能的服装　通过对衣料进行特殊处理后制作的服装。它可使服装具有某些特殊功能，如抗皱、防雨、防蛀、保暖、芳香等。

（5）生态服装和环保服装　生态服装日益受到人们的重视。它所使用的原材料来自于不用农药的棉花（或有色棉花），而且在生产过程中不添加任何化学原料。环保服装则是利用回收的废弃物，经过再加工制成服装面料以及鞋帽。前者由于全部使用天然材料，因而对人体无害；后者则在提供精美服装的同时，减少了环境污染，增强了人们的环保意识。

2. 根据服装的基本形态分类

（1）体形　是符合人体形状、结构的服装，起源于寒带地区。这类服装的一般穿着形式分为上装与下装两部分。上装与人体胸围、项颈、手臂的形态相适应；下装则符合于腰、臀、腿的形状，以裤型、裙型为主。裁剪、缝制较为严谨，注重服装的轮廓造型和主体效果。如西服类多为体形型。

（2）样式　是以宽松、舒展、新颖的服装，起源于热带地区的一种服装样式。这种服装不拘泥于人体的形态，较为自由随意，裁剪与缝制工艺以简单的平面效果为主。

（3）混合　是寒带的体形型、样式综合，兼有两者的特点，剪裁采用简单的平面结构，但以人体为中心，基本的形态为长方形，如中国旗袍、日本和服等。

（二）饰品的概述和分类

"爱美之心，人皆有之"。无论环境，不分性别，只要条件容许，人们都要对自己加以修饰。随着人们生活水平不断提高，丰富的物质为满足人们对美的追求提供了保证，人们已十分重视服装与饰物的协调，会根据自己的年龄、季节、出席的场所决定穿着的服装及佩戴的饰物，而且饰物也随着时装流行趋势的变化而变化。使许多造型优美、质料高档的饰物都出现在人们的服装上。这也反映出人们的审美心理和要求随着时代的进步而发生了变化。

饰品包括的范围很广，除首饰外，所有用于装饰性的物品，像围巾、领带、手表、眼镜、伞、包、手帕等，都属饰品的范畴。首饰根据原料可分为珠宝玉石首饰和金属首饰；鞋（避雷鞋、防臭鞋、磁疗鞋等）、袜（营养袜裤、按摩健康袜、凉爽袜等）、帽（防噪音帽、按摩帽、电扇帽等）、手套（保温手套、防热手套、放电手套、按摩手套等）在经过特殊处理后，都可具有特殊功能。

饰品主要有三个作用：（1）功能性作用，比如围巾、帽子、手套等可以御寒，眼镜用来矫正视力，手表告诉我们时间等；（2）装饰作用，饰品可以遮掩某些缺陷，起到美化的作用，如帽子、假发等；（3）保健作用，有的饰品经过处理后，可以发挥保健作用，最常见的有磁疗项链、除汗鞋垫等。据报道一些欧美国家在研制具有保健作用的饰品方面做了很多工作。如加拿大研制出的体温戒指，既小巧不宜打碎，又便于及时测体温；美国研制的磁性耳环，既能避免穿耳孔易引发感染的问题，又对患有一般贫血的妇女有益；英国研制的催眠眼镜，平时护目，睡时挡光，并发出催眠信号催人入睡，同时还有助于对神经系统疾病的治疗。此外还有装有个人病历的病历项链等。

二、服饰品的原料和作用

1. 服装原料

服装原料具体来说就是纤维。众多种类的纤维其性质各不相同，有的纤维吸湿性能很低，就是俗话说的不吸汗，做成的服装穿上后感觉闷热，易带静电、易脏；有的纤维弹性好，做成的服装穿上后不易起皱。服装用纤维应当具有一定的强度和细度，满足加工工业方面的要求。尽管纤维种类很多，但基本可分为两大类：天然纤维和化学纤维。

天然纤维有植物纤维、动物纤维和矿物纤维。棉、丝、毛等都是天然纤维。天然纤维具有良好的吸湿性，手感好，穿着舒适，但下水后会产生收缩现象，易起皱。经太阳光的作用，质地会变脆，颜色发黄，强力下降，减少使用寿命。

化学纤维是利用天然高分子物质或简单的化学物质，经过一系列化学加工，使之成为可以使用的纤维。如我们常见的人造棉、人造丝、涤纶、锦纶、丙纶等。化学纤维又分为人造纤维和合成纤维。人造纤维吸水性大、染色好、手感柔软，但易起皱，易变形，不耐磨。合成纤维强度高，耐磨，但吸水性小。

2. 首饰原料

首饰根据原料可分为珠宝玉石首饰和金属首饰。

珠宝玉石首饰按成因和组成分为：金刚石、刚玉类宝石、石英类宝石、金绿宝石（猫眼）、绿柱石（祖母绿）、翡翠、玉石、珍珠、玛瑙等。

金属首饰根据原料可分为贵金属首饰，有金、银、白金等；仿金首饰，原料有亚金、德银。亚金的主要成分是铜；德银也是铜基合金材料，内含镍。其他可制作首饰的原料还有塑料、玻璃、骨、木、象牙等。饰品所用原料主要有纺织品、金属和皮革。金属用来制作手表、眼镜等物；皮革用来制作表带、皮带等。

三、服装中的有害物质

（一）服装中的有害物质

人们为了使服装挺括，不起皱，或防霉防蛀，通常在纺织品的生产过程中添加各种化学品，使其满足人们的需要。在服装的存放、干洗时，也会使用一些化学物品。如不加注意，这些化学品就可能会对人体产生危害。

1. 纤维整理剂

多为甲醛的羧甲基化合物。常用的有尿素甲醛（UF）、三聚氰胺甲醛（MF）、二羟甲基乙烯脲（DMEF）等。其他还有乙烯类聚合物或共聚物、丙烯酸酯、脂肪酸衍生物、纤维素衍生物、聚氨酯以及淀粉类等。纤维经过整理后可起到防缩抗皱的作用，克服弹性差、易变形、易折皱等缺点。制成的服装挺括、漂亮。然而，由于上述整理剂多为甲醛的羧甲基化合物，整理过的纺织品在仓库储存、商店陈列，甚至再次加工和穿着过程中受温热作用，会不同程度地释放甲醛。甲醛是一种中等毒性的化学物质，对人眼、皮肤、鼻黏膜有刺激作用，严重者可引起炎症。可诱发突变，对生殖也有影响，已被定为可疑致癌物。由于甲醛对人体健康有害，因此许多国家对此非常重视，明确限定了甲醛的使用量。国内外都在致力于研究无甲醛的纤维整理技术。

2. 防火阻燃剂

其目的是使纤维变为难燃纤维，起到防火的作用。主要是含磷、氯（溴）、氮、锑等元素的化合物。防火阻燃剂又分暂时性和耐久性两种。暂时性防火剂被纤维吸附，经不起洗涤，易脱落。代表性物质有磷酸铵、多磷酸氨基甲酸酯和硼砂。耐久性防火剂可经数十次乃至上百次的洗涤。这类物质多为有机磷酸酯类等有机磷化合物。这类物质或与纤维起反应，或嵌入纤维以达到防火阻燃的作用，因而较耐久。我国一般使用硼砂类阻燃剂，含磷阻燃剂及四羟甲基氧化磷。在以上这些阻燃剂里，已发现有几种物质毒性较大，已被某些国家明令加以限制使用。如：APO，TDBPP，Tris-BP，BOBPP等。动物实验证明APO经口经皮毒性都很强，对造血系统有特异性毒作用，类似射线效应。TDBPP为动物致癌物。Tris-BP对肾、睾丸、胃、肝等器官，特别是生殖系统都有一定的毒性，并有致突和致癌作用。BOBPP中某些化合物有致突性和致癌性。美国、日本等国已在某类产品（婴儿服装及用品）中或全部服装产品中禁止使用以上物质。

3. 防霉防菌剂

在适宜的基质、水分、温度、湿度、氧气等条件下，微生物能在纺织品上生长和繁殖。天然纤维纺织品比合成纤维纺织品更易受到微生物的侵害。一方面使纺织品受到直接侵蚀，强度或弹性下降，严重时会变糟、变脆而失去使用价值；另一方面其活动产物会造成纺织品变色，使其外观变差，同时产生难闻气味，还会刺激皮肤发炎。

因此，为防止微生物的侵害，往往对纺织品做特殊处理，使之具有防霉防蛀的功能。专用于纺织品杀菌、防菌、防感染的物质多数为金属铜、锡、锌、汞、镉等的化合物，苯酚类化合物和季铵类化合物等。常用的有含铜化合物（单宁铜配合物、8-羟基喹啉铜、碱式碳酸铜），苯基醚系抗霉抗菌剂［5-氯-2-（2,4-二氯基氧基）苯酚］，有机锡化合物（三丁基锡、三苯基锡），季铵氯化物（氯化苄烷铵），有机汞化合物等。其中有机锡化合物（三丁基锡、三苯基锡）由于毒性较强，容易被皮肤吸收，产生刺激性，并损害生殖系统，已被有的国家明令禁止或限制使用。有机汞化合物、苯酚类化合物对机体也均有危害。

羊毛制品常易发生虫蛀，因为蛀虫产卵育出的幼虫以蛋白质为食物，而羊毛纤维正是由蛋白质分子组成的。因此，为提高羊毛纤维的防蛀能力，或使羊毛本身的蛋白质发生变性，不易被虫蛀，成为具有防蛀功能的防蛀纤维，可以使用防蛀剂抵抗虫蛀。防蛀剂FF、狄氏剂等氯系化合物常用于西服、围巾、毛毯等羊毛制品。狄氏剂由于具有很强的慢性毒性和蓄积性，对肝功能和中枢神经有损害，日本等国家已规定在纺织品中不得使用或限制使用。

4. 杀菌剂

我们通常在衣箱、衣柜内会放置一些杀虫剂，直接杀死蛀虫。对二氯苯、萘、樟脑、拟除虫菊酯类、薄荷脑等制成的卫生球、熏衣饼等杀虫剂都是利用自己挥发出的气味使蛀虫窒息死亡。然而，这些化学物质或多或少都有毒性。萘的慢性毒性很强，并可能引起癌症，已被禁止使用；樟脑具有致突性；而拟除虫菊酯类化合物的毒性一般均较低，未见致癌、致突、致畸作用，但可引起神经行为功能的改变，对中枢神经系统有影响，并会导致皮肤感觉异常；对二氯苯蒸气可引起中枢神经系统抑制，黏膜刺激，为动物致痛物。

5. 染料

从整体来说，染料的发色功能团主要有偶氮、蒽醌等。偶氮类染料的中间体主要是苯系和萘系。苯系中最有害的物质是苯，它可引发白血病（俗称"血癌"）。而萘系有很强的慢性毒性，可能诱发癌症。另外，偶氮类染料往往是皮肤致敏源。皮肤对苯偶氮染料的反应较轻，对含磺化基和羟基的偶氮染料反应较重。像2,5-双氯苯胺，一种由萘酚As-G加坚牢猩红盐GG染色生成的物质，有报道它可使人产生接触性皮炎。萘酚As可引起色素沉着性皮炎。大多数染料经过处理后，对人体不会产生危害。

（二）服装品的常见危害及防护措施

1. 常见的危害

通过服装对人体造成的危害表现主要以接触后引发的局部损害为常见，严重者也可有全身症状。局部损害则以接触性皮炎为主。

（1）刺激性接触性皮炎　皮损仅在接触部位可见，界限明显。急性皮炎可见红斑、水肿、丘疹，或在水肿性红斑基础上密布丘疹、水疱或大疱，并可有糜烂、渗液、结痂，自觉烧灼或瘙痒。慢性者则有不同程度的浸润、脱屑或皲裂。发病的快慢和反应程度与刺激物的性质、浓度、接触方式及作用时间有密切关系。高浓度强刺激可立即出现反应，低浓度弱刺激则需反复接触后才可能出现皮损。去除病因后易治愈，接触后可再发。

（2）变应性接触性皮炎　皮损表现与接触性皮炎相似，但以湿疹常见，自觉瘙痒。慢性患者的皮肤有增厚或苔癣样改变。皮损初见接触部位，界限有时不清楚，并可扩散至其他部位，甚至全身。病程较长，短者数星期；若未得到及时治疗，长者可达数月甚至数年。潜伏期约 5～14 天或更长。致敏后再接触常在 24h 内发病，反应强度取决于致敏物的致敏强度和个体素质。高度致敏者一旦发病，闻到气味也可导致发病，且可愈发严重。但也有逐渐适应而不发病的。

（3）饰品可能带来的危害　佩带饰品可能会引起局部反应。这多见于女性。往往是由于佩戴金属制首饰，如耳环、项链、手镯等，使直接接触部位的皮肤发生损害，多为变态反应性皮炎。据专家分析，这是由于金属中含有的某些元素（镍、铬）所致，即使镀了金或银也不能阻止镍的释放。也有佩带真金首饰而发生过敏的，这是因为耳垂穿孔使皮肤损伤，增加了对金的敏感性，直接接触后使得少量金进入组织液中，引起非特异性炎症。有关人士认为：表带引发皮炎的原因，如果是皮表带，可能是表带上的染料所致；如为金属表带，考虑与其所含的镍、铬有关。皮炎表现多为变态反应性接触性皮炎。

2. 防护措施

我们应对在日常生活中接触到的化学物质有所了解，尽量穿着天然纺织品制作服装，避免使用或接触有害物质，加强防护意识。有些物品，如经防虫剂处理过的衣服、床上用品等，与人体接触时，防虫剂等化学物质就可能被汗水溶解。小孩若舔食这类物品就会受到危害。不过我们也不必草木皆兵，应该相信，只要用前认真阅读使用说明，掌握正确的使用方法，同时不要买不合格产品，如没有使用说明或没有标明注意事项的产品，就会保护我们自己免遭危害。如果发生问题不要惊慌，要及时去医院治疗。只要治疗及时，一般不会造成严重危害。

当然，最好是从根本上加以控制。这就必须从法制着手，制定出一系列的法律法规。很多国家纷纷制定出法律法规，加强对家庭用品安全性的管理。美国 1972 年制定了《消费生活用品安全法》，加拿大 1969 年制定了《危险物法》，英国的《消费者安全法》，德国的《食品家庭用品法》，瑞典的《危害人健康和环境的有关制品法》，日本的《含有害物质的家庭用品规制法》等都对在衣料生产、加工过程中一些化学物质的使用及浓度都作了明确规定。这些法律和法规为防止中毒事故的发生，保护消费者的安全起到了很大的作用。目前我国也已对日用化学品的危害给予了高度重视，正在制定相应的法律法规，以保护人民群众的身体健康，同时可与国际接轨，提高商品的国际市场占有率。

3. 服装的收藏和洗涤

不同质地服装的收藏方法见表 8-9。

表 8-9　不同质地服装的收藏方法

服装种类	收藏方法
棉布服装	因残留有氯及染料,存放时间过长,会影响牢度,甚至变脆。因此,如购买后暂不用或不穿,都要清洗晾干再收藏
呢绒服装	存放时应注意防蛀,可放置包好的防蛀剂。丝绒、立绒、长毛绒等因怕压,最好挂藏。毛料和高档锦缎衣服也应如此收藏
丝绸服装	丝绸因用硫磺熏过,可使桑丝绸及白色或浅色衣服发黄,应避免混放,与其他服装混放时,应用白布包好再放
合成纤维服装	因耐霉、抗蛀性能较强,不需放置樟脑丸,以免影响牢度。如与棉、羊毛织品混放时可放包好的防蛀剂
羽绒服	必须洗净晾干后再收藏
皮革服装	擦去灰尘,置阴凉通风处吹去潮气,防止发霉。宜挂藏,不宜与樟脑类防蛀剂放在一起
裘皮服装	室外晾晒(避免暴晒)约 2h,轻轻抽打除去灰尘后挂藏,放包好的防蛀剂
毛衣	洗净晾干,单放,放包好的防蛀剂
羊毛毯	晾晒冷透,套上塑料套,放入包好的防蛀剂。新的羊毛毯一定要晾透再收藏,切记不可直接放入箱内

不同面料的洗涤方法见表 8-10。

表 8-10　不同面料的洗涤方法

面料种类	洗涤方法
棉织物	棉织物的耐碱性强,不耐酸,抗高温性好,可用各种肥皂或洗涤剂洗涤。洗涤前,可放在水中浸泡几分钟,但不宜过久,以免颜色受到破坏。洗涤最佳水温为 $40\sim50℃$,漂洗时,可掌握"少量多次"的办法,应在通风阴凉处晾晒衣服,以免在日光下暴晒
麻纤维织物	麻纤维刚硬,抱合力差,洗涤时要比棉织物轻些,切忌使用硬刷和用力揉搓,以免布面起毛。洗后不可用力拧绞,有色织物不要用热水烫泡,不宜在阳光下暴晒,以免褪色
丝绸织物	洗前,先在水中浸泡 10min 左右,浸泡时间不宜过长。忌用碱水洗,可选用中性肥皂或皂片、中性洗涤剂。洗液以微温或室温为好。洗涤完毕,轻轻压挤水分,切忌拧绞。应在阴凉通风处晾干,不宜在阳光下暴晒,更不宜烘干
羊毛织物	羊毛不耐碱,故要用中性洗涤剂或皂片进行洗涤。羊毛织物在 $30℃$ 以上的水溶液中会收缩变形,故洗液温度不宜超过 $40℃$。应该轻洗,洗涤时间也不宜过长,洗после不要拧绞,用手挤压除去水分,然后沥干,阴凉通风处晾晒,不要在强日光下暴晒

面料种类	洗 涤 方 法
黏胶纤维织物	黏胶纤维缩水率大,湿强度低,水洗时要随洗随浸,不可长时间浸泡。黏胶纤维织物遇水会发硬,洗涤时要轻洗,用中性洗涤剂或低碱性洗涤剂,洗涤液温度不能超过45℃。洗后把衣服叠起来,大把地挤掉水分,切忌拧绞。洗后忌暴晒,应在阴凉或通风处晾晒
涤纶织物	先用冷水浸泡15min,然后用一般合成洗涤剂洗涤,洗液温度不宜超过45℃。领口、袖口较脏处可用毛刷刷洗。洗后,漂洗净,可轻拧绞,置阴凉通风处晾干,不可暴晒,不宜烘干,以免因热生皱
腈纶织物	基本与涤纶织物洗涤相似。先在温水中浸泡15min,然后用低碱性洗涤剂洗涤,要轻揉、轻搓。厚织物用软毛刷洗刷,最后脱水或轻轻拧去水分。纯腈纶织物可晾晒,但混纺织物应放在阴凉处晾干
尼龙织物	先在冷水中浸泡15min,然后用一般洗涤剂洗涤。洗液温度不宜超过45℃。洗后通风阴干,勿晒
维纶织物	先用室温水浸泡一下,然后在室温下进行洗涤。洗涤剂为一般洗衣粉即可。切忌用热开水,以免使维纶纤维膨胀和变硬,甚至变形。洗后晾干,避免日晒

第四节　洗涤剂化学

随着人类文明生活的进步与发展,无论是工作环境还是生活环境,都需要保持良好的卫生状况。古人说,"流水不腐,户枢不蠹",只有经常洗去污垢,才能保持干净。为了创造一个干净、卫生、舒服的工作、生活环境,就要使用不同性能的洗涤用品清除各种污垢。清洁卫生的需要促进了洗涤用品的快速发展。洗涤剂已成为人们日常生活中使用量最大的化工产品。同时随着人们需求量的增加,洗涤剂的生产得到了飞速发展,但生产工艺和产品质量的监督、管理尚未达到规范化的要求。为了保护消费者的健康和生态环境,保证生产合格的产品,我们国家对洗衣粉、香皂等合成洗涤剂制定了一系列标准。此外,消费者还要以预防为主,增强自我保护意识,增加科学知识,了解洗涤剂的主要化学成分、特性、作用及有关卫生知识,正确选购和使用洗涤用品。

一、洗涤剂的定义和分类

洗涤剂按原料来源来分可以分为合成洗涤剂和肥皂。合成洗涤剂以一种或者数种表面活性剂为主要组分,并配入各种无机、有机助剂等。肥皂是由天然原料油脂再加上碱制成的。

1. 合成洗涤剂的定义和分类

《化工百科全书》中定义:洗涤剂是指按照配方制备的有去污洗净性能的产品。它以一种或者数种表面活性剂为主要组分,并配入各种无机、有机助剂等,以提高与完善去污洗净能力。有时为了赋予多种功能,也可加入杀菌剂、织物柔软剂或者其他功能的物料。洗涤剂也称合成洗涤剂，以区别于传统惯用的以天然油脂为原料的肥皂。市场上供应的洗涤剂常以粉状、液状、膏状或块状形式出售，其中以颗粒状为最多。合成洗涤剂克服了肥皂在硬水中洗涤效力差的缺点，它的洗涤效力高，省时省力，受到消费者的欢迎。各种功能、各种品牌的合成洗涤剂占领了大部分洗涤用品市场，其品种和数量均远远超过了皂类产品。

合成洗涤剂的用途广，品种多，有许多分类方式。从物理性状来分可以分成块状洗涤剂、液体洗涤剂、粉状洗涤剂和膏状洗涤剂；从污垢洗涤难易程度可以分为重垢型洗涤剂和轻垢型洗涤剂；从使用的原料分类，可以分为使用天然原料的洗涤剂和使用人造原料的洗涤剂；从使用领域来分可分成家庭用洗涤剂和工业用洗涤剂两大类。从使用目的可以分为衣用洗涤剂、发用洗涤剂、皮肤洗涤剂和厨房洗涤剂。常用合成洗涤剂见表 8-11。

表 8-11 常用合成洗涤剂

种　类	说　　　明
衣用洗涤剂	一般包括洗涤剂、干洗剂、去斑剂、织物柔顺剂、各种面料洗涤剂和如棉、麻、丝、毛、化纤及各种混纺织物专用洗涤剂。衣用洗涤剂中洗衣粉属重垢型洗涤剂；丝绸、毛、麻等面料多用轻垢型洗涤剂，以液体为主
发用洗涤剂	属于化妆品类，主要用于洗涤和调理头发，形态分为块状、膏状、透明液体、乳状和浆状。针对不同发质有干性、油性及中性洗发香波，还有不同 pH 值洗发香波，去头屑止痒香波，添加不同天然物质如首乌、皂角、人参、水果汁（苹果、菠萝等）的香波和具有特殊功能的香波
皮肤洗涤剂	包括沐浴液、洗面奶、洗手液、洗脚液以及口腔清洗剂等，其中一部分属于化妆品类。洗手液多数为专用洗手液，如医用消毒洗手液，矿工、染料工、油漆工、印刷工等工种专用洗手剂。洗脚液主要用于治疗脚病，如脚气、脚癣等
厨房洗涤剂	包括餐具、蔬菜、瓜果清洗剂，冰箱、冰柜清洗剂，炉具、灶具清洗剂。此外还有卫生设备清洗剂、厕所清洗剂、玻璃清洗剂、木质家具清洗剂、金属制品清洗剂等硬表面清洗剂，种类繁多，举不胜举

2. 肥皂的定义和分类

在洗涤用品市场中，除合成洗涤剂外，肥皂作为传统的洗涤用品占有很大的比例。肥皂历史悠久，由于它采用天然油脂类为原料，对人体使用安全、毒性极低、刺激性很小、致敏更加罕见，而且易降解，对环境污染小，所以至今仍被广泛使用。国际表面活性剂会议定义：肥皂是至少含有 8 个碳原子的脂肪酸或混合脂肪酸的无机或有机碱性盐类的总称。

肥皂使用广泛，随着科学技术的进步，人们日常生活的需要，各种皂类越来越多。根据定义，可将肥皂分为碱金属皂、有机碱皂和金属皂。碱金属皂主要有钠皂、钾皂，常常用做洗衣皂、香皂、药皂、液体皂、皂粉；有机碱皂主要有氨、乙醇胺和乙醇胺制的肥皂，常用做纺织洗涤剂、丝光皂；脂肪酸的金属（除碱金属外）盐通常称金属皂，金属皂不溶于水，不能用于洗涤，主要用于工业。根据使用领域分类可以分为家庭用皂和工业用皂。根据肥皂的硬度分类可以分为硬皂（主要是钠皂）和软皂（主要是钾皂）。家庭常用肥皂见表8-12。

表 8-12　家庭常用肥皂

肥皂名	说　　明
洗衣皂	通常也叫肥皂，主要原料是天然油脂、脂肪酸与碱生成的盐，主要用作洗涤衣物，也适用于洗手、洗脸、洗澡及洗涤其他物品。肥皂在软水中去污能力强，但是在硬水中与水中的镁、钙离子生成不溶于水的镁皂、钙皂，去污能力明显降低，还容易沉积在基质上，难以去除，在冷水中溶解性差
香皂	是具有芳香气味的肥皂，质地细腻，主要用于洗手、洗脸、洗发、洗澡等。对人的皮肤无刺激，使用时香气扑鼻，并能去除臭味并使衣物保持一定时间的香味
透明皂	透明皂感观好，可以当香皂用，也可以当肥皂用。常用牛油、漂白棕榈油、椰子油、松香油等作为原料，用甘油、糖类、醇类作透明剂
药皂	也叫抗菌皂或去臭皂，对皮肤有消毒、杀菌、防体臭的作用，多用于洗手、洗澡
复合皂	主要成分为脂肪酸钠、钙皂分散剂和一些表面活性剂，克服了肥皂在硬水中洗涤效果差的缺点，它通过阻止洗涤时形成不溶性钙皂，增加溶解度，提高洗涤效果，具有肥皂和洗涤剂的双重优点
液体皂	分为液体洗衣皂和液体沐浴用香皂。以钾皂为主体，添加钙皂分散剂和表面活性剂，易溶于水，使用方便
美容皂	也称营养皂，一般添加高级香精和营养润肤剂，如牛奶、蜂蜜、人参液、硅油、珍珠粉、维生素E、芦荟等，除了具有清洁皮肤的作用外，还可以滋养皮肤，促进皮肤新陈代谢，延缓皮肤衰老
减肥皂	除清洁皮肤外，常有减肥作用，主要的减肥原料为海藻、海蓬子、褐藻、红藻、黑藻等。一般用在臀部、腹部、腿部等脂肪堆积的地方
富脂皂	也叫过脂皂，润肤皂，在皂中添加过脂剂，洗涤后会在皮肤上保留一层疏水性薄膜，使皮肤柔软

二、洗涤剂的主要成分和作用

（一）合成洗涤剂的主要成分和作用

合成洗涤剂主要由表面活性剂和各种辅助剂按一定比例配制而成。表面活性剂是洗涤剂的主要成分，其分子结构中含有亲水基团和亲油基团。加入很少的量即能显著降低溶剂（一般为水）的表面张力，改变体系界面状态，从而产生润湿或反润湿、乳化或破乳、起泡或消泡、增溶等一系列作用。表面活性剂的种类非常多，达2000多种。但作为洗涤用品的原料，必须具有水溶性好、油溶性也好，即亲水基疏水基适当平衡，对人体使用安全、生物降解性快，对鱼类贝类等水生生物无害，对环境无污染等特性。一般根据表面活性剂在水溶液中能否分解为离子，将其分成离子型和非离子型表面活性剂。离子型表面活性剂按离子的性质又可以分成阴离子、阳离子和两性离子表面活性剂三种。

辅助剂是指在去污过程中增加洗涤剂作用的辅助原料。它们可使洗涤的性能得到明显改善，或者降低表面活性的使用量，是洗涤剂的重要组成部分。辅助剂的种类很多，其常用的辅助剂见表8-13。

表 8-13　常用洗涤剂辅助剂

种类	成分	作用
沸石	人造沸石	软化洗涤液,使其呈碱性,可吸附污垢粒子,促进污垢聚集,增强洗涤效果
磷酸盐	磷酸二氢钠(钾)、磷酸三氢钠<钾)、焦磷酸钠(钾)、聚合磷酸盐	软化硬水,防止污垢再沉积,乳化和稳定乳化
荧光增白剂(FWA)	二氨基二苯乙烯类、氨基香豆素衍生物和二苯基吡唑啉衍生物	使织物显得明亮而洁白
漂白剂	过硼酸钠、过碳酸钠和过氧化氢、含氯漂白粉	强力去污、漂白、提高洗涤效果
抗再沉淀剂	羧甲基纤维素、羟丙基甲基纤维素、羟丁基甲基纤维素	增稠、悬浮、黏合、乳化、成膜、分散、防止污垢再沉淀
酶	蛋白酶、脂肪酶、淀粉酶;纤维素酶、果胶酶、左旋糖酐酶	特异性清除不同类型的污垢
柔软剂和抗静电剂	二甲基烷基季铵盐、二酰氨基一烷氧基季铵盐、咪唑啉化合物	清除织物上盐类物质,使织物膨胀,柔软,手感好
增泡剂和抑泡剂	脂肪酸、单乙醇酰胺、脂肪酸丙醇酰胺、烷基二甲基氧化胺	增加溶液的黏度,延长泡沫存在的时间,将泡沫控制在一定数量
增溶剂	甲苯(二甲苯)、磺酸、异丙苯磺酸、钠盐、钾盐、氨盐、乙醇、乙二醇、异丙醇	提高各种配伍的溶解性,防止沉淀析出和相分离
增稠剂	羧乙烯聚合体、羟乙基纤维素、甲基羟丙基纤维素、氯化钠、氯化钾、芒硝	提高黏度,增加感观
色素	贝壳粉、云母粉、天然胶原蛋白、二醇硬脂酸、乙二醇硬脂酸	产生光泽,使洗涤剂质感更好
营养素	维生素、氨基酸、抗炎、抗过敏物质、天然植物药材	增加洗涤剂的功能,提高洗涤剂质量

（二）肥皂的主要成分和作用

肥皂是洗涤用品中的主要产品，其种类繁多。制皂的原料主要由油脂、碱和辅助原料构成。油脂也叫脂肪酸甘油酯，常用的动物油脂包括牛油、羊油、猪油、鱼油、骨油；常用的植物油脂有椰子油、棕榈油、花生油、菜子油、棉子油、米糠油、玉米油、蓖麻油、茶子油、向日葵油、棉籽油等；其他类脂物如炼油、皂脚及脂肪酸、木质纸浆、浮油、松香等杂油。

制造肥皂最常用的碱是氢氧化钠，也叫烧碱，制造液体皂用氢氧化钾。为了向广大消费者提供符合卫生标准的肥皂，我国制定了国家标准 GB 8112—87 和 GB

8113—87，其中规定洗衣皂中游离苛性碱（NaOH）≤0.3％，氯化物≤0.7％～1.0％，乙醇、不溶物≤2％～11％，香皂中游离苛性碱（NaOH）≤0.1％，总游离碱≤0.30％，氯化物（NaCl）≤0.7％。常见肥皂辅助原料见表8-14。

表 8-14　常用肥皂辅助原料

名　称	说　明
泡花碱	又叫水玻璃，学名硅酸钠，它可以软化硬水，增加肥皂的去污力，同时使皮肤感觉光滑，减少对皮肤的刺激和对织物的损伤
碳酸钠	皂化剂，也是洗衣粉和肥皂粉的助洗剂，它可以提高肥皂硬度，但加多了也可以使肥皂显得粗糙，并会冒白霜
抗氧剂	抗氧剂有硅酸钠、丁基甲酚混合物，可防止肥皂因变质而产生异味，改变外观，影响肥皂的使用
杀菌剂消炎剂	杀菌剂有二苯脲系、水杨酰替苯胺系化合物；消炎剂有感光素、氨基乙酸、溶菌酶、尿囊素、硫磺、蓝香油等。能较长时间抑制细菌生长，去除臭味
香料	洗衣皂中常加樟脑油、萘油、茴香油及香料厂副产品，香皂中常加从动物（如雄麝）和芳香植物的根、茎、叶、果中提取的各种香精和人工合成香料，可在洗涤时散发令人愉快的香味，洗涤后使身体和衣物上长时间留有余香
着色剂	常用的着色剂为染料和颜料，染料有酸性红、大红、金黄、嫩黄、湖蓝、深蓝、碱性晶红、淡黄、直接耐晒蓝等；颜料有色浆嫩黄、色浆绿橙、明绿、桃红等。可改善肥皂外观，对皮肤使用安全
透明剂	常用醇类物质，如乙醇、L-三梨醇、甘油、丙二醇等，提高肥皂的透明度，抑制肥皂结晶、干裂，还有保护皮肤的作用
富脂剂	常用的有油脂类和脂肪酸两类，如羊毛脂及其衍生物、矿物油、椰子油、可可脂、水貂油等，以及椰子油酸、硬脂酸、蓖麻酸、高级脂肪醇等。能代替洗去的过量皮脂，覆盖在皮肤表面而保护皮肤
钙皂分散剂	主要是表面活性剂，有阳离子型、非离子型和两性离子型，能克服肥皂在硬水中洗涤时与水中钙、镁离子生成不溶性钙皂、镁皂，降低洗涤效果的缺点

（三）洗涤剂的去污作用

要想了解洗涤用品在使用过程中对人类和环境可能造成的危害，则必须先了解污垢的种类、性质和作用特点，洗涤剂的去污原理和过程，这样才能在使用洗涤剂时防范可能产生的不良影响。

1. 污垢的种类和性质

日常生活中洗涤对象（也称基质）无所不包，手、脸、脚、头发、皮肤、衣服、厨房用品、各种家具、卫生设备等都在其范围内，附着在其上的污垢需要经常擦洗。污垢的种类很多，成分也十分复杂，其来源主要是空气中传播，生活和工作环境中接触的各种物质，以及人体分泌物，如汗液、皮脂等。污垢通常吸附在基质表面，也可以深入其内部，如纤维内。污垢改变基质表面和内部的清洁和质感，是不受欢迎的物质。根据性质，污垢可以分成油质污垢、固体污垢、水溶性污垢三类。

油质污垢包括植物、动物油脂，也包括人体分泌的皮脂、脂肪酸、胆固醇类，还有矿物油及其氧化物。其特点是不溶于水，对纺织品、皮肤和其他基质附着力强，不易洗脱。

固体污垢一般属于不溶性物质，如来自地表面、生活、工作场所的尘土、垃圾、金属氧化物等。它们可以单独存在，也可以与油、水粘黏在一起。一般带负电，也有带正电的。尽管这类污垢不溶于水，但可被洗涤剂分子吸附，将粒子分散，悬浮在水中。

水溶性污垢包括盐、糖、有机酸，但是血液、某些金属盐溶液作用织物和其他基质上，会形成色斑，这类污垢很难去除。

以上三种污垢常常连成复合体，在自然环境中还会氧化分解，形成更为复杂的化合物。

2. 洗涤剂的去污过程

洗涤剂的去污过程是一个十分复杂的过程。水滴在石蜡上，石蜡几乎不被湿润；毛毡放入水中，很难浸透，这是因为物体间有界面张力。洗涤剂的洗涤原理就是表面活性剂的亲油基和亲水基吸附在油水两相界面上，油和水被亲油基团和亲水基团连接起来，降低了界面张力，防止它们的排斥作用，尽量增大油水接触面积，使油以微小粒子稳定分散在水中。洗涤剂的去污作用是通过洗涤剂对基质和污垢润湿和渗透，使污垢（油性和固体）脱落，并在溶液中乳化、分散、增溶，防止乳化分散后的污垢再沉积在基质表面，并通过漂洗将污垢排掉。为了提高洗涤效果，常常要施以一定的机械作用力，如搅拌、揉搓、漂洗，以使污垢与基质更容易分离脱落。常见污斑的去除方法见表8-15。

表 8-15　常见污斑的去除方法

污渍种类	去 除 方 法
墨汁渍	它的成分为炭黑和骨胶，主要用米饭、米粥放一些食盐揉搓，也可以用4%的硫代硫酸钠去除
蓝黑墨水	可用肥皂、洗衣粉除去陈旧污渍，也可用2%草酸溶液
紫药水渍	可先用2%的草酸浸泡，再用0.5%高锰酸钾洗涤
碘酒渍	可用淀粉加水涂在污物处，当淀粉变黑后再用洗衣粉洗涤
黄油渍	黄油是动物油脂，可以用甲苯、四氯化碳、丙酮擦洗，也可在洗涤剂中加入酒精和2%的氨水除去
鞋油	可用汽油擦洗，再用10%的氨水去除
水果汁渍	可用浓盐水擦洗，如果还留有痕迹，再用5%的氨水揉搓。桃汁要用草酸除去，含有羊毛的化纤织物可用酒石酸清洗。如果衣服为白色，可以在3%的双氧水中加入几滴盐水擦洗。也可以用3%～5%的次氯酸钠擦拭。柿子渍可用葡萄酒和少许浓盐水，也可用维生素C注射水擦洗去除

污渍种类	去 除 方 法
染发液渍	可用消毒液滴上数滴,或用稀的双氧水去除
茶叶水渍	可用浓盐水和氨水擦拭
膏药渍	用酒精将膏药搓下来,或用氯仿擦洗
油漆渍	衣服上新粘上的油漆可用松节油、甲苯或汽油擦洗,陈旧油漆可用乙醚、松节油混合后擦洗
万能漆渍	可用丙酮和香蕉水滴在污物处擦洗
尿渍	旧尿渍可用氨水和醋酸等量混合后洗涤
铁锈渍	用10%～15%的醋酸、柠檬酸或草酸溶液浸泡
口香糖胶垢	用甲苯类、四氯化碳等均可除掉

三、洗涤剂的危害及防护

(一)合成洗涤剂

某些商家为牟取暴利,使用劣质的原料制造洗涤剂,致使某些有害物质超过国家规定的标准,如洗涤剂含有过量重金属铅、汞、砷。造成重金属超量还可能是在生产过程中从管道或储存容器中溶出了铅、砷等有害元素。一些餐具洗涤剂中含有对人体有害的甲醇和荧光增白剂等。洗涤剂在生产过程,或者因存储不当而被污染,或者储存时间超过保质期限,可使微生物在洗涤剂中繁殖。一些有害微生物,如粪大肠杆菌、绿脓杆菌、金黄色葡萄球菌等能通过消化道、皮肤和破损皮肤进入人的机体,危害人体健康或对人体造成潜在的危害。随着人们自我保护意识的提高,洗涤剂的安全性也成为大众关注的问题。现将从人体和自然生态环境两个方面来了解洗涤剂的安全性。

1. 对人体的危害

合成洗涤剂一般毒性很低,属低毒和微毒范围,表面活性剂的经口急性毒性大多数都很小。误服洗涤剂引起的中毒症状主要表现为消化道损伤,如口腔黏膜烧伤、红肿、流涎、恶心、呕吐、胃痛等,误服事件以儿童多见。

迄今为止,在动物实验中,即使接触高浓度的合成洗涤剂也未发现有致癌作用。国外曾经观察洗涤剂对人体的影响,日本有人曾报道,含烷基苯磺酸钠的厨房洗涤剂导致产生畸胎。有人用洗涤剂中表面活性物质中的 α-烯基磺酸盐(AOS)做实验,发现在 300mg/kg 体重时小鼠子代颚裂增加,小鼠和兔子代骨变态率也有增加,但一般日常使用很难达到如此高浓度。

使用合成洗涤剂清除污垢,当与皮肤接触时,特别是用手操作时,洗涤剂中的各种化学物质可能会对皮肤造成程度不同的损害,如造成皮肤黏膜化学性刺激、光毒刺激、过敏反应、光敏反应,引起皮肤粗糙、皲裂、皮炎、湿疹、色素沉着、化学性烧伤等。

2. 对环境的影响

随着人口增多，人们的生活水平不断提高，化学品的生产量和消费量逐年增加，工业废水和生活污水不经处理随意排放，造成了江河湖海的污染。合成洗涤剂对环境的污染主要是通过生活污水排放到环境中。洗涤剂在水中会产生大量泡沫，妨碍水与空气接触，造成水中溶解氧含量降低，水质变坏，直接或间接对水生生物产生各种有害作用。洗涤剂和它的表面活性剂还易被土壤吸附，并污染地下水。它们还对锌有加合作用，对铜和汞有协同作用，对某些农药有增毒作用，这对环境造成污染。洗涤后的磷随生活污水排放，促进了环境水质富营养化，水中生存的单细胞藻类生物遇到适当的温度和营养便会迅速繁殖并集结，水就会形成不同颜色，有桃色、白色、青色，一般为红色，通常称为"赤潮"或"红潮"。因此，目前北美、北欧、日本等国家纷纷制定法规禁止使用或限用含磷助剂，以减少其对环境的污染。

保护水资源是全球共同的目标。虽然洗涤剂对环境的污染远不如工业用废水和生活污水的危害大，但为了保证环境水质优良，必须从每个可能对环境造成污染的地方抓起，提倡使用绿色洗涤用品，减少对水体的污染，使人类生活在一个安全舒适的环境中。

3. 防护措施

合成洗涤剂通常毒性很低，长期使用未发现有致癌、致畸和慢性毒性反应，进入体内的洗涤剂代谢也很快，未见明显的蓄积作用，一般正确使用不会给机体带来不良反应。但是，洗涤剂大多数为碱性物质，脱脂作用强，因使用不当，也会给机体造成损伤，主要是对皮肤、眼睛及呼吸道的刺激作用。其中的一些添加剂可能引发过敏性疾病。误服洗涤剂，则以消化道损伤为主。因此需要认真预防洗涤剂造成的不必要的伤害并减少带来的不良影响。

（1）正确的选择和使用　最重要的是正确的选择洗涤剂种类，掌握正确的使用方法。在购买洗涤剂时要选用优质产品，注意标签上是否有生产企业，质量检验合格证号，卫生许可证号，生产日期，产品有效日期，使用方法和使用注意事项。不要购买假冒伪劣产品。要注意洗涤剂的外观，特别是液体洗涤剂是否均匀，是否有沉淀或悬浮物。不要购买变质的洗涤剂。要选择适合自己皮肤的洗涤用品，以减少洗涤剂对皮肤的伤害。对于出现有皮肤刺激反应，过敏反应，包括光毒反应或光敏反应后，应该停止使用该洗涤用品，更换对皮肤刺激小的洗涤用品，如香皂、婴儿洗涤剂。避免皮肤（主要是手部皮肤）直接接触浓的洗涤剂，特别是重垢型洗涤剂。尽量缩短接触高浓度洗涤剂的时间，或者将其稀释后再使用。使用强碱、强酸性清洗剂的最好方法是戴厚的橡胶手套，戴防护眼镜。倾倒洗涤剂要小心，不要溅洒，特别是应避免使粉状洗涤剂飞扬，以免对眼睛和呼吸道黏膜产生刺激作用，引起流泪、咳嗽和咽喉疼痛。洗涤后要用水尽量将皮肤上的洗涤剂冲洗干净，以免残留的洗涤剂继续对皮肤产生刺激作用。长时间洗涤后，应该适量涂抹油性较大的护肤霜。对于出现严重的皮肤反应时应该进行对症治疗。洗涤剂要放置在儿童不易拿取的地方，防止误服。

（2）治疗措施　当合成洗涤剂对人体造成一定损伤时，应及时采取相应的治疗措施。如果洗涤剂对皮肤产生刺激作用，首先应该用水洗去皮肤表面的洗涤剂残留物。皮肤有红斑、丘疹、水疱的，可给予收敛、消炎、止痒的药物，如硼酸、滑石粉、炉甘石洗剂，涂抹治皮炎的膏霜及含类固醇皮质激素的软膏。有糜烂、水肿者用3%硼酸溶液，0.1%雷夫奴尔溶液湿敷。渗出物停止后，改用5%硼酸软膏，以滋润皮肤。有皮肤过敏者，可以涂抹含类固醇皮质激素皮炎膏类药物，皮炎好后应逐渐减少涂抹次数，以防复发。反应较厉害者，可口服扑尔敏、苯海拉明、非那根、葡萄糖酸钙，严重者可用皮质类固醇激素，如氢化可的松、地塞米松、强的松等。还可用维生素C解毒，降低机体敏感性。皮肤干燥、皲裂者可以涂抹10%硼酸软膏和护肤油膏。如果因使用不当或意外事故，眼睛里进了碱性或酸性的洗涤剂，引起灼伤、疼痛、流泪，最有效的办法是立即用水反复冲洗，尽快洗去眼内的洗涤剂，越早、越彻底越好。眼睛的化学烧伤治疗很困难，可根据病情点一些消炎药，如四环素眼药膏、氯霉素眼药水。对于误服洗涤剂或因意外事故大量口服洗涤剂者，则应首先给患者催吐，让其吐尽胃的内容物，再洗胃。不清醒者要下胃管，这样洗涤效果不会太好，以后再对症治疗。

（二）肥皂

1. 常见的有害物质

肥皂的品种繁多，成分也很复杂，主要是各种脂肪酸盐，还有一些碱性物质、抗氧剂、杀菌剂、香料、着色剂、钙皂分散剂和富脂剂。尽管肥皂在制造时要求使用的原料对人体无害，毒性小，但是正常存在管理不善或使用劣质原料的事实，加之使用者的个体差异，所以也会给使用者造成不同伤害。制皂过程中使用大量的烧碱，如果烧碱残留过量，则其强碱性必然会对皮肤造成烧伤等刺激性损伤。过量的乙醇、食盐除影响肥皂质量外，对皮肤也会产生一定的刺激作用。肥皂中的其他成分如香料、着色剂、抗氧剂、富脂剂、钙皂分散剂也可引起皮肤损害。香料是常见的致敏原，可以引起皮肤瘙痒、丘疹、湿疹、过敏性皮炎等。羊毛脂也可以致敏，苯酚对皮肤刺激性很大，可引起刺激损伤；三溴水杨酸、苯胺被怀疑为光敏性物质，对氯苯酚和六氯酚也是致敏物质，不过这些物质在肥皂中所占比例很小。按照通常的洗涤习惯，涂抹肥皂后，经过一定揉洗，会用大量水冲洗，因此这些物质在皮肤上残留的量很少，由这些物质引起的皮肤损害远不如化妆品厉害，但也要谨慎使用。

2. 可能产生的危害

因肥皂的原料主要来自天然动植物脂肪，因此，使用肥皂、香皂而引起的皮肤损伤的人数以及严重程度远不如合成洗涤剂。但如果使用不当，少数人也会发生轻重程度不同的皮肤刺激反应。

皮肤上的皮脂腺经常分泌油性物质皮脂，保持皮肤滋润，防止干裂。肥皂除去脂肪的能力很强，过多地使用肥皂就会把皮脂保护膜洗掉。缺少这层保护膜，皮肤会过于干燥，变得粗糙，出现皲裂、脱屑，容易遭受外界各种刺激。还有一些本来已经患有皮炎、湿疹、瘙痒症一类皮肤病的人，怕刺激，肥皂包括香皂的碱性会使这类皮肤病加重、恶化；或者已经治愈的皮肤病在使用肥皂后复发，出现这些情况时，应该立即停止使用肥皂或香皂。

单纯因使用肥皂引起的过敏极为罕见。有不少人反复使用肥皂后出现皮肤过敏现象，如皮肤出现瘙痒、红斑、皮疹、丘疹，误认为是肥皂造成的，实际主要是肥皂和香皂内的添加剂造成的，多数是药皂中的杀菌剂造成的。如暗红色药皂中的石炭酸（酚类物质）可以使人过敏，透明剂、抗氧剂、富脂剂等都可能成为诱发皮肤过敏的致敏源。

3. 防护措施

使用肥皂洗涤，首先要认识具有不同功能肥皂的特点，并对自己皮肤的类型和状况有所了解，这样才能正确选择合适自己的肥皂。肥皂是碱性物质，其脱脂作用强，不要过于频繁地使用肥皂，以免将皮肤上的皮脂过多地去掉，造成皮肤干裂、粗糙。根据不同的皮肤类型选择适当的肥皂。干性皮肤一般较薄，皮脂腺分泌油脂少，而且也慢。因此应该选用富脂皂，冲洗后残留的些羊毛脂、甘油类物质有保护皮肤作用。婴儿皮肤娇嫩，应该选用婴儿用皂和液体皂类。油性皮肤多脂，呈油腻状，尤其是鼻部和胡须周围毛囊和皮脂腺孔大，分泌油脂多，易发生感染，适宜用去油力强、有杀菌力的肥皂。洗涤后应该用水将皮肤上的肥皂冲洗干净，尽可能减少其在皮肤上的残留，这样可以减少肥皂或其中的添加物对人体皮肤造成的刺激或致敏作用。一旦出现皮肤刺激或过敏情况，应该立即更换其他品牌的肥皂，或改用较温和的肥皂、香皂、婴儿皂，或停止使用。老年人新陈代谢的速度降低，皮脂腺萎缩，皮肤干燥，易引起瘙痒，应使用较温和的肥皂或少用甚至不用肥皂。洗涤时不可避免地会将皮肤上的皮脂保护层洗脱，皮肤缺少了油脂的滋润，不能保持皮肤水分。因此洗涤后皮肤通常有紧张感，此时应该适当地涂抹一些护肤品。油性大的皮肤可以涂抹油性小的护肤霜，干性皮肤则可用油性大的膏类。要使用优质肥皂，肥皂变质后不要再使用。

参考文献

[1] 田本淳. 不吸第一支烟 [M]. 北京：北京大学医学出版社，2004.

[2] 游五洋. 酒与健康 [M]. 北京：中国林业出版社，2001.

[3] 朱永兴，Herve Huang. 茶与健康 [M]. 中国农业科学技术出版社，2004.

[4] 耿立坚，耿丽娜. 爱恨烟酒茶 [M]. 武汉：湖北科学技术出版社，2007.

[5] 李明阳. 化妆品化学 [M]. 北京：科学出版社，2002.

[6] 吴可克. 功能性化妆品 [M]. 北京市：化学工业出版社，2005.

[7] 邵小华. 服装材料与应用 [M]. 成都：电子科技大学出版社，2009.

[8] 赵惠恋. 化妆品与合成洗涤剂检验技术 [M]. 北京：化学工业出版社，2005.

第八章 化学与生活